U0874228

S R
Statistics Series with R

基于R应用的统计学丛书

多元统计分析

R与Python的实现 第2版

MULTIVARIATE
STATISTICAL ANALYSIS
WITH R AND PYTHON

吴喜之 张 敏——编著

中国人民大学出版社
·北京·

前 言

本书力图用简单通俗的语言阐述多元统计分析有关的基本概念, **使得非数学背景的读者亦可以较容易地理解**. 考虑到许多读者的主要目标是应用, 本书通过案例来帮助理解各种方法的概念及计算. 本书也**包括了传统多元分析课本所具有的多数内容及详尽的数学公式**, 目的在于满足不同读者的需要.

根据数据驱动的思维方式, 本书基于实际数据分析, 在正文中通过 R 软件解释方法及计算输出, 同时也在本书最后尽量给出 Python 相应或类似的代码.

根据社会对人才的需求, 本书包括了最新发展的优秀机器学习算法, 但同时也介绍下面的传统多元分析教材的通常内容: 多重回归 (分类)、主成分分析、因子分析、聚类分析、典型相关分析以及非传统的对应分析方法. 本书的安排以数据分析目的为主, 具体的模型分属于相应的课题需求之下.

实际上, 所有的数据分析都涉及多元数据, 也就是多变量数据, 这里的“多元统计”名词来源于传统统计中的多元统计标准课程, 该课程成形于前计算机时代, 因此, 该课程的传统教科书有其与时代脱节基于模型驱动的固有问题. 本书摆脱模型驱动的理念, 但同时又使得习惯于模型驱动的教师方便使用.

作为各领域工具的统计学的目的在于应用, 而应用统计方法的学习, 应该是拉动式学习, 也就是遵从问题驱动或者数据驱动模式: 从数据出发, 需要什么就学什么. 如此, 所有学习都是目标明确的, 学的都是有用的知识和能力. 而以“打基础”的名义给学生一大堆书去读的教学方法事倍功半.

和其他自然科学一样, 统计既需要从数学课程中获得严密的逻辑思维能力, 又需要计算机编程能力. 这不仅需要学会针对一两个统计软件的编程, 还需要获得迅速掌握任何开源软件的**泛型编程能力**. 有了来自数学的思维能力、想象力和逻辑能力, 以及计算机编程能力, 再加上学习自然科学所必需的批判性思维及对所面对实际问题的理解, 你就拥有了研究统计最重要的必要条件.

本书的排版是笔者用 LaTeX 软件实现的, 一切错误由笔者负责.

吴喜之

目 录

第 1 章　引　言

1.1　数据科学

1.1.1 统计是数据科学吗?

按照《不列颠百科全书》所述, **统计是收集、分析、展示及解释数据的科学** (Statistics, the science of collecting, analyzing, presenting, and interpreting data).[1] 也就是说, 统计是**数据科学** (the science of data). 早在 20 年前, 华裔统计学家吴建福 (C. F. Jeff Wu) 就多次说过 " 统计应该称为数据科学 ".

但是, 无论口头如何说, 实际上统计界许多人都是在搞数学, 并冠之以 " 理论统计 " 或 " 数理统计 " 的名字. 这是有历史原因的. 计算机出现之前, 人们只能处理少量数据, 为了计算方便和弥补信息量的不足, 以数学家为主体的学者创造了很多基于主观假定的数学模型. 统计因此被数学所主导, 统计方面的研究文章大部分是数学研究. 《中国大百科全书》(第 1 版) 明确定义: 数理统计是 " 数学的一个分支学科 "[2].

事实上, 在前计算机时代, 数据分析一直依赖于这些数学家所创造的数学模型. 因此, 模型驱动而非问题驱动一直是统计界的主流思维方式, 模型驱动思维就是数学式的演绎思维. 一直到 20 世纪 70 年代, 计算机还仅仅是各个领域数据分析者的工具, 是手和笔的延伸. 如果在那个时候, 统计学家认为自己是数据科学家, 而把计算机视为自己不可缺少的工具包括在数据科学之内, 统计学的进程就完全不一样了. 可是, 以数学模型为主导的统计界没有这么做.

当今, 统计界无法和真正的数学界比数学之美, 也无法和计算机群体比处理数据问题的效率和能力, 处在十字路口[3]. 机器学习或者基于机器学习方法的人工智能目前发展迅速, 但有多少人会把这些发展和本应是 " 数据科学 " 的传统数理统计相联系呢?

从深度、难度以及美学的角度来看, 统计所用的数学和纯粹数学根本无法相比, 与数学家在一起可能会令某些统计学人感到不舒服. 其实, 如果这些统计学人展示的不是数学而是分析数据的能力, 就不会有这种感觉了, 问题是这些统计学人究竟有没有处理实际数据的意愿和能力. 类似地, 部分统计学人和搞计算机的同事在一起时也会有不快的感觉. 但如果他们既会编程又有数据分析的能力, 自然会充满自信.

对于整个社会来说, 传统统计的边缘化并不见得是件坏事情. 对于统计学科本身, 危机感能够促进变化, 把统计界从封闭的小圈子里解放出来.

---

[1]不列颠百科全书. https://www.britannica.com/science/statistics.

[2]中国大百科全书总编辑委员会. 中国大百科全书: 数学卷. 北京: 中国大百科全书出版社, 1988: 593.

[3]见 NSF 赞助的报告: He et al. (2025). "Statistics at a crossroads: who is for the challenge?", National Science Foundation, https://arxiv.org/abs/2503.22945.

1.1.2 计算机学科在数据科学中的地位

在过去的一代统计社区中, 有很多人实际上没有采取问题驱动或数据驱动的思维, 而计算机社区借助数据源、数据清理、数据处理及算法改进等方面的优势, 已经成为数据科学的主要实体, 而且占有越来越重要的地位.

实际上, 主要机器学习方法的创造者大都不是沉溺于数学模型的 " 统计学家 ", 也不都是计算机界的学者. 他们多是有数学背景或其他领域背景的科学家. 他们依赖的并不是某些专业课程知识, 而是自己对实际问题的理解、对随机性的理解、抽象思维能力和想象力, 而这些思维能力很多是从严格的纯粹数学训练中获得的.

在当今世界, 人们离不开计算机, 计算机是数据科学最重要的基石之一, 也是工作量最大的部分, 没有计算机, 所有的机器学习、人工智能、大数据分析就都没有意义. 但是必须清醒地认识到, **单纯的 " 软件 + 硬件 " 能力不会自动产生新的算法, 工程师式的工作代替不了科学家的创新思维**.

1.1.3 问题驱动应成为基本思维方式

笔者觉得目前的统计学科、数学或计算机学科没有一个能够单独代表数据科学. 数据科学本身包括了所有可能的知识积累和人们的才智. **知识不是由学科划分的**, 当前科技进步的进程不断突破人们有限的想象力, 试图当老大或者试图把学科标签固化的思维曾经阻碍了一些学科的发展, 一些故步自封的学科将来也会消亡, 但社会总是在不断前进.

很多人认为, 学完了统计、数学、计算机及各领域的一些课程就可以解决数据科学的问题. 实际上, 课程仅仅是历史的一些记录, 人们可以从中得到一些经验、启发及知识, 而不可能得到能力. 有人觉得, 根据分析某些 " 教科书式的数据 " 的经验, 按照现成模型可能会找到所谓 " 标准答案 ". 但是, **在实际问题中不可能存在 " 标准答案 "**, 针对一个问题可能有很多不同的答案, 而每种答案都可能具有某种合理性. 试图寻求一个 " 标准答案 " 本身就限制了人们的想象力、能力及对实际问题复杂性的判断. 更为大量的实际问题是无法限定于一种或若干种方法 (或组合) 的, 认为只要选择合适的模型和参数就应该得到 " 正确 " 或 " 精准 " 答案的想法是把世界简单化, 真实世界比围棋机器人所面对的围棋世界要复杂得多.

因此, 面对复杂的真实问题, 我们对问题本身的意义及有关数据的理解、知识积累、想象力和处理复杂问题的能力就是关键. 能力是从不断解决实际问题中获得的, 是从无数失败中悟出来的, 而不是从书本上学来的. 对于个人来说, **最重要的不是学位专业的标签, 而是知识结构**.

1.2 多元分析的对象

本书介绍的方法主要适用于规范的横截面数据, 观测值及变量可以按照行列排成方阵. 这里讨论的变量都是相关的, 而且每个观测值都是同时度量的. 根据机器学习术语, 回归和分类属于**有监督 (或有指导) 学习** (supervised learning), 也就是有因变量作为目标变量, 主要目的是建立可以预测的模型, 有监督学习的回归和分类是机器学习的核心, 也是人工智能的基本组成部分; 其他方法都属于**无监督 (或无指导) 学习** (unsupervised learning), 其中没有目标变量, 目的是揭示相关变量所提供的潜在重叠信息所代表数据的背景结构, 因此, 简化、降维、汇总是其主要特点. 这部分多元统计分析基本上是探索性的数据分析, 它可能提出一些假设, 但检验往往并不是其主要目的.

从名称上看, 只要多于一个变量的数据分析都应该属于多元分析. 这实际上包括了除收集数据之外的几乎整个数据科学的内容. 但是, 传统的多元分析要狭窄得多, 除了往往放在回归课程中讲授的回归分析之外, 多元分析传统上是由无监督学习中的一组方法所构成的. 这包括主成分分析、因子分析、聚类分析、典型相关分析等, 这些方法传统上多假定多元正态分布, 但由于大多是描述性的, 在方法及结果的解释方面并不完全依赖分布假定.

除了可以应用于所有领域并成为人工智能基础的有监督学习之外, 属于无监督学习的经典多元分析技术的很大一部分最早应用于行为科学和生物科学, 而现在已经扩展到各个领域, 包括物理、化学、生物、医学、心理学、社会学、经济学、教育学、法律、商学、文学、传媒学、护理学、语言学、地质学等.

读者可以通过本书理解各种多元分析的方法、目的、适用范围、局限性及数据分析的具体计算机实现, 以及各种方法的关联及区别. 在动手操作方面, 期望读者能够根据具体数据选择合适的方法并解释多元分析方法的计算机输出. 希望读者能够通过编程来熟悉本书的概念, 同时通过分析数据来熟悉编程.

1.3 需要的工具

学习本书, 需要掌握一定的数学知识, 主要是线性代数或矩阵理论等数学, 这些知识在本书的第 2 章专门进行了回顾, 可以自给自足; 微积分用得不多 (只有个别地方应用了导数的概念). 读者有一些初等统计知识就够了. 本书强调对模型和方法的理解, 而不是数学证明和推理的细节, 大多数被展示的结果未给出证明, 因为直观的解释更加有说服力. 本书所使用的 R 或者 Python 等编程语言完全可以在使用中学习. 学习软件最快的方法就是使用, 有问题可从网络上寻求答案, 不必专门在课堂上学习.

1.4 各章的安排

本书从第 2 章开始的各章内容安排如下: 第 2 章提供本书所需要的一些数学工具, 供需要时查阅, 这些内容一般不用在课堂上专门介绍 (由于后续各章多少涉及该章内容, 所以没有打星号). 第 3 章的内容为包括回归和分类的有监督学习. 第 4 章介绍包括主成分分析、因子分析及自编码器等降维方法. 第 5 章介绍各种聚类方法. 第 6 章介绍包括典型相关分析和对应分析等涉及相关或关联的方法. 第 7 章给出了正文中没有列出的 R 程序及 Python 代码.

本书在正文中主要 (有例外) 使用 R 语言来实现数据分析的计算并解释其输出的结果, 并且尽量减少正文中和概念无关或者比较烦琐的代码, 而把正文中没有提供的代码及多数 Python 代码集中放到第 7 章, 以减少太多的代码影响阅读的流畅. 此外, 对于少数内容, 我们只使用了一种语言. 除了第 1 章和第 7 章, 每章后面都提供了习题, 帮助读者掌握各章的内容或计算. 由于目前关于 R 语言和 Python 语言的各种参考资料 (特别是网络所提供的) 越来越丰富, 因此, 为了减少篇幅, 我们在第 2 版删除了初版关于 R 和 Python 语言介绍的附录, 希望这些不会给使用者带来不便.

1.5 软件和编程

在现代社会，一个人是否会编程密切关系到其生存状况. 笔者认为，编程不限于一个软件的语言，而是要培养明白编程要点的泛型编程能力.

编程必须在应用中学，上专门的软件理论课学习编程远远不如针对具体目的来完成一个数据分析任务效果好. 在编程中要不怕犯错误，不断纠正错误是熟悉软件的最快途径.

R 软件的程序大多是统计学家编写的，对搞统计分析的人很友好. R 网站上不断更新并持续增加的 2 万多个程序包[4]展示了各种最新的数据分析方法. 绝大多数新方法的计算机实现均首先出现在 R 网站上. 这些程序包的程序都是透明的，可供审视和改写，这是任何商业软件都无法比拟的，透明是对抗错误的最好方式. R 软件的优点是容易编写，帮助系统很优秀，而且对各种统计方法有比较细致的描述，输出结果丰富；缺点是软件本身处理较大数据的速度较慢，但目前许多快速编程软件都有针对 R 的接口，而且还有一些针对 R 的包装软件，使得速度慢不会成为其发展及受欢迎的障碍.

不像 R 软件主要用于数据分析，Python 是通用软件，可以完成任何计算机能够做的任务. 由于 Python 不但比 C++ 更易编写，而且有大量的工具包可用，其有限的速度差距又已经被一些包装软件所克服，Python 很快成为 C++ 最强有力的开发替代. Python 的编程非常灵活，虽然其帮助系统不如 R 软件，但由于它也是开源软件，网上帮助很好用. Python 不是专门的统计软件，视角不同于统计学家，而且其统计方法的开发深度往往不如类似的 R 软件.

人们通常想知道应该学习什么编程软件，笔者认为，学习任何编程软件都有益处，如果学会第一种编程语言花了一个星期，学会第二种可能只需两三天或三四天的时间. 这里所说的“学会”是指能够完成你手中的任务，而不是指精通. 软件是工具，我们能够使用它完成任务就行了，没有必要完全精通. 学习编程的关键是遇到问题时知道去哪里寻求帮助，网络上的信息很全面，显然任何教师都无法独自掌握如此海量信息，在网上寻求帮助是编程者的惯例. 软件在不断发展，我们必须跟上时代的潮流.

鉴于 R 和 Python 的区别，以及各种模型的选项和程序包或模块的编写过程及意图的不同，本书中使用两种软件处理同一个数据的输出结果可能不同. 我们对数据和程序包或模块采用了一些比较随意的选择方式.

1.6 如何教学

人都是在不断学习中成长的，而且绝大多数能力是自学的. 回想一下，我们有哪一能力是课堂上当场学会的 (不用做作业)? 教师应该引导学生产生兴趣及疑问、展开独立思考并理解世界，让学生关注世上的最新事物，还是应该告诉学生世上有什么? 学生难道不会自己查阅资料和自学吗? 离开学校就是知识获取过程的终结吗? 教学是否等于播放陈旧的录音? 不看讲义而能不错一个符号地把书上的内容抄写在黑板上是好老师的标准吗? 教师自己有必要不断学习吗? 学生挑战教师好不好? 没有学生挑战说明什么? 教师应如何面对学生 (在许多方面) 比自己强这样的现实? 不带疑问和怀疑去上课的学生会有收获吗? 课后学生没有疑问的课堂教学正常吗?

思考了上面一些问题之后，关于本书的教学方式也就十分清楚了. 最主要的是弄明白每

[4]在 2009 年底，R 网站上的程序包不到 1000 个.

个数据和模型的目的、直观含义及拟合数据的过程和原理. 至于有关的数学公式, 只需要介绍其目的及意义, 而不必做过度的数学推导, 这些数学公式大都是有百年历史的既定结论. 实际上, 解释这些模型的原理并不比推导数学公式更容易. 本书中标有 * 号的部分可作为参考材料, 教师可以根据需要来确定讲哪些内容. 但是, 部分没有标 * 号的内容也可以用于自学或作为参考材料. **教科书仅仅是教学的参考和工具, 教科书的使用应该服从于获取知识和能力的需要, 教科书不应是限制师生思维的教条和框框**.

我相信, 任何读者只要愿意努力, 就有可能成为一个名副其实的数据科学家.

第 2 章　矩阵代数和一些数学概念回顾

本章的内容大多是非常经典的数学知识, 在几乎所有的基础数学教科书中都可以找到. 在本章安排这些内容, 主要是方便读者查阅, 它们只是工具, 不是必须要在课堂上讲授. 由于后续各章多少会涉及本章内容, 所以本章内容没有标星号 (*).

2.1　矩 阵

2.1.1 基本定义

矩阵是数值或数值变量的一个矩形数字阵, m 行 n 列 (亦称 $m \times n$ 维或 $m \times n$ 阶) 的矩阵 $\boldsymbol{A}$ 的形式为:

$$\boldsymbol{A} = \begin{bmatrix} a_{11} & a_{12} & \cdots & a_{1n} \\ a_{21} & a_{22} & \cdots & a_{2n} \\ \vdots & \vdots & & \vdots \\ a_{m1} & a_{m2} & \cdots & a_{mn} \end{bmatrix}.$$

$\boldsymbol{A}$ 的表示方法或记号有很多, 比如显示维数的 $\boldsymbol{A}_{(m\times n)} = \{a_{ij}\}$ 或者显示元素的 $\boldsymbol{A} = \{a_{ij}\}$. 此外, 根据不同的需要及方便起见, 元素下标的次序并没有统一规定, 比如, 元素 a_{ij} 的两个下标不一定必须是 i 代表行及 j 代表列, 也可能相反.

前述矩阵 $\boldsymbol{A}$ 的**转置**记为 $\boldsymbol{A}^\top$(这是本书采用的记号) 或 $\boldsymbol{A}'$, 定义为:

$$\boldsymbol{A}^\top = \begin{bmatrix} a_{11} & a_{21} & \cdots & a_{m1} \\ a_{12} & a_{22} & \cdots & a_{m2} \\ \vdots & \vdots & & \vdots \\ a_{1n} & a_{2n} & \cdots & a_{mn} \end{bmatrix}.$$

一个 $m \times 1$ 的矩阵称为**列向量**, 而一个 $1 \times n$ 的矩阵称为**行向量**. 比如 $1 \times m$ 矩阵 $\boldsymbol{a} = [a_1, a_2, \ldots, a_m]$ 是一个行向量, 也记为 $\boldsymbol{a} = (a_1, a_2, \ldots, a_m)$, 其元素为 $a_1, a_2, \ldots, a_m$, 而其转置为列向量, 即

$$\boldsymbol{a}^\top = \begin{bmatrix} a_1 \\ a_2 \\ \vdots \\ a_m \end{bmatrix}.$$

也可以用列向量或行向量表示矩阵, 比如, 前述矩阵 $\boldsymbol{A}$ 可表示为 $\boldsymbol{A} = [\boldsymbol{a}_1, \boldsymbol{a}_2, \ldots, \boldsymbol{a}_n]$, 这里 $\boldsymbol{a}_j = (a_{1j}, a_{2j}, \ldots, a_{mj})^\top$ $(j = 1, 2, \ldots, n)$ 为 $\boldsymbol{A}$ 的 n 个列向量. 如果前述矩阵 $\boldsymbol{A}$ 的 m 个行向量记为 $\boldsymbol{a}_i = (a_{i1}, a_{i2}, \ldots, a_{in})$ $(i = 1, 2, \ldots, m)$, 那么, 矩阵 $\boldsymbol{A}$ 可表示为 $\boldsymbol{A} = [\boldsymbol{a}_1, \boldsymbol{a}_2, \ldots, \boldsymbol{a}_m]^\top$.

对于一个方阵 (行和列数目相等的矩阵) $\boldsymbol{A}=\{a_{ij}\}$, 如果 $a_{ij}=a_{ji}, \forall i,j$ [1], 则称该矩阵为**对称矩阵**.

如果一个方阵 $\boldsymbol{U}=\{u_{ij}\}$ 的元素满足 $u_{ij}=0, \forall j<i$, 则称该矩阵为**上三角矩阵** (upper triangular matrix, right triangular matrix); 如果一个方阵 $\boldsymbol{L}=\{l_{ij}\}$ 的元素满足 $l_{ij}=0, \forall j>i$, 则称该矩阵为**下三角矩阵** (lower triangular matrix, left triangular matrix). 即

$$\boldsymbol{U}=\begin{bmatrix} u_{11} & u_{12} & \cdots & u_{1m} \\ 0 & u_{22} & \cdots & u_{2m} \\ \vdots & \vdots & & \vdots \\ 0 & 0 & \cdots & u_{mm} \end{bmatrix} \text{ 和 } \boldsymbol{L}=\begin{bmatrix} l_{11} & 0 & \cdots & 0 \\ l_{21} & l_{22} & \cdots & 0 \\ \vdots & \vdots & & \vdots \\ l_{m1} & l_{m2} & \cdots & l_{mm} \end{bmatrix}.$$

如果一个方阵 $\boldsymbol{D}=\{d_{ij}\}$ 的元素满足 $d_{ij}=0, \forall j\neq i$, 则称该矩阵为**对角矩阵**, 即

$$\boldsymbol{D}=\begin{bmatrix} d_{11} & 0 & \cdots & 0 \\ 0 & d_{22} & \cdots & 0 \\ \vdots & \vdots & & \vdots \\ 0 & 0 & \cdots & d_{mm} \end{bmatrix}.$$

这时可记 d_{ii} 为 d_i, 以及 $\boldsymbol{D}=\mathrm{diag}(d_1,d_2,\ldots,d_m)$. 对角线元素全部为 1 的对角矩阵 $\boldsymbol{I}=\mathrm{diag}(1,1,\ldots,1)$ 称为**单位矩阵**; 如果其维度为 n, 往往记为 $\boldsymbol{I}_n$ 或 $\boldsymbol{I}_{(n\times n)}$. 元素全部是 1 的向量记为 $\mathbf{1}=(1,1,\ldots,1)^\top$.

2.1.2 基本矩阵运算

两个同样维数的矩阵 $\boldsymbol{A}$ 和 $\boldsymbol{B}$ 之和定义为一个新矩阵 $\boldsymbol{C}=\boldsymbol{A}+\boldsymbol{B}$, 其元素等于 $\boldsymbol{A}$ 和 $\boldsymbol{B}$ 相应元素之和, 即 $\boldsymbol{C}=\{c_{ij}\}=\{a_{ij}+b_{ij}\}$. 同样定义两个矩阵之差. 一个数量 c 和一个矩阵 $\boldsymbol{A}=\{a_{ij}\}$ 相乘意味着逐项相乘, 即 $\boldsymbol{B}=c\boldsymbol{A}=\{ca_{ij}\}$. $-\boldsymbol{A}$ 定义为 $\boldsymbol{A}$ 的每个元素乘 -1. 显然有下面的性质:

$$\begin{aligned}
&\boldsymbol{A}+\boldsymbol{B}=\boldsymbol{B}+\boldsymbol{A},\ \ \boldsymbol{A}+(\boldsymbol{B}+\boldsymbol{C})=(\boldsymbol{A}+\boldsymbol{B})+\boldsymbol{C},\\
&\boldsymbol{A}-\boldsymbol{B}=\boldsymbol{A}+(-\boldsymbol{B})=-(\boldsymbol{B}-\boldsymbol{A}),\ \ \boldsymbol{A}-\boldsymbol{A}=\mathbf{0},\\
&(\boldsymbol{A}+\boldsymbol{B})^\top=\boldsymbol{A}^\top+\boldsymbol{B}^\top,\ \ (b+c)\boldsymbol{A}=b\boldsymbol{A}+c\boldsymbol{A},\\
&\boldsymbol{A}+\mathbf{0}=\boldsymbol{A},\ \ c\boldsymbol{A}=\boldsymbol{A}c,\ \ -(-\boldsymbol{A})=\boldsymbol{A},\\
&c(\boldsymbol{A}+\boldsymbol{B})=c\boldsymbol{A}+c\boldsymbol{B},\ \ 0\boldsymbol{A}=\mathbf{0},\ \ 1\boldsymbol{A}=\boldsymbol{A}.
\end{aligned}$$

如果一个矩阵的列数和另一矩阵的行数相同 (称为可相乘的), 比如 $\boldsymbol{A}_{(m\times n)}$ 和 $\boldsymbol{B}_{(n\times p)}$, 则它们的积定义为一个 $m\times p$ 矩阵 $\boldsymbol{C}=\boldsymbol{AB}=\{c_{ij}\}$, 这里

$$c_{ij}=\sum_{k=1}^{n}a_{ik}b_{kj}.$$

两个相同维列向量 $\boldsymbol{a}=(a_1,a_2,\ldots,a_n)^\top$ 和 $\boldsymbol{b}=(b_1,b_2,\ldots,b_n)^\top$ 的内积 (又称点积或点乘)$\boldsymbol{a}^\top\boldsymbol{b}$, 也记为 $\boldsymbol{a}\cdot\boldsymbol{b}$ 或者 $\langle\boldsymbol{a},\boldsymbol{b}\rangle$, 定义为数量

$$\boldsymbol{a}^\top\boldsymbol{b}=\sum_{i=1}^{n}a_ib_i.$$

[1]符号 "$\forall$" 是 " 对于所有 " (for all) 的简写.

关于矩阵乘法有下列性质:

$$(\boldsymbol{A}+\boldsymbol{B})\boldsymbol{C}=\boldsymbol{AC}+\boldsymbol{BC},\ \ \boldsymbol{A}(\boldsymbol{B}+\boldsymbol{C})=\boldsymbol{AB}+\boldsymbol{AC},$$
$$\boldsymbol{A}_{(m\times n)}\boldsymbol{I}_n=\boldsymbol{I}_m\boldsymbol{A}_{(m\times n)},\ \ \boldsymbol{A}_{(m\times n)}\boldsymbol{0}_{(n\times p)}=\boldsymbol{0}_{(m\times p)},$$
$$\boldsymbol{0}_{(q\times m)}\boldsymbol{A}_{(m\times n)}=\boldsymbol{0}_{(q\times n)},\ \ \boldsymbol{AB}^\top=(\boldsymbol{BA}^\top)^\top.$$

分块矩阵 (见 2.1.14 节) 的运算和矩阵运算类似, 只不过把块 (子矩阵) 当成矩阵元素, 比如, 对分块矩阵

$$\boldsymbol{A}=\begin{bmatrix}\boldsymbol{M}_{11} & \boldsymbol{M}_{12}\\ \boldsymbol{M}_{21} & \boldsymbol{M}_{22}\end{bmatrix}=\left[\begin{array}{ccc|cc}a_{11} & a_{12} & a_{13} & b_{11} & b_{12}\\ a_{21} & a_{22} & a_{23} & b_{21} & b_{22}\\ \hline c_{11} & c_{12} & c_{13} & d_{11} & d_{12}\\ c_{21} & c_{22} & c_{23} & d_{21} & d_{22}\\ c_{31} & c_{32} & c_{33} & d_{31} & d_{32}\end{array}\right],$$

有

$$\boldsymbol{A}^2=\begin{bmatrix}\boldsymbol{M}_{11} & \boldsymbol{M}_{12}\\ \boldsymbol{M}_{21} & \boldsymbol{M}_{22}\end{bmatrix}\begin{bmatrix}\boldsymbol{M}_{11} & \boldsymbol{M}_{12}\\ \boldsymbol{M}_{21} & \boldsymbol{M}_{22}\end{bmatrix}=\begin{bmatrix}\boldsymbol{M}_{11}^2+\boldsymbol{M}_{12}\boldsymbol{M}_{21} & \boldsymbol{M}_{11}\boldsymbol{M}_{12}+\boldsymbol{M}_{12}\boldsymbol{M}_{22}\\ \boldsymbol{M}_{21}\boldsymbol{M}_{11}+\boldsymbol{M}_{22}\boldsymbol{M}_{21} & \boldsymbol{M}_{21}\boldsymbol{M}_{12}+\boldsymbol{M}_{22}^2\end{bmatrix}.$$

2.1.3 行列式

一个 2×2 矩阵

$$\boldsymbol{A}=\begin{bmatrix}a_{11} & a_{12}\\ a_{21} & a_{22}\end{bmatrix}$$

的行列式定义为

$$|\boldsymbol{A}|=\det(\boldsymbol{A})=\begin{vmatrix}a_{11} & a_{12}\\ a_{21} & a_{22}\end{vmatrix}=a_{11}a_{22}-a_{21}a_{12},$$

而一个 3×3 矩阵

$$\boldsymbol{A}=\begin{bmatrix}a_{11} & a_{12} & a_{13}\\ a_{21} & a_{22} & a_{23}\\ a_{31} & a_{32} & a_{33}\end{bmatrix}$$

的行列式定义为:

$$|\boldsymbol{A}|=\det(\boldsymbol{A})=a_{11}\begin{vmatrix}a_{22} & a_{23}\\ a_{32} & a_{33}\end{vmatrix}-a_{12}\begin{vmatrix}a_{21} & a_{23}\\ a_{31} & a_{33}\end{vmatrix}+a_{13}\begin{vmatrix}a_{21} & a_{22}\\ a_{31} & a_{32}\end{vmatrix}.$$

一般的 $n\times n$ 矩阵 $\boldsymbol{A}=\{a_{ij}\}$ 的行列式定义为其任何一行 (式 (2.1.1)) 或一列 (式 (2.1.2)) 的**余子式展开** (cofactor expansion):

$$|\boldsymbol{A}|=\det(\boldsymbol{A})=a_{k1}C_{k1}+a_{k2}C_{k2}+\cdots+a_{kn}C_{kn}=\sum_{j=1}^n a_{kj}C_{kj},\ \forall\, k \tag{2.1.1}$$

$$=a_{1\ell}C_{1\ell}+a_{2\ell}C_{2\ell}+\cdots+a_{n\ell}C_{n\ell}=\sum_{i=1}^n a_{i\ell}C_{i\ell},\ \forall\, \ell \tag{2.1.2}$$

式中, $C_{ij}=(-1)^{i+j}\boldsymbol{A}_{ij}$, 而 $\boldsymbol{A}_{ij}$ 为 $\boldsymbol{A}$ 中没有第 i 行及第 j 列元素的 $(n-1)\times(n-1)$ 维子矩阵的行列式. 这里的 C_{ij} 称为 a_{ij} 的**余子式** (cofactor).

对于 n 阶方阵 $\boldsymbol{A}$ 和 $\boldsymbol{B}$, 以及 $c \in \mathbb{R}$, 有下列性质:

$$|c\boldsymbol{A}| = c^n|\boldsymbol{A}|, \quad |\boldsymbol{AB}| = |\boldsymbol{BA}| = |\boldsymbol{A}||\boldsymbol{B}|.$$

2.1.4 矩阵的逆

一个 n 阶方阵 $\boldsymbol{A}$ 的**逆**也是 n 阶方阵, 记为 $\boldsymbol{A}^{-1}$, 满足 $\boldsymbol{A}^{-1}\boldsymbol{A} = \boldsymbol{A}\boldsymbol{A}^{-1} = \boldsymbol{I}_n$. 当然, 矩阵的逆不一定存在, 如果 $\boldsymbol{A}$ 的逆存在, 则称 $\boldsymbol{A}$ 为**非奇异的**, 否则称它为**奇异的**. 方阵 $\boldsymbol{A}$ 存在逆的充分必要条件是其行列式 $|\boldsymbol{A}| \neq 0$.

关于矩阵的逆, 有下列性质:

$$\begin{aligned}
&\boldsymbol{I}^{-1} = \boldsymbol{I}, \ (\boldsymbol{A}^{-1})^{-1} = \boldsymbol{A}, (\boldsymbol{A}^{\top})^{-1} = (\boldsymbol{A}^{-1})^{\top}, \\
&(\boldsymbol{AB})^{-1} = \boldsymbol{B}^{-1}\boldsymbol{A}^{-1}, \ (c\boldsymbol{A})^{-1} = c^{-1}\boldsymbol{A}^{-1}, \\
&\text{diag}^{-1}(d_1, d_2, \dots, d_n) = \text{diag}(1/d_1, 1/d_2, \dots, 1/d_n),
\end{aligned}$$

式中, $\boldsymbol{A}$ 和 $\boldsymbol{B}$ 为非奇异方阵, c 为数量.

2.1.5 矩阵的广义逆

如果 $\boldsymbol{A}$ 为 $n \times m$ 矩阵, $\boldsymbol{x} \in \mathbb{R}^m$ 及 $\boldsymbol{y} \in \mathbb{R}^n$, 考虑方程组

$$\boldsymbol{Ax} = \boldsymbol{y}, \tag{2.1.3}$$

在 $m = n$ 时, 如果 $\boldsymbol{A}$ 的逆存在, 则方程组 (2.1.3) 有解 $\boldsymbol{x} = \boldsymbol{A}^{-1}\boldsymbol{y}$; 如果 $\boldsymbol{A}$ 不可逆或者 $m \neq n$, 则方程组无解或者解不唯一. 这时可以定义 $\boldsymbol{A}$ 的广义逆.

矩阵 $\boldsymbol{A}$ 的**广义逆** $\boldsymbol{A}^{-}$ 满足下列条件:

$$\boldsymbol{A}\boldsymbol{A}^{-}\boldsymbol{A} = \boldsymbol{A}. \tag{2.1.4}$$

容易验证, 如果方阵 $\boldsymbol{A}$ 的逆 $\boldsymbol{A}^{-1}$ 存在, 则 $\boldsymbol{A}^{-1} = \boldsymbol{A}^{-}$. 这种情况之外的广义逆并不唯一.

可以证明, 方程组 (2.1.3) 有解 $\boldsymbol{x} \in \mathbb{R}^m$ 的充分必要条件是 $\boldsymbol{A}\boldsymbol{A}^{-}\boldsymbol{y} = \boldsymbol{y}$. 此外, 还可以证明, 如果方程组 (2.1.3) 有解, 而 $\boldsymbol{x} \in \mathbb{R}^m$ 是一个解的充分必要条件是对某 $\boldsymbol{z} \in \mathbb{R}^m$, 有

$$\boldsymbol{x} = \boldsymbol{A}^{-}\boldsymbol{y} + (\boldsymbol{I} - \boldsymbol{A}^{-}\boldsymbol{A})\boldsymbol{z}.$$

2.1.6 Kronecker 积

如果 $\boldsymbol{A}$ 为 $m \times n$ 矩阵, 而 $\boldsymbol{B}$ 为 $p \times q$ 矩阵, 则它们的 Kronecker 积记为 $\boldsymbol{A} \otimes \boldsymbol{B}$, 定义为一个 $mp \times nq$ 矩阵:

$$\boldsymbol{A} \otimes \boldsymbol{B} = \begin{bmatrix} a_{11}\boldsymbol{B} & a_{12}\boldsymbol{B} & \cdots & a_{1n}\boldsymbol{B} \\ a_{21}\boldsymbol{B} & a_{22}\boldsymbol{B} & \cdots & a_{2n}\boldsymbol{B} \\ \vdots & \vdots & & \vdots \\ a_{m1}\boldsymbol{B} & a_{m2}\boldsymbol{B} & \cdots & a_{mn}\boldsymbol{B} \end{bmatrix}.$$

关于矩阵的 Kronecker 积有下列性质 (这些公式中矩阵乘积相关的矩阵的维数必须匹配, 而求逆的矩阵必须非奇异):

$$(\boldsymbol{A} + \boldsymbol{B}) \otimes \boldsymbol{C} = \boldsymbol{A} \otimes \boldsymbol{C} + \boldsymbol{B} \otimes \boldsymbol{C},$$

$$\begin{aligned}
&\boldsymbol{A}\otimes(\boldsymbol{B}+\boldsymbol{C})=\boldsymbol{A}\otimes\boldsymbol{B}+\boldsymbol{A}\otimes\boldsymbol{C},\\
&(\boldsymbol{A}\otimes\boldsymbol{B})\otimes\boldsymbol{C}=\boldsymbol{A}\otimes(\boldsymbol{B}\otimes\boldsymbol{C}),\\
&c(\boldsymbol{A}\otimes\boldsymbol{B})=(c\boldsymbol{A})\otimes\boldsymbol{B}=\boldsymbol{A}\otimes(c\boldsymbol{B}),\\
&(\boldsymbol{A}\otimes\boldsymbol{B})\otimes(\boldsymbol{C}\otimes\boldsymbol{D})=\boldsymbol{AC}\otimes\boldsymbol{BD},\\
&(\boldsymbol{A}\otimes\boldsymbol{B})^{-1}=\boldsymbol{A}^{-1}\otimes\boldsymbol{B}^{-1},\\
&(\boldsymbol{A}\otimes\boldsymbol{B})^{\top}=\boldsymbol{A}^{\top}\otimes\boldsymbol{B}^{\top}.
\end{aligned}$$

如果 $\boldsymbol{A}$ 为 $m\times m$ 矩阵, 而 $\boldsymbol{B}$ 为 $n\times n$ 矩阵, 则

$$\det(\boldsymbol{A}\otimes\boldsymbol{B})=\det(\boldsymbol{B}\otimes\boldsymbol{A})=\det(\boldsymbol{A})^n\det(\boldsymbol{B})^m.$$

2.1.7 幂等矩阵

如果方阵 $\boldsymbol{M}=\boldsymbol{MM}$, 则称 $\boldsymbol{M}$ 为**幂等矩阵**. 如果 $\boldsymbol{M}$ 非奇异, 有下列性质:

$$\boldsymbol{M}=\boldsymbol{IM}=\boldsymbol{M}^{-1}\boldsymbol{MM}=\boldsymbol{M}^{-1}\boldsymbol{M}=\boldsymbol{I}.$$

方阵 $\boldsymbol{M}$ 是幂等矩阵的充分必要条件为: 对于任意整数 n, 有 $\boldsymbol{M}^n=\boldsymbol{M}$.

幂等矩阵的一个例子是线性模型 (参见 3.4.1 节式 (3.4.2)) 的最小二乘回归预测矩阵 (亦称帽子矩阵, 有时用 $\boldsymbol{H}$ 表示) $\boldsymbol{P}=\boldsymbol{X}(\boldsymbol{X}^{\top}\boldsymbol{X})^{-1}\boldsymbol{X}^{\top}$, 容易验证, 预测矩阵 $\boldsymbol{P}$ 为幂等矩阵.

2.1.8 向量空间

一个 n 维**向量空间**为所有向量 $\boldsymbol{x}=(x_1,x_2,\dots,x_n)$ 的无穷集合. n 维向量空间的一个**子空间**为一组向量 $\{\boldsymbol{x}_1,\boldsymbol{x}_2,\dots,\boldsymbol{x}_k\}$ 所生成的所有线性组合的集合:

$$\boldsymbol{A}=a_1\boldsymbol{x}_1+a_2\boldsymbol{x}_2+\cdots+a_k\boldsymbol{x}_k,\ \forall(a_1,a_2,\dots,a_k),$$

这个子空间称为由该组向量 $\{\boldsymbol{x}_1,\boldsymbol{x}_2,\dots,\boldsymbol{x}_k\}$ **张成的**.

如果一组向量 $\{\boldsymbol{x}_1,\boldsymbol{x}_2,\dots,\boldsymbol{x}_k\}$ 中的任何一个都不能表示成其他向量的线性组合, 则称该组向量**线性独立**; 等价地, 线性独立向量组不可能有 $\sum_{i=1}^k b_i\boldsymbol{x}_i=\boldsymbol{0}$, 除非所有 b_i 全部等于 0.

一组线性独立的向量可以形成其所张成的子空间的基, 如果该子空间的一个向量 $\boldsymbol{y}$ 可以表示成 $\boldsymbol{y}=\sum_{i=1}^k c_i\boldsymbol{x}_i$, 则 $\{c_i\}$ 为 $\boldsymbol{y}$ 关于这组基的坐标.

2.1.9 正交性

如果两个向量的内积为 0, 则称它们**正交**. 一个满足 $\boldsymbol{X}^{\top}\boldsymbol{X}=\boldsymbol{I}$ 的矩阵 $\boldsymbol{X}$ 称为**正交矩阵**.

记 $\boldsymbol{X}_{(n\times k)}\equiv[\boldsymbol{x}_1,\boldsymbol{x}_2,\dots,\boldsymbol{x}_k]$. 一个向量 $\boldsymbol{y}$ 到由 $\{\boldsymbol{x}_1,\boldsymbol{x}_2,\dots,\boldsymbol{x}_k\}$ 张成的子空间的**正交投影**定义为向量

$$\hat{\boldsymbol{y}}=\boldsymbol{Xb}=\sum_{i=1}^k b_i\boldsymbol{x}_i,$$

这里的 $\boldsymbol{b}=(b_1,b_2,\dots,b_k)^{\top}$ 满足条件 $\boldsymbol{X}^{\top}(\boldsymbol{y}-\boldsymbol{Xb})=\boldsymbol{0}$. 可以解出: $\boldsymbol{b}=(\boldsymbol{X}^{\top}\boldsymbol{X})^{-1}\boldsymbol{X}^{\top}\boldsymbol{y}$. 注意, 只要 $\{\boldsymbol{x}_1,\boldsymbol{x}_2,\dots,\boldsymbol{x}_k\}$ 线性独立, $\boldsymbol{X}^{\top}\boldsymbol{X}$ 就是非奇异的, 因此其逆有意义.

一个**正交变换**是在实内积空间 $\mathbb{V}$ 上保持内积不变的一个线性变换: $T:\mathbb{V}\mapsto\mathbb{V}$. 也就是说, 对于每对 $\boldsymbol{u},\boldsymbol{v}\in\mathbb{V}$, 有

$$\boldsymbol{u}^\top\boldsymbol{v}=(\boldsymbol{T}\boldsymbol{u})^\top(\boldsymbol{T}\boldsymbol{v}).$$

2.1.10 矩阵的秩

一个矩阵 $\boldsymbol{A}$ 的**秩** (rank) 定义为其线性独立列向量的个数 (称为**列秩**), 它总是等于其线性独立行向量的个数 (称为**行秩**). 等价的说法是, $\boldsymbol{A}$ 的列秩是 $\boldsymbol{A}$ 的列空间的维数, 而 $\boldsymbol{A}$ 的行秩是 $\boldsymbol{A}$ 的行空间的维数, 而且列秩和行秩始终相等. 矩阵 $\boldsymbol{A}$ 的秩记为 $\text{rank}(\boldsymbol{A})$.

如果矩阵的秩等于相同维度矩阵的最大可能值 (行数和列数中的较小者), 则称该矩阵**满秩** (full rank).

对于 $\boldsymbol{A}_{(n\times p)}$ 和 $\boldsymbol{B}_{(p\times n)}$, 有下列性质:

$$\begin{aligned}
&\text{rank}(\boldsymbol{A})\leqslant\min(n,p),\ \ \text{rank}(\boldsymbol{A})\geqslant 0,\\
&\text{rank}(\boldsymbol{A})=\text{rank}(\boldsymbol{A}^\top),\ \ \text{rank}(\boldsymbol{A}^\top\boldsymbol{A})=\text{rank}(\boldsymbol{A}),\\
&\text{rank}(\boldsymbol{A}+\boldsymbol{B})\leqslant\text{rank}(\boldsymbol{A})+\text{rank}(\boldsymbol{B}),\\
&\text{rank}(\boldsymbol{A}\boldsymbol{B})\leqslant\min(\text{rank}(\boldsymbol{A}),\text{rank}(\boldsymbol{B})).
\end{aligned}$$

对于矩阵 $\boldsymbol{A}_{(n\times p)}$, $\boldsymbol{B}_{(p\times q)}$, $\boldsymbol{C}_{(q\times n)}$, 如果 $\boldsymbol{A}$ 和 $\boldsymbol{C}$ 非奇异, 则

$$\text{rank}(\boldsymbol{A}\boldsymbol{B}\boldsymbol{C})=\text{rank}(\boldsymbol{B}).$$

对于非奇异矩阵 $\boldsymbol{A}_{(p\times p)}$

$$|\boldsymbol{A}^{-1}|=|\boldsymbol{A}|^{-1},\ \text{rank}(\boldsymbol{A})=p.$$

2.1.11 矩阵的迹

一个 $m\times m$ 矩阵 (称为**方阵**、**m 维方阵**或**m 阶方阵**) $\boldsymbol{A}=\{a_{ij}\}$ 的对角线元素之和称为**迹**, 记为 $\text{trace}(\boldsymbol{A})=\sum_{i=1}^m a_{ii}$. $\text{trace}(\boldsymbol{A})$ 也记为 $\text{tr}(\boldsymbol{A})$. 对于 m 维方阵 $\boldsymbol{B}=\{b_{ij}\}$, $\boldsymbol{C}=\{c_{ij}\}$, $\boldsymbol{D}=\{d_{ij}\}$, 迹有下列性质 (这里的 c 为常数):

$$\begin{aligned}
&\text{tr}(\boldsymbol{A}+\boldsymbol{B})=\text{tr}(\boldsymbol{A})+\text{tr}(\boldsymbol{B}),\ \ \text{tr}(c\boldsymbol{A})=c\,\text{tr}(\boldsymbol{A}),\ \ \text{tr}(\boldsymbol{A})=\text{tr}(\boldsymbol{A}^\top),\\
&\text{tr}(\boldsymbol{A}^\top\boldsymbol{B})=\text{tr}(\boldsymbol{A}\boldsymbol{B}^\top)=\text{tr}(\boldsymbol{B}^\top\boldsymbol{A})=\text{tr}(\boldsymbol{B}\boldsymbol{A}^\top)=\sum_{i,j}a_{ij}b_{ij},\\
&\text{tr}(\boldsymbol{A}\boldsymbol{B}\boldsymbol{C}\boldsymbol{D})=\text{tr}(\boldsymbol{D}\boldsymbol{A}\boldsymbol{B}\boldsymbol{C})=\text{tr}(\boldsymbol{C}\boldsymbol{D}\boldsymbol{A}\boldsymbol{B})=\text{tr}(\boldsymbol{B}\boldsymbol{C}\boldsymbol{D}\boldsymbol{A}),\\
&\text{tr}(\boldsymbol{A})=\text{tr}(\boldsymbol{P}^{-1}\boldsymbol{A}\boldsymbol{P}),\ \ \text{tr}(\boldsymbol{A}\otimes\boldsymbol{B})=\text{tr}(\boldsymbol{A})\text{tr}(\boldsymbol{B}).
\end{aligned}$$

2.1.12 特征值

考虑 $p\times p$ 矩阵 $\boldsymbol{A}$. 如果存在数量 λ 和向量 $\boldsymbol{v}$ 使得

$$\boldsymbol{A}\boldsymbol{v}=\lambda\boldsymbol{v},$$

则称 λ 为一个**特征值**或**特征根**, $\boldsymbol{v}$ 为一个特征向量.

能够证明, 特征值 λ 为 p 阶多项式 $|\boldsymbol{A}-\lambda\boldsymbol{I}_p|=0$ 的一个根. 因此, $\boldsymbol{A}$ 有 p 个特征值 $\lambda_1,\lambda_2,\ldots,\lambda_p$. 每个特征值 λ_j 相应于一个特征向量 $\boldsymbol{v}_j$, 令 $\boldsymbol{\Lambda}=\text{diag}(\lambda_1,\lambda_2,\ldots,\lambda_p)$, 即对角

线元素为特征值的对角矩阵.

行列式 $|\boldsymbol{A}|$ 和迹 $\text{tr}(\boldsymbol{A})$ 有下列关系:

$$|\boldsymbol{A}| = |\boldsymbol{\Lambda}| = \prod_{j=1}^{p} \lambda_j,$$

$$\text{tr}(\boldsymbol{A}) = \text{tr}(\boldsymbol{\Lambda}) = \sum_{j=1}^{p} \lambda_j, \text{ 或更一般地}, \text{tr}(\boldsymbol{A}^k) = \sum_{i} \lambda_i^k.$$

对于幂等矩阵 $\boldsymbol{M}$, 仅能够有 $\{0, 1\}$ 中的特征值, 即特征值 $\lambda = \lambda^2$, 因此, $\text{tr}(\boldsymbol{M}) = \text{rank}(\boldsymbol{M}) =$ 非零特征值的个数.

下面是关于特征值问题的两个后面章节会用到的性质:

- 对于 $n \times p$ 矩阵 $\boldsymbol{A}$ 及 $p \times n$ 矩阵 $\boldsymbol{B}$, $\boldsymbol{AB}$ 和 $\boldsymbol{BA}$ 的非零特征值相同, 并有同样的重数. 如果 $p > n$, 那么 $\boldsymbol{BA}$ 有额外的零特征值. 如果 $\boldsymbol{x}$ 是 $\boldsymbol{AB}$ 的一个非平凡特征向量 (相应于非零特征值), 那么 $\boldsymbol{y} = \boldsymbol{Bx}$ 为 $\boldsymbol{BA}$ 的一个非平凡特征向量.
- 对于 $n \times p$ 矩阵 $\boldsymbol{A}$, $q \times n$ 矩阵 $\boldsymbol{B}$, $p \times 1$ 维向量 $\boldsymbol{a}$, $q \times 1$ 维向量 $\boldsymbol{b}$, 矩阵 $\boldsymbol{Aab}^\top \boldsymbol{B}$ 的秩最多为 1, 其非零特征值如果存在, 则等于 $\boldsymbol{b}^\top \boldsymbol{BAa}$, 相应的特征向量为 $\boldsymbol{Aa}$.

2.1.13 广义特征值

考虑 $p \times p$ 矩阵 $\boldsymbol{A}$ 和 $\boldsymbol{B}$, **广义特征值问题**是寻求满足

$$\boldsymbol{Av} = \lambda \boldsymbol{Bv}$$

的数量 λ 和向量 $\boldsymbol{v}$. 显然, 如果 $\boldsymbol{B}^{-1}$ 存在, 则上述问题转换成

$$\boldsymbol{B}^{-1}\boldsymbol{Av} = \lambda \boldsymbol{v},$$

这可归纳到上一小节所讨论的特征值问题.

如果 $\boldsymbol{B}$ 为 Hermitian 正定矩阵 (见 2.3.2 节), 则可以用后面要介绍的 Cholesky 分解 (见 2.2.4 节)

$$\boldsymbol{B} = \boldsymbol{LL}^H,$$

这里, $\boldsymbol{L}$ 是一个下三角矩阵, 而 $\boldsymbol{L}^H$ 是 $\boldsymbol{L}$ 的共轭转置矩阵[2], 于是有

$$\left[\boldsymbol{L}^{-1}\boldsymbol{A}(\boldsymbol{L}^H)^{-1}\right]\left[\boldsymbol{L}^H \boldsymbol{v}\right] = \lambda \left[\boldsymbol{L}^H \boldsymbol{v}\right],$$

令 $\boldsymbol{C} = \left[\boldsymbol{L}^{-1}\boldsymbol{A}(\boldsymbol{L}^H)^{-1}\right]$, $\boldsymbol{u} = \left[\boldsymbol{L}^H \boldsymbol{v}\right]$, 就回到了最初的特征值问题

$$\boldsymbol{Cu} = \lambda \boldsymbol{u}.$$

2.1.14 分块矩阵

一个矩阵可以分成几个子矩阵, 例如在矩阵

$$\boldsymbol{A} = \begin{bmatrix} a_{11} & a_{12} & a_{13} & a_{14} \\ a_{21} & a_{22} & a_{23} & a_{24} \\ a_{31} & a_{32} & a_{33} & a_{34} \end{bmatrix}$$

中定义**子矩阵 (块)**

[2]每个 Hermitian 正定矩阵 (包括每个实质对称正定矩阵) 都有唯一的 Cholesky 分解. 对于实对称矩阵 $\boldsymbol{B}$, $\boldsymbol{L}^H = \boldsymbol{L}^\top$.

$$\boldsymbol{A}_{11}=\begin{bmatrix}a_{11} & a_{12}\end{bmatrix},\quad \boldsymbol{A}_{12}=\begin{bmatrix}a_{13} & a_{14}\end{bmatrix},$$

$$\boldsymbol{A}_{21}=\begin{bmatrix}a_{21} & a_{22}\\ a_{31} & a_{32}\end{bmatrix},\quad \boldsymbol{A}_{22}=\begin{bmatrix}a_{23} & a_{24}\\ a_{33} & a_{34}\end{bmatrix},$$

于是 $\boldsymbol{A}$ 可以写成下面的**分块矩阵**形式:

$$\boldsymbol{A}=\left[\begin{array}{cc|cc}a_{11} & a_{12} & a_{13} & a_{14}\\ \hline a_{21} & a_{22} & a_{23} & a_{24}\\ a_{31} & a_{32} & a_{33} & a_{34}\end{array}\right]=\begin{bmatrix}\boldsymbol{A}_{11} & \boldsymbol{A}_{12}\\ \boldsymbol{A}_{21} & \boldsymbol{A}_{22}\end{bmatrix}.$$

对于一般维矩阵 $\boldsymbol{A}_{(n\times p)}$ 的 2×2 分块为:

$$\boldsymbol{A}=\begin{bmatrix}\boldsymbol{A}_{11} & \boldsymbol{A}_{12}\\ \boldsymbol{A}_{21} & \boldsymbol{A}_{22}\end{bmatrix},$$

这里, $\boldsymbol{A}_{ij}$ 的维数为 $(n_i\times p_j)$, $i,j=1,2, n_1+n_2=n$, $p_1+p_2=p$.

如果 $\boldsymbol{B}_{(n\times p)}$ 有和 $\boldsymbol{A}_{(n\times p)}$ 类似的分块, 则

$$\boldsymbol{A}+\boldsymbol{B}=\begin{bmatrix}\boldsymbol{A}_{11}+\boldsymbol{B}_{11} & \boldsymbol{A}_{12}+\boldsymbol{B}_{12}\\ \boldsymbol{A}_{21}+\boldsymbol{B}_{21} & \boldsymbol{A}_{22}+\boldsymbol{B}_{22}\end{bmatrix},$$

$$\boldsymbol{B}^{\top}=\begin{bmatrix}\boldsymbol{B}_{11}^{\top} & \boldsymbol{B}_{21}^{\top}\\ \boldsymbol{B}_{12}^{\top} & \boldsymbol{B}_{22}^{\top}\end{bmatrix},$$

$$\boldsymbol{A}\boldsymbol{B}^{\top}=\begin{bmatrix}\boldsymbol{A}_{11}\boldsymbol{B}_{11}^{\top}+\boldsymbol{A}_{12}\boldsymbol{B}_{12}^{\top} & \boldsymbol{A}_{11}\boldsymbol{B}_{21}^{\top}+\boldsymbol{A}_{12}\boldsymbol{B}_{22}^{\top}\\ \boldsymbol{A}_{21}\boldsymbol{B}_{11}^{\top}+\boldsymbol{A}_{22}\boldsymbol{B}_{12}^{\top} & \boldsymbol{A}_{21}\boldsymbol{B}_{21}^{\top}+\boldsymbol{A}_{22}\boldsymbol{B}_{22}^{\top}\end{bmatrix}.$$

一个重要的特殊情况是方阵 $\boldsymbol{A}\ (p\times p)$ 划分成方形子矩阵 $\boldsymbol{A}_{11}$ 和 $\boldsymbol{A}_{22}$, 即 $n_j=p_j, j=1,2$ 的情况. 能够验证, 当 $\boldsymbol{A}$ 非奇异 $(\boldsymbol{A}\boldsymbol{A}^{-1}=I_p)$ 时, 则有

$$\boldsymbol{A}^{-1}=\begin{bmatrix}\boldsymbol{A}^{11} & \boldsymbol{A}^{12}\\ \boldsymbol{A}^{21} & \boldsymbol{A}^{22}\end{bmatrix},$$

式中 (符号 "≡" 代表 " 定义为 ")

$$\begin{aligned}\boldsymbol{A}^{11}&=(\boldsymbol{A}_{11}-\boldsymbol{A}_{12}\boldsymbol{A}_{22}^{-1}\boldsymbol{A}_{21})^{-1}\equiv(\boldsymbol{A}_{11.2})^{-1}\\ \boldsymbol{A}^{12}&=-(\boldsymbol{A}_{11.2})^{-1}\boldsymbol{A}_{12}\boldsymbol{A}_{22}^{-1},\\ \boldsymbol{A}^{21}&=-\boldsymbol{A}_{22}^{-1}\boldsymbol{A}_{21}(\boldsymbol{A}_{11.2})^{-1}\\ \boldsymbol{A}^{22}&=\boldsymbol{A}_{22}^{-1}+\boldsymbol{A}_{22}^{-1}\boldsymbol{A}_{21}(\boldsymbol{A}_{11.2})^{-1}\boldsymbol{A}_{12}\boldsymbol{A}_{22}^{-1}.\end{aligned}$$

另一种表示是在原始矩阵中把 $\boldsymbol{A}_{11}$ 和 $\boldsymbol{A}_{22}$ 的位置对换而得到. 如果 $\boldsymbol{A}_{11}$ 是非奇异的, 则有

$$|\boldsymbol{A}|=|\boldsymbol{A}_{11}||\boldsymbol{A}_{22}-\boldsymbol{A}_{21}\boldsymbol{A}_{11}^{-1}\boldsymbol{A}_{12}|=|\boldsymbol{A}_{11}||\boldsymbol{A}_{22.1}|;$$

如果 $\boldsymbol{A}_{22}$ 是非奇异的, 则有

$$|\boldsymbol{A}|=|\boldsymbol{A}_{22}||\boldsymbol{A}_{11}-\boldsymbol{A}_{12}\boldsymbol{A}_{22}^{-1}\boldsymbol{A}_{21}|=|\boldsymbol{A}_{22}||\boldsymbol{A}_{11.2}|.$$

基于逆及行列式的表示是一个常用的公式, 比如, 令

$$\boldsymbol{B}=\begin{bmatrix}1 & \boldsymbol{b}^\top\\ \boldsymbol{a} & \boldsymbol{A}\end{bmatrix},$$

这里, $\boldsymbol{a}$ 和 $\boldsymbol{b}$ 均为 $(p\times 1)$ 向量, 而 $\boldsymbol{A}$ 非奇异. 于是有

$$|\boldsymbol{B}|=|\boldsymbol{A}||1-\boldsymbol{b}^\top\boldsymbol{A}^{-1}\boldsymbol{a}|.$$

让两个关于 $\boldsymbol{B}_{22}$ 的表达式 (下标 1 和 2 对换得到的) 相等, 得到

$$(\boldsymbol{A}-\boldsymbol{a}\boldsymbol{b}^\top)^{-1}=\boldsymbol{A}^{-1}+\frac{\boldsymbol{A}^{-1}\boldsymbol{a}\boldsymbol{b}^\top\boldsymbol{A}^{-1}}{1-\boldsymbol{b}^\top\boldsymbol{A}^{-1}\boldsymbol{a}}.$$

由前面关于 $|\boldsymbol{A}|$ 的两个公式可以得到前面 2.1.12 节已经列出的结果: 对于 $\boldsymbol{A}_{(n\times p)}$ 和 $\boldsymbol{B}_{(p\times n)}$, $\boldsymbol{AB}$ 和 $\boldsymbol{BA}$ 的非零特征值相同, 而且有相同的重数; 如果 $\boldsymbol{x}$ 是 $\boldsymbol{AB}$ 的关于特征值 $\lambda\neq 0$ 的一个特征向量, 那么 $\boldsymbol{y}=\boldsymbol{Bx}$ 是 $\boldsymbol{BA}$ 的一个特征向量.

因此, 还可以得到: 对于 $\boldsymbol{A}_{(n\times p)}$ 和 $\boldsymbol{B}_{(q\times n)}$, $\boldsymbol{a}_{(p\times 1)}$ 和 $\boldsymbol{b}_{(q\times 1)}$, 有

$$\operatorname{rank}(\boldsymbol{A}\boldsymbol{a}\boldsymbol{b}^\top\boldsymbol{B})\leqslant 1.$$

2.2 矩阵的分解

2.2.1 矩阵的特征值分解

特征值分解 (eigenvalue decomposition) 也称为**谱分解** (spectral decomposition), 为从空间 $\mathbb{R}^p$ 到其本身通过 $p\times p$ 方阵 $\boldsymbol{A}$ 的映射, $\boldsymbol{A}:\mathbb{R}^p\mapsto\mathbb{R}^p$. 如果秩为 r 的矩阵 $\boldsymbol{A}$ 的非零特征值和相应的特征向量矩阵分别为 $\lambda_1,\lambda_2,\ldots,\lambda_r$ 和 $\boldsymbol{\Gamma}=[\boldsymbol{\gamma}_1,\boldsymbol{\gamma}_2,\ldots,\boldsymbol{\gamma}_r]$, 则有

$$\boldsymbol{A\Gamma}=\boldsymbol{\Gamma\Lambda},$$

式中, $\boldsymbol{\Lambda}=\operatorname{diag}(\lambda_1,\lambda_2,\ldots,\lambda_r)$. 如果 $\boldsymbol{A}$ 满秩, 则有特征值分解

$$\boldsymbol{A}=\boldsymbol{\Gamma\Lambda\Gamma}^{-1}.$$

每个实对称半正定矩阵[3] $\boldsymbol{A}(p\times p)$ 能够写成

$$\boldsymbol{A}=\boldsymbol{\Gamma\Lambda\Gamma}^\top,$$

式中, $\boldsymbol{\Lambda}=\operatorname{diag}(\lambda_1,\lambda_2,\ldots,\lambda_p)$ 为 $\boldsymbol{A}$ 的特征值 $(\lambda_1,\lambda_2,\ldots,\lambda_p)$ 所组成的对角矩阵, 而且 $\boldsymbol{\Gamma}=[\boldsymbol{\gamma}_1,\boldsymbol{\gamma}_2,\ldots,\boldsymbol{\gamma}_p]$ 为 $\boldsymbol{A}$ 的特征值 λ_j $(j=1,2,\ldots,p)$ 所对应的特征向量 $\boldsymbol{\gamma}_j$ $(j=1,\ldots,p)$ 作为列向量组成的一个正交矩阵. 换言之, 即有 $\boldsymbol{A}\boldsymbol{\gamma}_i=\lambda_i\boldsymbol{\gamma}_i$, $\boldsymbol{\gamma}_i^\top\boldsymbol{\gamma}_j=\delta_{ij}$, 这里

$$\delta_{ij}=\begin{cases}1, & i=j;\\ 0, & i\neq j.\end{cases}$$

对于投影 $\boldsymbol{x}\mapsto\boldsymbol{Ax}$, 该分解的解释为: 先通过 $\boldsymbol{\Gamma}^\top$ 实行旋转 $\boldsymbol{\Gamma}^\top\boldsymbol{x}$, 再通过 $\boldsymbol{\Lambda}$ 做尺度调整 $\boldsymbol{\Lambda\Gamma}^\top\boldsymbol{x}$, 最后通过 $\boldsymbol{\Gamma}$ 做旋转 $\boldsymbol{\Gamma\Lambda\Gamma}^\top\boldsymbol{x}$.

作为应用例子, 根据该结果可以确定对称矩阵 $\boldsymbol{A}$ 的指数幂, 如果 $\alpha\in\mathbb{R}$, 有

$$\boldsymbol{A}^\alpha=\boldsymbol{\Gamma\Lambda}^\alpha\boldsymbol{\Gamma}^\top,$$

式中, $\boldsymbol{\Lambda}^\alpha=\operatorname{diag}(\lambda_1^\alpha,\lambda_2^\alpha,\ldots,\lambda_p^\alpha)$. 作为特例, 当 $\alpha=-1$ 及 $\alpha=-\frac{1}{2}$ 时, $\boldsymbol{A}^{-1}=\boldsymbol{\Gamma\Lambda}^{-1}\boldsymbol{\Gamma}^\top$,

[3] 关于矩阵的定性 (如正定、非负定等, 请看 2.3.2节).

$\boldsymbol{A}^{-\frac{1}{2}} = \boldsymbol{\Gamma}\boldsymbol{\Lambda}^{-\frac{1}{2}}\boldsymbol{\Gamma}^{\top}$.

当且仅当 $\boldsymbol{A}$ 是对称正定矩阵时, 这个特征值分解和下一小节 (2.2.2节) 奇异值分解相同. 对于非方阵 $\boldsymbol{A}$, 2.2.2节的奇异值分解 $\boldsymbol{A} = \boldsymbol{U}\boldsymbol{D}\boldsymbol{V}^{\top}$(见式 (2.2.2)), 有矩阵分解

$$\boldsymbol{A}^{\top}\boldsymbol{A} = \boldsymbol{V}\boldsymbol{D}^2\boldsymbol{V}^{\top};$$

$$\boldsymbol{A}\boldsymbol{A}^{\top} = \boldsymbol{U}\boldsymbol{D}^2\boldsymbol{U}^{\top}.$$

由于这两个矩阵是对称正定的, 因此该分解为特征值分解, $\boldsymbol{\Lambda} = \boldsymbol{D}^2$.

2.2.2 奇异值分解及广义奇异值分解

奇异值分解

奇异值分解 (singular value decomposition, SVD) 是上述特征值分解的推广, 每个具有秩 r 的矩阵 $\boldsymbol{A}(n \times p)$ 能够分解成

$$\boldsymbol{A} = \boldsymbol{U}\boldsymbol{\Sigma}\boldsymbol{V}^{H}, \tag{2.2.1}$$

这里矩阵 $\boldsymbol{U}_{n\times n}$ 和 $\boldsymbol{V}_{p\times p}$ 都是酉矩阵[4](对于复数矩阵 $\boldsymbol{A}$) 或列正交 (对于实矩阵 $\boldsymbol{A}$) 的. 矩阵 $\boldsymbol{\Sigma}$ 为非负实元素组成的 $n \times p$ 对角矩阵. 矩阵 $\boldsymbol{\Sigma}$ 的非零对角线元素称为 $\boldsymbol{A}$ 的**非零奇异值**, 这些奇异值为 $\boldsymbol{A}\boldsymbol{A}^{H}$ 和 $\boldsymbol{A}^{H}\boldsymbol{A}$ 的共同非零特征值的平方根.[5]

注意: 由于矩阵 $\boldsymbol{A}$ 可能不对称, 而且即使对称, 也不一定会满秩, 因此奇异值分解式 (2.2.1) 在实矩阵 $\boldsymbol{A}$ 的情况 (特别是在计算机程序的输出中) 往往简写为:

$$\boldsymbol{A} = \boldsymbol{U}\boldsymbol{D}\boldsymbol{V}^{\top}, \tag{2.2.2}$$

这里的 $\boldsymbol{U}_{n\times r}$ 和 $\boldsymbol{V}_{p\times r}$ 分别是式 (2.2.1) 中的 $\boldsymbol{U}$ 和 $\boldsymbol{V}$ 的前 r 列, 满足 $\boldsymbol{U}^{\top}\boldsymbol{U} = \boldsymbol{V}^{\top}\boldsymbol{V} = \boldsymbol{I}_r$, 而且, 作为式 (2.2.1) 中 $\boldsymbol{\Sigma}$ 非零部分子矩阵的 $\boldsymbol{D}_{r\times r}$ 为 $\boldsymbol{A}\boldsymbol{A}^{\top}$ 及 $\boldsymbol{A}^{\top}\boldsymbol{A}$ 的 r 个共同非零特征值[6]$(\lambda_1, \lambda_2, \ldots, \lambda_r)$ 的**平方根**[7]所组成的对角矩阵: $\boldsymbol{D} = \mathrm{diag}(\lambda_1^{1/2}, \lambda_2^{1/2}, \ldots, \lambda_r^{1/2}), \lambda_j > 0,\ j = 1, 2, \ldots, r$. $\boldsymbol{U}$ 的列包含了 $\boldsymbol{A}\boldsymbol{A}^{\top}$ 的特征向量, 矩阵 $\boldsymbol{V}$ 的列包含了 $\boldsymbol{A}^{\top}\boldsymbol{A}$ 的特征向量.

投影 $\boldsymbol{x} \mapsto \boldsymbol{A}\boldsymbol{x}$ 是从 $\mathbb{R}^p$ 变换到 $\mathbb{R}^n$, 因此, 在这两个值域分别采用 $\boldsymbol{V}$ 和 $\boldsymbol{U}$ 的列向量为基. 奇异值分解使得这种分解尽可能简单. 可以利用前面对称矩阵的特征值分解 $\boldsymbol{A}^{\top}\boldsymbol{A} = \boldsymbol{V}\boldsymbol{D}\boldsymbol{V}^{\top}$, 这里的 $\boldsymbol{D}$ 为非降特征值 $\{\lambda_i\}$ 的对角阵, 矩阵 $\boldsymbol{V} = [\boldsymbol{v}_1, \boldsymbol{v}_2, \ldots, \boldsymbol{v}_p]$ 的列 (即 $\boldsymbol{A}^{\top}\boldsymbol{A}$ 的特征向量) 为正交的. 因此

$$(\boldsymbol{A}\boldsymbol{v}_i)^{\top}(\boldsymbol{A}\boldsymbol{v}_j) = \boldsymbol{v}_i^{\top}\boldsymbol{A}^{\top}\boldsymbol{A}\boldsymbol{v}_j = \boldsymbol{v}_i^{\top}(\lambda_j\boldsymbol{v}_j) = \lambda_j\boldsymbol{v}_i^{\top}\boldsymbol{v}_j.$$

这意味着 $\{\boldsymbol{A}\boldsymbol{v}_1, \boldsymbol{A}\boldsymbol{v}_2, \ldots, \boldsymbol{A}\boldsymbol{v}_p\}$ 的非零向量形成正交基. 对于 $i = j$, $|\boldsymbol{A}\boldsymbol{v}_i|^2 = \lambda_i$. 由于 $\mathrm{rank}(\boldsymbol{A}) = r$, 则 $\lambda_1 \geqslant \lambda_2 \geqslant \cdots \geqslant \lambda_r > 0,\ \lambda_i = 0, \forall i > r$, 对此范围的正交基可定义为:

$$\boldsymbol{u}_i = \frac{\boldsymbol{A}\boldsymbol{v}_i}{|\boldsymbol{A}\boldsymbol{v}_i|} = \frac{1}{\sqrt{\lambda_i}}\boldsymbol{A}\boldsymbol{v}_i,\ \ 1 \leqslant i \leqslant r.$$

如果 $r < n$, 则 $\{\boldsymbol{u}_i\}$ 形成 $\mathbb{R}^n$ 的正交基. 因为 $\boldsymbol{A}\boldsymbol{v}_i = \sqrt{\lambda_i}\boldsymbol{u}_i$, 即有前面的 $\boldsymbol{A}\boldsymbol{V} = \boldsymbol{U}\boldsymbol{D}$, 或

---

[4]矩阵 $\boldsymbol{U}$ 为酉矩阵 (unitary matrix, 也称幺矩阵) 的条件是其共轭转置 (亦称 Hermitian 转置)$\boldsymbol{U}^{H}$ 是其逆矩阵, 即 $\boldsymbol{U}^{H}\boldsymbol{U} = \boldsymbol{U}\boldsymbol{U}^{H} = \boldsymbol{I}$.

[5]矩阵 $\boldsymbol{A}\boldsymbol{A}^{H}$ 和 $\boldsymbol{A}^{H}\boldsymbol{A}$ 的正交特征向量分别称为 $\boldsymbol{A}$ 的**左奇异向量** (left-singular vectors) 和**右奇异向量** (right-singular vectors).

[6]一般来说, $\boldsymbol{A}\boldsymbol{A}^{\top}$ 及 $\boldsymbol{A}^{\top}\boldsymbol{A}$ 的非零特征值相同.

[7]注意: 在特征值分解中的对角矩阵 $\boldsymbol{\Lambda}$ 是由 $\boldsymbol{A}$ 的特征值组成的对角矩阵, 而不是特征值的平方根.

者 $\boldsymbol{A}=\boldsymbol{U}\boldsymbol{D}\boldsymbol{V}^{\top}$.[8]

作为一个应用, 可以利用对于对称矩阵 $\boldsymbol{A}$ 的奇异值分解 $\boldsymbol{A}=\boldsymbol{U}\boldsymbol{D}\boldsymbol{V}^{\top}$ 来找到定义为

$$\boldsymbol{A}\boldsymbol{A}^{-}\boldsymbol{A}=\boldsymbol{A}$$

的 Moore-Penrose 广义逆 $\boldsymbol{A}^{-}$. 令 $\boldsymbol{A}^{-}=\boldsymbol{V}\boldsymbol{D}^{-1}\boldsymbol{U}^{\top}$, 于是

$$\boldsymbol{A}\boldsymbol{A}^{-}\boldsymbol{A}=\boldsymbol{U}\boldsymbol{D}\boldsymbol{V}^{\top}\boldsymbol{V}\boldsymbol{D}^{-1}\boldsymbol{U}^{\top}\boldsymbol{U}\boldsymbol{D}\boldsymbol{V}^{\top}=\boldsymbol{U}\boldsymbol{D}\boldsymbol{V}^{\top}=\boldsymbol{A}.$$

注意: 广义逆 $\boldsymbol{A}^{-}$ 不唯一, 而且满足下列性质:

$$\begin{aligned}\boldsymbol{A}^{-}\boldsymbol{A}\boldsymbol{A}^{-}&=\boldsymbol{A}^{-},\\(\boldsymbol{A}\boldsymbol{A}^{-})^{\top}&=\boldsymbol{A}\boldsymbol{A}^{-},\\(\boldsymbol{A}^{-}\boldsymbol{A})^{\top}&=\boldsymbol{A}^{-}\boldsymbol{A}.\end{aligned}$$

广义奇异值分解 (定义 1)

下面的**广义奇异值分解** (generalized singular value decomposition, GSVD) 是前面奇异值分解的带约束的推广. 假定矩阵 $\boldsymbol{A}_{n\times p}$ 的奇异值分解为:

$$\boldsymbol{A}=\boldsymbol{U}\boldsymbol{D}\boldsymbol{V}^{H},$$

这里的约束为

$$\boldsymbol{U}^{H}\boldsymbol{W}_u\boldsymbol{U}=\boldsymbol{V}^{H}\boldsymbol{W}_v\boldsymbol{V}=\boldsymbol{I}.$$

这意味着, 给定约束 $\boldsymbol{W}_u$ 和 $\boldsymbol{W}_v$, 矩阵 $\boldsymbol{U}$ 和 $\boldsymbol{V}$ 为正交的. $\boldsymbol{W}_u$ 和 $\boldsymbol{W}_v$ 往往为正定的, 甚至是正定对角矩阵.

广义奇异值分解 (定义 2)

还有一种广义奇异值分解: 对于 $m\times n$ 矩阵 $\boldsymbol{A}$ 和 $p\times n$ 矩阵 $\boldsymbol{B}$, 它们的**广义奇异值分解**由下面一对因子化定义:

$$\begin{aligned}\boldsymbol{A}&=\boldsymbol{U}\boldsymbol{\Sigma}_1[\boldsymbol{0},\boldsymbol{R}]\boldsymbol{Q}^{\top};\\\boldsymbol{B}&=\boldsymbol{V}\boldsymbol{\Sigma}_2[\boldsymbol{0},\boldsymbol{R}]\boldsymbol{Q}^{\top}.\end{aligned}$$

这里的矩阵有下面的性质:

- $\boldsymbol{U}$ 是 $m\times m$ 阶, $\boldsymbol{V}$ 是 $p\times p$ 阶, $\boldsymbol{Q}$ 是 $n\times n$ 阶, 而且这三个矩阵均为正交矩阵. 如果 $\boldsymbol{A}$ 和 $\boldsymbol{B}$ 是复数矩阵, 则它们是酉矩阵, 这时, 因子化公式中的 $\boldsymbol{Q}^{\top}$ 应该换成 $\boldsymbol{Q}^{H}$.
- $\boldsymbol{R}$ 是 $r\times r$ 阶的上三角非奇异矩阵. $[\boldsymbol{0},\boldsymbol{R}]$ 是 $r\times n$ 矩阵, $\boldsymbol{0}$ 是 $r\times(n-r)$ 零矩阵, 这里的 $r\,(\leqslant n)$ 定义为

$$r=\operatorname{rank}\left(\begin{bmatrix}\boldsymbol{A}\\\boldsymbol{B}\end{bmatrix}\right).$$

- $\boldsymbol{\Sigma}_1$ 是 $m\times r$ 阶, $\boldsymbol{\Sigma}_2$ 是 $p\times r$ 阶, 它们均为非负实对角矩阵, 而且 $\boldsymbol{\Sigma}_1^{\top}\boldsymbol{\Sigma}_1+\boldsymbol{\Sigma}_2^{\top}\boldsymbol{\Sigma}_2=\boldsymbol{I}$. $\boldsymbol{\Sigma}_1^{\top}\boldsymbol{\Sigma}_1=\operatorname{diag}(\alpha_1^2,\alpha_2^2,\ldots,\alpha_r^2)$, $\boldsymbol{\Sigma}_2^{\top}\boldsymbol{\Sigma}_2=\operatorname{diag}(\beta_1^2,\beta_2^2,\ldots,\beta_r^2)$, 这里, $\alpha_i,\beta_i\in(0,1)$ $(i=1,2,\ldots,r)$. $\alpha_1/\beta_1,\alpha_2/\beta_2,\ldots,\alpha_r/\beta_r$ 称为 $\boldsymbol{A}$ 和 $\boldsymbol{B}$ 矩阵对的广义特征值. 如果 $\beta_i=0$, 则 $\alpha_i/\beta_i=\infty$.

[8]注意: $\boldsymbol{A}^{\top}\boldsymbol{A}=\boldsymbol{V}\boldsymbol{D}^{\top}\boldsymbol{D}\boldsymbol{V}^{\top}$ 和 $\boldsymbol{A}\boldsymbol{A}^{\top}=\boldsymbol{U}\boldsymbol{D}\boldsymbol{D}^{\top}\boldsymbol{U}^{\top}$ 中的 $\boldsymbol{D}^{\top}\boldsymbol{D}$ 或 $\boldsymbol{D}\boldsymbol{D}^{\top}$ 的头 r 个对角线元素都是非零的 $\{\lambda_i\}$, 其余为 0.

2.2.3 QR 分解

一个 $n \times n$ 实方阵 $\boldsymbol{A}$ 可以分解为

$$\boldsymbol{A} = \boldsymbol{Q}\boldsymbol{R},$$

这里的 $\boldsymbol{Q}$ 是一个 $n \times n$ 正交矩阵, 即 $\boldsymbol{Q}^\top \boldsymbol{Q} = \boldsymbol{I}$, 而 $\boldsymbol{R}$ 是一个 $n \times n$ 上三角矩阵. 如果 $\boldsymbol{A}$ 可逆, 则该分解是唯一的. 如果矩阵 $\boldsymbol{A}$ 的列线性独立, 则 $\boldsymbol{Q}$ 的列形成 $\boldsymbol{A}$ 的列空间的正交基. 对于复数矩阵, 上述分解中的 $\boldsymbol{Q}$ 为酉矩阵, 即 $\boldsymbol{Q}^H \boldsymbol{Q} = \boldsymbol{I}$, 其中 $\boldsymbol{Q}^H$ 为 $\boldsymbol{Q}$ 的共轭转置.

对于 $m \times n$ $(m > n)$ 方阵 $\boldsymbol{A}$, 上述分解 $\boldsymbol{A} = \boldsymbol{Q}\boldsymbol{R}$ 中的 $\boldsymbol{Q}$ 为 $m \times m$ 酉矩阵, 而 $\boldsymbol{R}$ 为 $m \times n$ 上三角矩阵, 其中, 下面 $m - n$ 行全部为 0. 因此, 该分解可以分块为:

$$\boldsymbol{A} = \boldsymbol{Q}\boldsymbol{R} = \boldsymbol{Q}\begin{bmatrix} \boldsymbol{R}_1 \\ \boldsymbol{0} \end{bmatrix} = \begin{bmatrix} \boldsymbol{Q}_1 & \boldsymbol{Q}_2 \end{bmatrix}\begin{bmatrix} \boldsymbol{R}_1 \\ \boldsymbol{0} \end{bmatrix} = \boldsymbol{Q}_1\boldsymbol{R}_1,$$

这里的 $\boldsymbol{R}_1$ 为 $n \times n$ 上三角矩阵, $\boldsymbol{0}$ 为 $(m - n) \times n$ 零矩阵, $\boldsymbol{Q}_1$ 和 $\boldsymbol{Q}_2$ 分别为 $m \times n$ 及 $m \times (m - n)$ 矩阵, 皆为正交矩阵.

2.2.4 Cholesky 分解

如果 $\boldsymbol{A}$ 为实质对称正定矩阵, Cholesky 分解为:

$$\boldsymbol{A} = \boldsymbol{L}\boldsymbol{L}^\top,$$

这里的 $\boldsymbol{L}$ 是一个下三角矩阵. 如果 $\boldsymbol{A}$ 为更一般的 Hermitian 正定矩阵 (见 2.3.2 节), Cholesky 分解为:

$$\boldsymbol{A} = \boldsymbol{L}\boldsymbol{L}^H.$$

这里 $\boldsymbol{L}$ 是一个下三角矩阵, 而 $\boldsymbol{L}^H$ 是 $\boldsymbol{L}$ 的共轭转置矩阵, 对于实对称正定矩阵 (及更一般的 Hermitian 正定矩阵), 都有唯一的 Cholesky 分解.

Cholesky 分解有很多应用, 比如解方程组 (这里的 $\boldsymbol{A}$ 为实对称正定矩阵)

$$\boldsymbol{A}\boldsymbol{x} = \boldsymbol{b},$$

则变成解

$$\boldsymbol{L}\boldsymbol{L}^\top \boldsymbol{x} = \boldsymbol{b}.$$

令 $\boldsymbol{L}^\top \boldsymbol{x} = \boldsymbol{y}$, 有 $\boldsymbol{b} = \boldsymbol{L}\boldsymbol{L}^\top \boldsymbol{x} = \boldsymbol{L}\boldsymbol{y}$. 这是两个方程, 其中方程

$$\boldsymbol{L}\boldsymbol{y} = \boldsymbol{b}$$

的系数是下三角阵, 可以用向前替代法 (forward substitution) 解出 $\boldsymbol{y}$. 而另一个方程

$$\boldsymbol{L}^\top \boldsymbol{x} = \boldsymbol{y}$$

的系数是上三角阵, 可以用向后替代法 (backward substitution) 解出 $\boldsymbol{x}$.

当然也可以用

$$\boldsymbol{x} = \boldsymbol{A}^{-1}\boldsymbol{b}$$

来直接解出 $\boldsymbol{x}$, 但这所需的计算量大约比上面通过 Cholesky 分解的计算量多 3 倍.

显然, 可以用 Cholesky 分解 $\boldsymbol{A} = \boldsymbol{L}\boldsymbol{L}^\top$ 来求正定矩阵 $\boldsymbol{A}$ 的逆. 如果 $\boldsymbol{L}$ 是可逆的, 即其对

角线元素为非零, 容易验证 $\boldsymbol{B}=(\boldsymbol{L}^\top)^{-1}\boldsymbol{L}^{-1}$ 既为 $\boldsymbol{A}$ 的右逆矩阵, 即 $\boldsymbol{AB}=\boldsymbol{I}$, 也是 $\boldsymbol{A}$ 的左逆矩阵, 即 $\boldsymbol{BA}=\boldsymbol{I}$. 所以, 如果 $\boldsymbol{A}$ 是可逆的, 则 $\boldsymbol{B}=(\boldsymbol{L}^\top)^{-1}\boldsymbol{L}^{-1}$ 为 $\boldsymbol{A}$ 的逆矩阵, 即

$$\boldsymbol{A}^{-1}=(\boldsymbol{L}^\top)^{-1}\boldsymbol{L}^{-1}.$$

2.3 二次型

2.3.1 定义

二次型 $Q(\boldsymbol{x})$ 是一个 $\mathbb{R}^p \mapsto \mathbb{R}$ 的投影, 由对称矩阵 $\boldsymbol{A}_{p\times p}=\{a_{ij}\}$ $(a_{ij}=a_{ji})$ 和向量 $\boldsymbol{x}=(x_1,x_2,\dots,x_p)\in\mathbb{R}^p$ 组成:

$$Q(\boldsymbol{x})=\boldsymbol{x}^\top\boldsymbol{A}\boldsymbol{x}=\sum_{i=1}^p\sum_{j=1}^p a_{ij}x_ix_j.$$

二次型具有唯一性, 如果对于对称的 $\boldsymbol{A}$ 和 $\boldsymbol{B}$, $\boldsymbol{x}^\top\boldsymbol{A}\boldsymbol{x}=\boldsymbol{x}^\top\boldsymbol{B}\boldsymbol{x},\forall\boldsymbol{x}\in\mathbb{R}^p$, 那么 $\boldsymbol{A}=\boldsymbol{B}$.

对于常数 a, 满足 $Q(\boldsymbol{x})=a$ 的 $\boldsymbol{x}$ (记为 $\{\boldsymbol{x}|Q(\boldsymbol{x})=a\}$) 形成的曲面称为二次曲面, 而 $\{\boldsymbol{x}|Q(\boldsymbol{x})\leqslant a\}$ 称为二次区域.

根据对称矩阵的特征值分解 $\boldsymbol{A}=\boldsymbol{\Gamma\Lambda\Gamma}^\top$, 有

$$\begin{aligned}\boldsymbol{x}^\top\boldsymbol{A}\boldsymbol{x}=\boldsymbol{x}^\top\boldsymbol{\Gamma\Lambda\Gamma}^\top\boldsymbol{x}=(\boldsymbol{\Gamma}^\top\boldsymbol{x})^\top\boldsymbol{\Lambda}(\boldsymbol{\Gamma}^\top\boldsymbol{x})&=\sum_{i=1}^p\lambda_i(\boldsymbol{\gamma}_i^\top\boldsymbol{x})^2\\&\leqslant\lambda_1\sum_{i=1}^p\lambda_i(\boldsymbol{\gamma}_i^\top\boldsymbol{x})^2=\lambda_1\|\boldsymbol{x}\|^2,\end{aligned}$$

即 $\boldsymbol{x}^\top\boldsymbol{A}\boldsymbol{x}\leqslant\lambda_1\boldsymbol{x}^\top\boldsymbol{x}$.

上述结果还可以叙述为: 如果 $\boldsymbol{A}$ 为对称的, 而且 $Q(\boldsymbol{x})=\boldsymbol{x}^\top\boldsymbol{A}\boldsymbol{x}$ 为相应的二次型, 那么存在一个正交变换 $\boldsymbol{x}\mapsto\boldsymbol{\Gamma}^\top\boldsymbol{x}=\boldsymbol{y}$ 使得

$$\boldsymbol{x}^\top\boldsymbol{A}\boldsymbol{x}=\sum_{i=1}^p\lambda_iy_i^2,$$

这里的 λ_i 为 $\boldsymbol{A}$ 的特征值.

而且, 如果 $\boldsymbol{A}$ 和 $\boldsymbol{B}$ 为对称的, 且 $\boldsymbol{B}>\boldsymbol{0}$, 那么在约束 $\boldsymbol{x}^\top\boldsymbol{B}\boldsymbol{x}=1$ 下, $\boldsymbol{x}^\top\boldsymbol{A}\boldsymbol{x}$ 的最大值为 $\boldsymbol{B}^{-1}\boldsymbol{A}$ 的最大特征值. 更一般地, 有

$$\max_{\{\boldsymbol{x}:\,\boldsymbol{x}^\top\boldsymbol{B}\boldsymbol{x}=1\}}\boldsymbol{x}^\top\boldsymbol{A}\boldsymbol{x}=\lambda_1\geqslant\lambda_2\geqslant\cdots\geqslant\lambda_p=\min_{\{\boldsymbol{x}:\,\boldsymbol{x}^\top\boldsymbol{B}\boldsymbol{x}=1\}}\boldsymbol{x}^\top\boldsymbol{A}\boldsymbol{x},$$

这里的 λ_i 为 $\boldsymbol{B}^{-1}\boldsymbol{A}$ 的特征值. 在约束 $\boldsymbol{x}^\top\boldsymbol{B}\boldsymbol{x}=1$ 下, 使 $\boldsymbol{x}^\top\boldsymbol{A}\boldsymbol{x}$ 最大 (最小) 的向量为 $\boldsymbol{B}^{-1}\boldsymbol{A}$ 的相应于最大 (最小) 特征值的特征向量.

2.3.2 二次型和矩阵的定性

考虑对称矩阵 $\boldsymbol{A}\in\mathbb{R}^{p\times p}$. 如果 $Q(\boldsymbol{x})>0$, $\forall\boldsymbol{x}\neq\boldsymbol{0}$, 称 $\boldsymbol{A}$ 为**正定**的, 并记为 $\boldsymbol{A}>0$. $\boldsymbol{A}>0$ 的充分必要条件为其最小特征值大于零. 如果 $Q(\boldsymbol{x})\geqslant0$, $\forall\boldsymbol{x}\neq\boldsymbol{0}$, 称 $\boldsymbol{A}$ 为**半正定**的, 并记为 $\boldsymbol{A}\geqslant0$. $\boldsymbol{A}\geqslant0$ 的充分必要条件为其特征值均为非负. 类似地, 可以定义**负定**和**半负定**.

可以用不等式表示同阶对称矩阵的关系, 例如, 对于对称矩阵 $\boldsymbol{A},\boldsymbol{B}\in\mathbb{R}^{p\times p}$, 如果 $\boldsymbol{A}-$

$\boldsymbol{B} \geqslant 0$, 则记 $\boldsymbol{A} \geqslant \boldsymbol{B}$. 如果 $\boldsymbol{B}-\boldsymbol{A}<0$, 则记 $\boldsymbol{A}>\boldsymbol{B}$. $\boldsymbol{A}>\boldsymbol{B}$ 意味着 $\boldsymbol{x}^{\top}\boldsymbol{A}\boldsymbol{x}>\boldsymbol{x}^{\top}\boldsymbol{B}\boldsymbol{x}, \forall \boldsymbol{x} \neq \mathbf{0}$.

更一般的为 Hermitian 正定矩阵. 一个 Hermitian 矩阵等于其共轭转置, 也称为自伴随矩阵 (self-adjoint matrix). 一个 $n \times n$ 阶的 Hermitian 矩阵 $\boldsymbol{A}$ 的第 ij 元素 a_{ij} 满足

$$a_{ij}=\overline{a_{ji}} \text{ 或者 } \boldsymbol{A}=\overline{\boldsymbol{A}^{\top}}.$$

所以, Hermitian 矩阵是实对称矩阵的推广. Hermitian 正定矩阵满足 $\boldsymbol{z}^{H}\boldsymbol{A}\boldsymbol{z}$ 为正实数, 这里的向量 $\boldsymbol{z}^{H}$ 表示向量 $\boldsymbol{z}$ 的共轭转置. 类似地, 可以定义 Hermitian 半正定、负定和半负定.

2.3.3 椭球

令 $\boldsymbol{x}, \boldsymbol{y} \in \mathbb{R}^{p}$, 而 $\boldsymbol{x}$ 和 $\boldsymbol{y}$ 之间的**距离**定义为下面的函数 d.

$$d: \mathbb{R}^{2p} \mapsto \mathbb{R}_{+} \text{ 满足 } \begin{cases} d(\boldsymbol{x}, \boldsymbol{y})>0, & \forall \boldsymbol{x} \neq \boldsymbol{y}; \\ d(\boldsymbol{x}, \boldsymbol{y})=0, & \Leftrightarrow \ \boldsymbol{x}=\boldsymbol{y}; \\ d(\boldsymbol{x}, \boldsymbol{y}) \leqslant d(\boldsymbol{x}, \boldsymbol{z})+d(\boldsymbol{z}, \boldsymbol{y}), & \forall \boldsymbol{x}, \boldsymbol{y}, \boldsymbol{z}\ (\boldsymbol{z} \in \mathbb{R}^{p}). \end{cases}$$

$\boldsymbol{x}$ 和 $\boldsymbol{y}$ 之间的欧氏距离 d 定义为:

$$d^{2}(\boldsymbol{x}, \boldsymbol{y})=(\boldsymbol{x}-\boldsymbol{y})^{\top}\boldsymbol{A}(\boldsymbol{x}-\boldsymbol{y}),$$

这里的 $\boldsymbol{A}$ 为正定矩阵 ($\boldsymbol{A}>0$). $\boldsymbol{A}$ 称为一个度量, 特例为 $\boldsymbol{A}=\boldsymbol{I}_{p}$.

集合 $E_{d}=\{\boldsymbol{x} \in \mathbb{R}^{p} | (\boldsymbol{x}-\boldsymbol{x}_{0})^{\top}(\boldsymbol{x}-\boldsymbol{x}_{0})=d^{2}\}$, 即以 $\boldsymbol{x}_{0}$ 为中心、d 为半径的球面.

更一般的情况为:

$$E_{d}=\{\boldsymbol{x} \in \mathbb{R}^{p} | (\boldsymbol{x}-\boldsymbol{x}_{0})^{\top}\boldsymbol{A}(\boldsymbol{x}-\boldsymbol{x}_{0})=d^{2}\}.$$

它是以 $\boldsymbol{x}_{0}$ 为中心的椭球面. 如果这一等式中的等号改成小于等于号 ($\leqslant d^{2}$), 则为以 $\boldsymbol{x}_{0}$ 为中心的椭球.

令 $\boldsymbol{\gamma}_{1}, \boldsymbol{\gamma}_{2}, \ldots, \boldsymbol{\gamma}_{p}$ 为 $\boldsymbol{A}$ 的相应于特征值 $\lambda_{1}, \lambda_{2}, \ldots, \lambda_{p}$ 的正交特征向量, 有

(1) E_{d} 的主轴方向为 $\boldsymbol{\gamma}_{i}, i=1,2,\ldots,p$;

(2) 半轴长度为 $\sqrt{d^{2}/\lambda_{i}}, i=1,2,\ldots,p$;

(3) 围绕 E_{d} 的矩形由下列不等式定义:

$$x_{0i}-\sqrt{d^{2}a^{ii}} \leqslant x_{i} \leqslant x_{0i}+\sqrt{d^{2}a^{ii}}, \quad i=1,2,\ldots,p,$$

这里 a^{ii} 为 $\boldsymbol{A}^{-1}$ 的 (i,i) 元素. 围绕 E_{d} 的矩形的边平行于坐标轴. 作为特例, 集合 $E=\{\boldsymbol{x} \in \mathbb{R}^{p} | \boldsymbol{x}^{\top}\boldsymbol{A}\boldsymbol{x} \leqslant 1\}$ 形成一个中心为原点 $\mathbf{0}$ 的椭球. 该椭球有 $r=\operatorname{rank}(\boldsymbol{A})$ 个互相正交的轴, 第 i 个轴的半轴长度为 $s_{i}=1/\sqrt{\lambda_{i}}$, 这里的 λ_{i} 为 $\boldsymbol{A}$ 的第 i 个特征值, 也就是说特征值确定轴的长度. 相应的特征向量方向确定相应轴的方向. 最大最小特征值平方根之比 $\sqrt{\lambda_{\max}/\lambda_{\min}}$ 给出了最大的离心率.

如果对称矩阵 $\boldsymbol{B}>\mathbf{0}$ 定义的椭球为 $E^{*}=\{\boldsymbol{x} \in \mathbb{R}^{p} | \boldsymbol{x}^{\top}\boldsymbol{B}\boldsymbol{x} \leqslant 1\}$, 则 $E^{*} \supseteq E$ 的充分必要条件是 $\boldsymbol{B} \geqslant \boldsymbol{A}$.

2.4 矩阵的导数

2.4.1 向量关于数量的偏导数

对于向量 $\boldsymbol{y}=[y_1,y_2,\dots,y_m]^\top$ 及数量 x, 定义

$$\frac{\partial \boldsymbol{y}}{\partial x}=\left[\frac{\partial y_1}{\partial x},\frac{\partial y_2}{\partial x},\dots,\frac{\partial y_m}{\partial x}\right]^\top=\begin{bmatrix}\frac{\partial y_1}{\partial x}\\ \frac{\partial y_2}{\partial x}\\ \vdots\\ \frac{\partial y_m}{\partial x}\end{bmatrix},$$

这是投影 $\mathbb{R}\mapsto\mathbb{R}^m$.

2.4.2 数量关于向量的偏导数

对于数量 y 及向量 $\boldsymbol{x}=[x_1,x_2,\dots,x_n]^\top$, 定义

$$\frac{\partial y}{\partial \boldsymbol{x}}=\left[\frac{\partial y}{\partial x_1},\frac{\partial y}{\partial x_2},\dots,\frac{\partial y}{\partial x_n}\right]^\top.$$

2.4.3 向量关于向量的偏导数

对于向量 $\boldsymbol{y}=[y_1,y_2,\dots,y_m]^\top$ 及向量 $\boldsymbol{x}=[x_1,x_2,\dots,x_n]^\top$, 定义

$$\frac{\partial \boldsymbol{y}}{\partial \boldsymbol{x}}=\begin{bmatrix}\frac{\partial y_1}{\partial x_1} & \frac{\partial y_1}{\partial x_2} & \cdots & \frac{\partial y_1}{\partial x_n}\\ \frac{\partial y_2}{\partial x_1} & \frac{\partial y_2}{\partial x_2} & \cdots & \frac{\partial y_2}{\partial x_n}\\ \vdots & \vdots & & \vdots\\ \frac{\partial y_m}{\partial x_1} & \frac{\partial y_m}{\partial x_2} & \cdots & \frac{\partial y_m}{\partial x_n}\end{bmatrix}.$$

2.4.4 矩阵关于数量的偏导数

对于 $m\times n$ 矩阵 $\boldsymbol{y}=\{y_{ij}\}$ 及数量 x, 定义

$$\frac{\partial \boldsymbol{y}}{\partial x}=\begin{bmatrix}\frac{\partial y_{11}}{\partial x} & \frac{\partial y_{12}}{\partial x} & \cdots & \frac{\partial y_{1n}}{\partial x}\\ \frac{\partial y_{21}}{\partial x} & \frac{\partial y_{22}}{\partial x} & \cdots & \frac{\partial y_{2n}}{\partial x}\\ \vdots & \vdots & & \vdots\\ \frac{\partial y_{m1}}{\partial x} & \frac{\partial y_{m2}}{\partial x} & \cdots & \frac{\partial y_{mn}}{\partial x}\end{bmatrix}.$$

2.4.5 数量关于矩阵的偏导数

对于数量 y 及 $p\times q$ 矩阵 $\boldsymbol{X}=\{x_{ij}\}$, 定义

$$\frac{\partial y}{\partial \boldsymbol{X}}=\begin{bmatrix}\frac{\partial y}{\partial x_{11}} & \frac{\partial y}{\partial x_{21}} & \cdots & \frac{\partial y}{\partial x_{p1}}\\ \frac{\partial y}{\partial x_{12}} & \frac{\partial y}{\partial x_{22}} & \cdots & \frac{\partial y}{\partial x_{p2}}\\ \vdots & \vdots & & \vdots\\ \frac{\partial y}{\partial x_{1q}} & \frac{\partial y}{\partial x_{2q}} & \cdots & \frac{\partial y}{\partial x_{pq}}\end{bmatrix}.$$

2.4.6 有关内积、二次型的导数

考虑向量 $\boldsymbol{x}=[x_1,x_2,\ldots,x_n]^\top$. 此外, 向量 $\boldsymbol{a},\boldsymbol{b}$ 及矩阵 $\boldsymbol{A}$ 不是 $\boldsymbol{x}$ 的函数. 有

$$\frac{\partial \boldsymbol{a}^\top\boldsymbol{x}}{\partial \boldsymbol{x}}=\frac{\partial \boldsymbol{x}\boldsymbol{a}^\top}{\partial \boldsymbol{x}}=\boldsymbol{a}\text{ 或 }\boldsymbol{a}^\top;$$

$$\frac{\partial \boldsymbol{b}^\top\boldsymbol{A}\boldsymbol{x}}{\partial x}=\boldsymbol{b}^\top\boldsymbol{A}\text{ 或 }\boldsymbol{A}^\top\boldsymbol{b};$$

$$\begin{aligned}\frac{\partial \boldsymbol{x}^\top\boldsymbol{A}\boldsymbol{x}}{\partial \boldsymbol{x}}&=\boldsymbol{x}^\top(\boldsymbol{A}+\boldsymbol{A}^\top)\text{ 或 }(\boldsymbol{A}+\boldsymbol{A}^\top)\boldsymbol{x};\\&=2\boldsymbol{x}^\top\boldsymbol{A}\text{ 或 }2\boldsymbol{A}\boldsymbol{x}\ \ (\text{当 }\boldsymbol{A}\text{ 对称时});\end{aligned}$$

$$\frac{\partial \boldsymbol{x}^\top\boldsymbol{x}}{\partial \boldsymbol{x}}=2\boldsymbol{x}^\top\text{ 或 }2\boldsymbol{x};$$

$$\frac{\partial \boldsymbol{a}^\top\boldsymbol{x}\boldsymbol{x}^\top\boldsymbol{b}}{\partial \boldsymbol{x}}=\boldsymbol{x}^\top(\boldsymbol{a}\boldsymbol{b}^\top+\boldsymbol{b}\boldsymbol{a}^\top)\text{ 或 }(\boldsymbol{a}\boldsymbol{b}^\top+\boldsymbol{b}\boldsymbol{a}^\top)\boldsymbol{x}.$$

2.4.7 函数的偏导数

考虑 $f:\mathbb{R}^p\mapsto\mathbb{R}$ 和 $p\times 1$ 向量 $\boldsymbol{x}$, 那么 $\partial f(\boldsymbol{x})/\partial\boldsymbol{x}$ 为一个偏导数的列向量 $\{\partial f(\boldsymbol{x})/\partial x_j\}$ $(j=1,\ldots,p)$, 而 $\partial f(\boldsymbol{x})/\partial\boldsymbol{x}^\top$ 为同一偏导数的行向量. $\partial f(\boldsymbol{x})/\partial\boldsymbol{x}$ 称为 f 的**梯度**.

$\partial^2 f(\boldsymbol{x})/\partial\boldsymbol{x}\partial\boldsymbol{x}^\top$ 为二阶导数, 是 $p\times p$ 矩阵, 元素为 $\left\{\frac{\partial^2 f(\boldsymbol{x})}{\partial x_i\partial x_j}\right\}$ $(i=1,2,\ldots,p;\ j=1,2,\ldots,p)$. $\partial^2 f(\boldsymbol{x})/\partial\boldsymbol{x}\partial\boldsymbol{x}^\top$ 称为 f 的 Hessian 矩阵.

二次型 $Q(\boldsymbol{x})=\boldsymbol{x}^\top\boldsymbol{A}\boldsymbol{x}$ 的 Hessian 矩阵为:

$$\frac{\partial \boldsymbol{x}^\top\boldsymbol{A}\boldsymbol{x}}{\partial\boldsymbol{x}\partial\boldsymbol{x}^\top}=2\boldsymbol{A}$$

例 2.1 导数在线性模型最小二乘估计中的应用 为了求使得 $(\boldsymbol{y}-\boldsymbol{X}\boldsymbol{\beta})^\top(\boldsymbol{y}-\boldsymbol{X}\boldsymbol{\beta})$ 最小的 $\boldsymbol{\beta}$, 即

$$\min_{\boldsymbol{\beta}}\{(\boldsymbol{y}-\boldsymbol{X}\boldsymbol{\beta})^\top(\boldsymbol{y}-\boldsymbol{X}\boldsymbol{\beta})\}=\min_{\boldsymbol{\beta}}\{\boldsymbol{y}^\top\boldsymbol{y}-2\boldsymbol{y}^\top\boldsymbol{X}\boldsymbol{\beta}+\boldsymbol{\beta}^\top\boldsymbol{X}^\top\boldsymbol{X}\boldsymbol{\beta}\},$$

对残差平方和求导, 令其等于 0, 问题归结为解方程

$$\frac{\partial[(\boldsymbol{y}-\boldsymbol{X}\boldsymbol{\beta})^\top(\boldsymbol{y}-\boldsymbol{X}\boldsymbol{\beta})]}{\partial\boldsymbol{\beta}}=\frac{\partial(\boldsymbol{y}^\top\boldsymbol{y}-2\boldsymbol{y}^\top\boldsymbol{X}\boldsymbol{\beta}+\boldsymbol{\beta}^\top\boldsymbol{X}^\top\boldsymbol{X}\boldsymbol{\beta})}{\partial\boldsymbol{\beta}}=-2\boldsymbol{X}^\top\boldsymbol{y}+2\boldsymbol{X}^\top\boldsymbol{X}\boldsymbol{\beta}=0$$

得到

$$\boldsymbol{\beta}=(\boldsymbol{X}^\top\boldsymbol{X})^{-1}\boldsymbol{X}^\top\boldsymbol{y}.$$

2.5 数据集的不纯度

2.5.1 数据的纯与不纯

如果一群人都是男生, 而另一群都是女生, 于是在性别这个变量上, 这两群人各自都是纯的, 没有混杂. 但如果按照年龄、身高或学历等其他变量来划分, 这两群人就不一定是纯的了. **谈论数据纯度必须是以某个变量为目标**, 否则没有意义.

对于分类变量, 只有一种类别就是全纯; 如果某一类占大多数就是比较纯; 如果各类数

目比较均衡, 就是很不纯. 对于有大量观测值的数量变量, 很难都等于同一个数目, 因此, 数值之间差别较小就是“纯”的标志了. 在诸如中学时就学过的简单线性回归中, 人们往往希望模型对真实数据因变量的预测值与真实值的误差越小越好, 也就是说, 误差越纯越好. 这时纯的度量可以是误差平方和 (可记为 $\|\boldsymbol{y}-\hat{\boldsymbol{y}}\|_2$) 或均方误差等.

把一个关于某变量不纯的数据集划分成若干尽可能纯的数据子集就是决策树概念的核心, 这对于因变量是分类变量还是数量变量都是类似的.

2.5.2 数量变量数据的不纯度

如果我们有数量变量的观测值集合 $y_1, y_2, \ldots, y_n$, 记其样本均值为 $\overline{y}=\sum_{i=1}^{n} y_i/n$, 则该数据的不纯度通常以**误差平方和** (sum of squared errors, SSE)

$$\text{SSE}=\sum_{i=1}^{n}(y_i-\overline{y})^2,\ \text{这里}\ \overline{y}=\frac{1}{n}\sum_{i=1}^{n}y_i$$

来度量, 当然, 等价的度量为**样本方差**[9]

$$\frac{1}{n}\sum_{i=1}^{n}(y_i-\overline{y})^2.$$

显然, SSE 越大, 数据越不纯, 而当 SSE 接近 0, 则数据几乎都相同, 就没有多少变化了.

使上述的数量变量的不纯度逐渐变小是决策树回归的基础. 在传统统计的回归中, 虽然没有出现“纯”的名词, 但在实际运作中也采取了减少不纯度的思维方式. 在主成分分析中 (参见 4.1 节), SSE(或方差) 大意味着信息量大, 这是选取主成分的基础.

2.5.3 分类变量数据的不纯度

如果有一个分类变量数据, 其中有 K 个不同的类 (或水平), 每个水平的比例为 p_k $(k=1,2,\ldots,K)$, 而且 $\sum_{k=1}^{K}p_k=1$. 显然, 如果各个 p_k 都差不多, 说明数据比较不纯 (混杂); 如果某一个 p_k 占据主导地位, 而其他的比例接近 0, 那么数据就比较纯 (齐次). 通常使用的不纯度有三种度量: **信息熵**或**熵** (information entropy, entropy)、**Gini 指数**或 **Gini 不纯度** (Gini index, Gini impurity)、**分类误差**或**误判率** (classification error, misclassification rate).

1. 信息熵定义为

$$H=-\sum_{k=1}^{K}p_k\log_2 p_k.$$

2. Gini 不纯度定义为:

$$G=\sum_{k=1}^{K}p_k(1-p_k)=1-\sum_{k=1}^{K}p_k^2.$$

---

[9]在一些传统数理统计教科书中, 样本方差定义为

$$s^2=\frac{1}{n-1}\sum_{i=1}^{n}(y_i-\overline{y})^2.$$

这是为了使该样本方差的数学期望等于假定的总体方差 (记为 σ^2): $E(s^2)=\sigma^2$, 即 s^2 为 σ^2 的所谓的“无偏估计”. 实际上, 这两者在实际数据分析中没有多大差别, 而且无偏估计概念需要无法验证的假定, 即 $y_1, y_2, \ldots, y_n$ 独立同分布, 而且它们共同的均值 μ 和方差 σ^2 都存在. 在 R 中的函数 `var` 输出的是 s^2, 而在 Python 中的函数 `np.var` 输出的是 SSE, 这显示了模型驱动和数据驱动的两种思维方式.

3. 分类误差定义为:

$$CE = 1 - \max_k p_k.$$

对于变量只有两类 ($K = 2$) 的情况, 这 3 个度量显示在图 2.5.1 中. 图 2.5.1 的横坐标为 p_1(或 $p_2 = 1 - p_1$), 显然, 当 p_i 为 0 或 1 时, 不纯度最小, 而在 0.5 时不纯度最大.

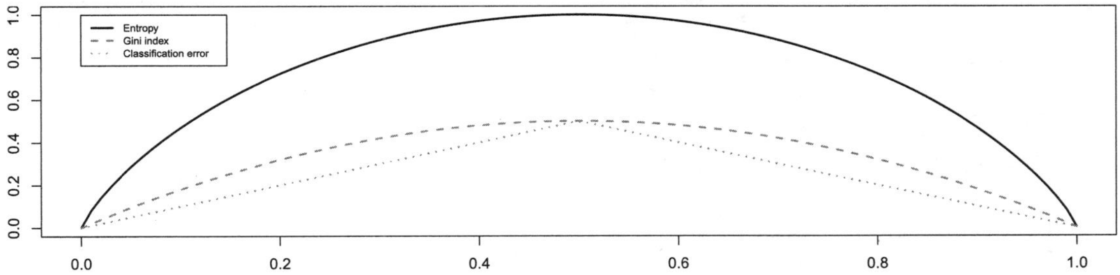

图 2.5.1　$K = 2$ 时的 3 个不纯度曲线

2.5.4 当数据集拆分成子集时不纯度的减少

我们用下面例 2.2 的数据来说明数据拆分成子集时, 不纯度减少的计算.

例 2.2 蘑菇可食性数据 (mushroom.csv) 该数据[10] 有 23 个变量、8124 个观测值. 其中, type 表示能否食用, 水平 "e" (edible) 代表可食用, 水平 "p" (poisonous) 代表有毒; 其余变量都是分类变量, 表示各种蘑菇各部位的形状、颜色、气味、生长特点、生长环境等属性, 全都用字母表示其水平 (最多有 12 个水平). 其中菌盖面类型 (veil.type) 只有一个水平.[11] 下面处理时把该数据的 type(能否食用) 看成因变量, 其他作为自变量. 这是一个因变量只有两个水平的分类问题.

在例 2.2 中, 我们关心的是因变量 type 的不纯度在其他变量不同选项下划分子集的不纯度减少程度, 进而选出使得不纯度减少最多的子集拆分. 下面是随意选择的两种拆分的不纯度减少度量的计算过程. 我们使用 Gini 指数来度量不纯度. **对于分类型因变量, 不纯度减少值等于拆分前数据集的不纯度减去拆分后各子集不纯度的加权平均 (权重比例为子集的样本量); 对于数量型因变量, 不纯度减少值等于拆分前数据集的 SSE 减去拆分后各子集 SSE 的和.**

我们编写的计算不纯度的 R 函数 (见 7.1.2 节) 为 `puri(df,Y_ID,IMP='gini')`, 函数中, `df` 为数据集, `Y_ID` 为因变量列号, `IMP` 为不纯度的度量 (默认为 Gini 指数). 如果因变量为数量变量, 输出的是 SSE; 如果因变量为分类变量, 输出的是 Gini 指数或者信息熵.

读入数据并利用函数 `puri` 计算整个数据因变量 (因变量 type 位于数据的第 1 列) 的不纯度代码为:

```
u=read.csv('mushroom.csv',stringsAsFactors = TRUE);(ss0=puri(u,1))
```

得到原始数据的不纯度为 0.4993541.

[10]Mushroom [Dataset]. (1981). UCI Machine Learning Repository. https://doi.org/10.24432/C5959T.

[11]这类不起作用的变量对我们所要使用的基于决策树的 4 种方法没有影响, 但是如果要用诸如线性判别分析、logistic 回归等方法, 这类变量必须删除.

针对分成两个子集 (只考虑二分叉) 的情况, 我们编写的计算不纯度减少的 R 函数为 `Incr_purity(u,Y_ID,split)` (见 7.1.2 节), 函数中, `u` 为数据集, `Y_ID` 为因变量列号, `split` 为满足拆分条件的观测值的布尔值 (由和因变量同样大小的 `TRUE` 或 `FALSE` 为元素的向量组成). 下面是用两种拆分方式所得到的不纯度减少尝试:

1. 用 (一共有 9 个水平) 变量 odor 是否等于水平 `"a"`, `"l"`, `"n"` 来拆分, 使用代码

```
Incr_purity(u,1,split=u$odor %in% c('a','l','n'))
```

得到不纯度减少为 0.4706311.

2. 用 (一共有 6 个水平) 变量 population 是否等于水平 `"y"` 来拆分, 使用代码

```
Incr_purity(u,1,split=u$population =='y')
```

得到不纯度减少为 0.005722969.

上面结果说明, 第一个拆分使得不纯度减少的量大大多于第二个拆分.

本节的拆分数据集以减少不纯度的概念, 对于后面第 3.6 节要介绍的决策树至关重要.

2.6 相关系数理解的误区

2.6.1 相关系数不涉及非线性相关

记两变量 (X,Y) 的一组观测为 $(x_1,y_1),(x_2,y_2),\cdots,(x_n,y_n)$, 则所谓 **Pearson 相关系数** (Pearson correlation coefficient) 定义为

$$r=\frac{\sum_{i=1}^{n}(x_i-\bar{x})(y_i-\bar{y})}{\sqrt{\sum_{i=1}^{n}(x_i-\bar{x})^2\sum_{i=1}^{n}(y_i-\bar{y})^2}}.$$

有的人觉得 Pearson 相关系数大就是两个变量相关, 这是错误的, 因为 **Pearson 相关系数仅仅说明线性相关, 而不是一般意义上的相关.** 下面 R 代码生成了两个变量的数据, 其中 $y=x^2$, 它们显然是相关的, 但不是线性相关, 因此 Pearson 相关系数为 0. 而另外的 Kendall 和 Spearman 相关系数 (或关联系数) 也都等于 0.

```
> x=-30:30;y=x^2
> cor(x,y,method = "pearson")
[1] 0
> cor(x,y,method = "kendall")
[1] 0
> cor(x,y,method = "spearman")
[1] 0
```

因此, 必须注意到:

1. Pearson 相关仅仅意味着线性相关, 而不是其他意义上的相关.
2. Kendall 和 Spearman 相关仅仅是单调相关, 也就是一个变量单调增减可导致另一个变

量单调增减, 不意味着一般的非线性相关.

无论是上述 3 个相关度量中的哪一种, 到底相关系数等于多少算是相关, 没有任何统一的共识. 这只有拍脑袋的经验, 比如, 关于 Pearson 相关系数 r, 有人认为: $|r| \leqslant 0.3$ 为不线性相关; $0.3 < |r| \leqslant 0.5$ 为中等线性相关; 而 $|r| > 0.5$ 为强线性相关. 这些武断的定性判断靠谱吗? 有多少科学根据? **实际上, 只有各种非线性有监督学习模型才能把握那些非线性相关的变量, 但给出统一的度量是不现实的.**

2.6.2 相关系数检验 (ρ 是否为 0) 和是否相关 (ρ 是否足够大) 没有关系

对于 Pearson 相关系数的假设检验问题

$$H_0 : \rho = 0; H_1 : \rho \neq 0,$$

在零假设下,

$$r\sqrt{\frac{n-2}{1-r^2}} \sim t(n-2),$$

关于这个检验有两点说明: (1) 这个检验与两变量之间做简单回归再对回归系数是否为零所做的检验等价; (2) 即使在显著性水平 α 很小的情况下拒绝零假设, 接受 $\rho \neq 0$, 两个变量的相关系数也可能很小, 因为不为零的 ρ 取值范围很大, 覆盖了所有 (0,1] 区间, 比如: ρ 仅是 0.2 或 0.3, 但由于样本量比较大, 导致拒绝零假设. **因此, 对相关系数是否为零的检验和两个变量是否相关不是一回事.**

很多人甚至很多教科书把相关系数检验"显著"作为认定两个变量相关的证据, 这是完全错误的. 下面的数值例子说明了这一点.

例 2.3 相关系数检验显著不意味线性或单调相关 (ass.csv) 下面举例说明相关 (关联) 系数检验的 p 值小, 仅仅说明相关系数 (或其他关联度量) 不为 0, 而不是线性或单调相关 (关联).

```
w=read.csv('ass.csv');x=w[,1];y=w[,2]
p=cor.test(x,y,method = "pearson")
k=cor.test(x,y,method = "kendall")
s=cor.test(x,y,method = "spearman")
cat('Pearson: p-value =',p$p.value,', cor =', p$estimate,
    '\nKendall: p-value =',k$p.value,', tau =', k$estimate,
    '\nSpearman: p-value =',s$p.value,', r =', s$estimate)
```

输出为:

```
Pearson: p-value = 0.005908929, cor = 0.1985021
Kendall: p-value = 0.03532736, tau = 0.1024525
Spearman: p-value = 0.03938573, r = 0.1492715
```

这里的 Pearson 线性相关系数检验 p 值约为 0.006, 能说它显著吗? 如果显著, 那线性相关系数等于 0.1985021 能认为相关吗? 上面输出还涉及 Spearman' r_s 及 Kendall's τ 等单调性相关度量, 它们的检验结果似乎都显著 (至少在人们常用的 $\alpha = 0.05$ 水平), 但关联都不强.

2.7 习 题

1. 用 R 或 Python 代码随机产生一个 4×5 矩阵 $\boldsymbol{A}$, 并且使它在第二行及第二列处分块:

$$\boldsymbol{A} = \begin{bmatrix} \boldsymbol{M}_{11} & \boldsymbol{M}_{12} \\ \boldsymbol{M}_{21} & \boldsymbol{M}_{22} \end{bmatrix}.$$

 (1) 从数值上验证:

$$\begin{aligned} \boldsymbol{A}^2 &= \begin{bmatrix} \boldsymbol{M}_{11} & \boldsymbol{M}_{12} \\ \boldsymbol{M}_{21} & \boldsymbol{M}_{22} \end{bmatrix} \begin{bmatrix} \boldsymbol{M}_{11} & \boldsymbol{M}_{12} \\ \boldsymbol{M}_{21} & \boldsymbol{M}_{22} \end{bmatrix} \\ &= \begin{bmatrix} \boldsymbol{M}_{11}^2 + \boldsymbol{M}_{12}\boldsymbol{M}_{21} & \boldsymbol{M}_{11}\boldsymbol{M}_{12} + \boldsymbol{M}_{12}\boldsymbol{M}_{22} \\ \boldsymbol{M}_{21}\boldsymbol{M}_{11} + \boldsymbol{M}_{22}\boldsymbol{M}_{21} & \boldsymbol{M}_{21}\boldsymbol{M}_{12} + \boldsymbol{M}_{22}^2 \end{bmatrix}. \end{aligned}$$

 (2) 求 $\boldsymbol{A}$ 的广义逆.

 (3) 求 $\boldsymbol{A}\boldsymbol{A}^\top$ 的行列式.

 (4) 求 $\boldsymbol{A}^\top\boldsymbol{A}$ 的特征值和特征向量. 有几个非零特征值? 在计算机浮点运算结果中, 什么样的数值被认为是零?

 (5) 求 $\boldsymbol{A}$ 的奇异值分解. 奇异值和上面的特征值有什么关系? 奇异值分解的两个向量矩阵和上面的特征向量有什么关系?

2. 用 R 或 Python 代码随机产生两个 2×2 矩阵 $\boldsymbol{A}$ 和 $\boldsymbol{B}$, 求 $\boldsymbol{A} \otimes \boldsymbol{B}$.
3. 用 R 或 Python 代码随机产生一个 20×5 矩阵 $\boldsymbol{X}$, 数值上验证矩阵 $\boldsymbol{P} = \boldsymbol{X}(\boldsymbol{X}^\top\boldsymbol{X})^{-1}\boldsymbol{X}^\top$ 为幂等矩阵.
4. 用 R 或 Python 代码随机产生一个 20×1 向量 $\boldsymbol{y}$, 把 $\boldsymbol{y}$ 分解成两个正交的向量, 并数值验证正交性. (提示: 随机产生一个 20×5 矩阵 $\boldsymbol{X}$, 形成投影矩阵 $\boldsymbol{P} = \boldsymbol{X}(\boldsymbol{X}^\top\boldsymbol{X})^{-1}\boldsymbol{X}^\top$, 验证 $\boldsymbol{P}\boldsymbol{y}$ 和 $(\boldsymbol{I} - \boldsymbol{P})\boldsymbol{y}$ 的正交性. 单位阵可用代码 `diag(20)` 产生.)
5. 用 R 或 Python 代码随机产生一个 20×5 矩阵 $\boldsymbol{X}$, 求 $\boldsymbol{X}^\top\boldsymbol{X}$ 的 Cholesky 分解.
6. 用 R 或 Python 代码随机产生一个 20×5 矩阵 $\boldsymbol{X}$, 求 $\boldsymbol{X}^\top\boldsymbol{X}$ 的 QR 分解.
7. 构造一个实对称正定矩阵 $\boldsymbol{A}$, 通过特征值分解或奇异值分解求 $\boldsymbol{A}^{-1/2}$.
8. 一个有 m 个水平 (类) 的自变量, 有多少种拆分成 2 个子集的可能?
9. 利用例 2.2 数据, 编写出程序以寻求某个自变量的 $2^{m-1} - 1$ 种拆分属性中使得不纯度减少最多的最优拆分.
10. 利用例 2.2 数据, 编写出程序以寻求在所有自变量最优拆分中使得不纯度减少最多的拆分 (自变量及其最优拆分属性).

第 3 章　有监督学习: 分类及回归

3.1　有监督学习的目标和过程

有监督学习也称为**有指导学习** (supervised learning, supervised machine learning) 是数据科学最重要的建模方式, 也是 AI 的核心方法.

在前计算机时代, 由于缺乏必要的计算手段, 主要用数据去适应假定的数学模型, 以方便计算和分析, 这种削足适履的代价是结论受到主观假定的影响, 缺乏可信性. 而在计算机时代出现的机器学习是数据驱动思维方式的体现, 它强调任何模型必须通过数据来训练或学习, 并且通过交叉验证来选拔, 不能单靠用户的人为选择和主观假定.

机器学习中的有监督学习, 主要体现在分类和回归预测模型的实践. 在有监督学习所用的训练数据中, 有作为目标变量的因变量, 人们**需要在因变量的 "监督" 下学习出以自变量为变元的预测模型**. 这也是有监督学习名称的来源.

3.1.1 寻找一个预测模型使预测值接近真实值

如果用 $\boldsymbol{X}$ 表示自变量的观测值数据, 而用 $\boldsymbol{y}$ 表示因变量的观测值数据, 再用 $f(\boldsymbol{X})$ 代表用自变量来预测因变量的某个模型, 我们有监督学习建模的目的是自变量通过模型生成的预测值 $\hat{\boldsymbol{y}} = f(\boldsymbol{X})$ 应该与真实的因变量数据 $\boldsymbol{y}$ 足够接近:

$$\hat{\boldsymbol{y}} = f(\boldsymbol{X}) \approx \boldsymbol{y}. \tag{3.1.1}$$

式 (3.1.1) 中的函数 $f(\cdot)$ 可以是一个由程序或代码表示的算法, 也可以是一个数学公式 (如在传统统计实践中那样).

3.1.2 预测模型优劣的度量

式 (3.1.1) 中的近似需要有度量标准, 用什么作为近似的优劣的度量呢? 按照 Yu and Kumbier (2020), 数据科学模型应该满足**三个原则** (principles) [1]: **可预测性** (predictability)、**可计算性** (computability)、**稳定性** (stability). 其中, 预测是目标, 可计算性及稳定性是有效预测的保证. 预测精度是衡量模型优劣的标准.

分类问题

在因变量是分类变量时, **分类** (classification) 时的预测精度为**准确率**或**精确度**, 即用来预测的数据中真实因变量的值 $\boldsymbol{y}$ 等于对该数据预测时预测值 $\hat{\boldsymbol{y}}$ 所占的比例. 等价的度量为**误判率** (=1− **准确率**). 或者

$$\text{误判率} = \frac{\sum_{i=1}^{n} I(y_i \neq \hat{y}_i)}{n}; \quad \text{准确率} = \frac{\sum_{i=1}^{n} I(y_i = \hat{y}_i)}{n}. \tag{3.1.2}$$

[1] https://arxiv.org/pdf/1901.08152.pdf.

式 (3.1.2) 中的 $I()$ 为**示性函数** (indicator function) [2].

回归问题

在因变量是数量变量, 即**回归** (regression) 问题时, 则用 $\hat{\boldsymbol{y}}$ 和 $\boldsymbol{y}$ 之间的某种距离来度量, 距离越小则预测精度越高. 和分类问题稍有不同, 由于真实值 $\boldsymbol{y}$ 不大可能刚好等于预测值 $\hat{\boldsymbol{y}}$, 只能度量它们之间的距离. 下面是几种常用的度量 (注意: 一般经典统计软件输出的类似名字的度量往往不是用交叉验证算出来的):

- **均方误差** (mean squared error, MSE):
$$\text{MSE} = \frac{\sum_{i=1}^n (y_i - \hat{y}_i)^2}{n}.$$
- **均方误差平方根** (root mean squared error, RMSE):
$$\text{RMSE} = \sqrt{\text{MSE}}.$$
- **标准化均方误差** (normalized mean squared error, NMSE):
$$\text{NMSE} = \frac{\sum_{i=1}^n (y_i - \hat{y}_i)^2}{\sum_{i=1}^n (y_i - \bar{y})^2}.$$
这个统计量可能会大于 1, 这说明用模型预测的结果 ($\{\hat{y}_i\}$) 还不如用模型的均值 ($\bar{y}$).
- **平均绝对值误差** (mean absolute error, MAE):
$$\text{MAE} = \frac{\sum_{i=1}^n |y_i - \hat{y}_i|}{n}.$$
- **R 平方** (R square 或 score):
$$R^2 = 1 - \text{NMSE} = 1 - \frac{\sum_{i=1}^n (y_i - \hat{y}_i)^2}{\sum_{i=1}^n (y_i - \bar{y})^2}.$$
这个统计量可能会是负值, 而经典统计软件输出的 R^2 (可决系数) 没有用交叉验证, 不大可能是负值.

在回归预测精度的 5 种度量中, 除了 MAE 之外的 4 种度量在比较不同模型时是等价的. 而只有 NMSE 和 R^2 有独立的意义, 这是因为它们是相对于不用模型仅用均值作为预测值的情况. NMSE 越小 (R^2 越大) 则模型越好, 如果 NMSE 超过 1 (或 R^2 小于 0), 则说明该模型根本不能用, 还不如简单使用均值.

使用数据中的自变量数据 $\boldsymbol{X}$ 训练模型 $f(\boldsymbol{X})$ 来近似同一个数据中因变量数据 $\boldsymbol{y}$ 的过程称为**拟合** (fitting, fit), 而训练完的模型对因变量的预测 $\hat{\boldsymbol{y}} = f(\boldsymbol{X})$ 称为**拟合值** (fitted value). 这种训练模型的数据集称为**训练集** (training set, training dataset).

3.2 交叉验证

3.2.1 交叉验证概念

过拟合 (overfitting) 是指该模型对训练集拟合得很好, 但对于其他数据集会有较大的误差. 因此, 人们想到**交叉验证** (cross validation) 的方法, 也就是说, 把已有数据分成两部分,

[2]示性函数 (也记为 1_A 或 I_A 等) 定义为
$$I(A) = \begin{cases} 1, & A \text{ 为真;} \\ 0, & A \text{ 为伪.} \end{cases}$$

一部分作为训练集 (记为 $\boldsymbol{X}^{(\text{train})}, \boldsymbol{y}^{(\text{train})}$) 用来训练模型 $f(\cdot)$, 而另一部分数据称为**测试集** (testing set) (记为 $\boldsymbol{X}^{(\text{test})}, \boldsymbol{y}^{(\text{test})}$) 不参与训练, 也就是和被训练的模型 $f(\cdot)$ 无关, 但用来测试模型.

交叉验证是用训练集得到的模型来预测测试集, 即得到通过测试集对因变量的预测值 (不称为拟合值)

$$\hat{\boldsymbol{y}}^{(\text{test})} = f(\boldsymbol{X}^{(\text{test})}). \tag{3.2.1}$$

用式 (3.2.1) 中的 $\hat{\boldsymbol{y}}^{(\text{test})}$ 和测试集中真实的因变量值 $\boldsymbol{y}^{(\text{test})}$ 来比较而得到的误差为**交叉验证误差**.

交叉验证预测值所得到的误差度量比用训练集拟合值得到的更有普遍意义, 建立模型不仅仅是为这个训练集, 而是为更广泛的数据做预测. **在比较不同模型时, 一定要选用交叉验证误差小的模型.**

3.2.2 几种交叉验证方式

3.2.1 节提到, 进行交叉验证就是利用已有的数据集, 把一部分作为训练集来训练模型, 另一部分未用来训练模型的作为测试集, 并用训练集训练的模型来对测试集做预测, 并利用 3.1.2 节介绍的各种度量标准来判断模型的优劣. 下面是几种常用的交叉验证的方式:

1. 比较任意地划分 (一组或多组) 训练集或测试集. 通常训练集的样本量要多于测试集. 这里的测试集往往在评估模型时用来计算精度 (见 3.1.2 节), 以及矫正模型的一些要素 (如参数、权重等等).
2. **多折交叉验证** (multi-fold cross validation) 是指将已有数据分成若干 (比如 K) 折 (也就是 K 份), 通常这 K 组数据子集的样本量差不多. 然后重复 K 次建模过程: 每次轮流以一组数据作为测试集, 而另外 $K-1$ 组合并作为训练集建模, 并且对这一组测试集做预测. 在 K 次运算之后, 原数据集的每个观测值都作为测试集的一员被交叉验证预测过一次, 也就是得到 3.2.1 节提到的 $\hat{\boldsymbol{y}}^{(\text{test})} = (\hat{y}_1^{(\text{test})}, \hat{y}_2^{(\text{test})}, \ldots, \hat{y}_n^{(\text{test})})$, 并以此计算测试集的预测精度 (见 3.1.2 节).
3. 利用 **OOB 数据**的交叉验证. 后面 (从 3.7.1 节开始) 将会介绍, 在许多情况下, 会通过**自助法抽样** (bootstrap sampling), 也就是有放回抽样, 从一个数据集生成许多数据集来训练很多不同的子模型, 最终用这些子模型的结果通过投票或某种平均来得到最终结果. 这种方法包括**集成算法** (或**组合算法**) (ensemble algorithm) 及**增强算法** (或**提升算法**、**集成元算法**) (boosting algorithm, ensemble meta-algorithm) 和**堆叠算法** (stacking algorithm). 在自助法抽样中, 由于是有放回抽样, 总有一部分数据没有抽到, 称为 **OOB** (out of bag) 数据 (也可译为 " 袋外数据 "), 这些数据是子模型的天然测试集, 用这些 OOB 数据作为测试集在子模型得到的预测值导致的误差称为 **OOB 误差**.

在使用交叉验证时, 即使同一类方法的选项也不尽相同, 比如有人喜欢使用 5 折交叉验证, 而另一些人用 10 折交叉验证, 这没有多少理论根据, 仅仅是一些习惯而已. 但是, 在实践中, 特别是在分类问题上, 当因变量水平很不平衡, 特别是在数据量很少时, 在 K 折交叉验证中**保持因变量诸水平 (类) 在各折的比例差不多是很重要的**, 否则交叉验证代表不了模型. 举例来说, 因变量有两个水平 A 和 B, 其中因变量等于 A 的有 20 个观测值, 而因变量等于 B

的只有 2 个观测值, 如果做 K 折交叉验证, 那么 $K>2$ 就绝对没有意义, 而如果做 2 折交叉验证, 则必须每个数据子集都包含一个 B, 否则就会出现训练集和测试集类型不匹配的情况. 对于有些程序包, 如果测试集包含了训练集没有包含的因变量的水平是要报错的.

3.3 有监督学习过程汇总

总结上面有监督学习的过程:

1. 确定数据的自变量 $\boldsymbol{X}$ 和因变量 $\boldsymbol{y}$, 并判断课题属于回归问题还是分类问题.
2. 根据数据分析目的选择一批模型来训练.
3. 根据交叉验证误差 ($\boldsymbol{y}^{\text{test}}$ 和 $\hat{\boldsymbol{y}}^{\text{test}}$ 之间的误差) 的大小选择最合适的模型. 不能用传统统计假设检验等统计推断方法来判断模型优劣.
4. 使用选中的模型处理具体问题.

有监督学习可用图 3.3.1 来描述.

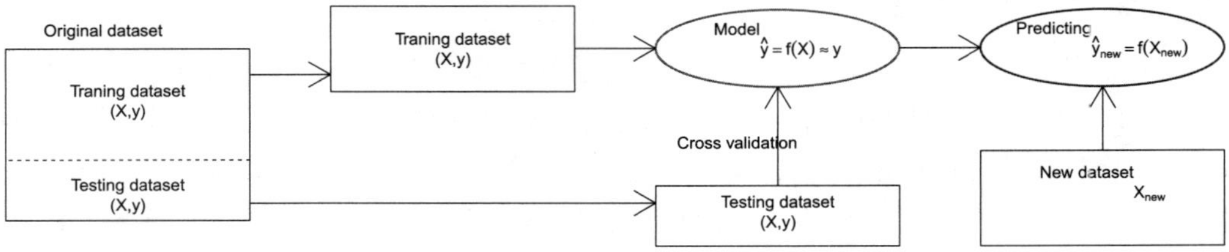

图 3.3.1　有监督学习过程图

有监督学习模型有很多种类型. 表 3.3.1 列出了本书将介绍的几种模型以及它们的用途和一些特征.

表 3.3.1　按照不同目标的模型分类

模型名称	经典/机器学习模型	模型用途	线性/非线性模型
决策树	机器学习模型	回归、分类	非线性
集成算法	机器学习模型	回归、分类	非线性
增强算法	机器学习模型	回归、分类	非线性
神经网络方法	机器学习模型	回归、分类	非线性
线性回归	经典模型	回归	线性
logistic 回归	经典模型	二分类	线性

3.4 最小二乘线性回归

3.4.1 线性模型

回归模型表现了因变量和自变量之间的关系, 所谓线性回归就是把因变量**假定**为自变量的线性组合形式, 也称为线性模型. 多个自变量的回归称为**多重回归**. 我们把样本量为 n 的一个因变量和 p 个自变量 (外加一个全为 1 的常数列) 的数据记为:

$$\boldsymbol{y}=\begin{bmatrix}y_1\\y_2\\\vdots\\y_n\end{bmatrix};\ \boldsymbol{X}=\begin{bmatrix}1&x_{11}&x_{12}&\cdots&x_{1p}\\1&x_{21}&x_{22}&\cdots&x_{2p}\\\vdots&\vdots&\vdots&&\vdots\\1&x_{n1}&x_{n2}&\cdots&x_{np}\end{bmatrix}=[\mathbf{1},\boldsymbol{x}_1,\boldsymbol{x}_2,...,\boldsymbol{x}_p],$$

这里 $\boldsymbol{x}_j = (x_{1j}, x_{2j}, \ldots, x_{nj})^\top$ $(j = 1, 2, \ldots, p)$ 为第 j 个自变量的观测值 (列) 向量. 线性回归模型的目标就是用 p 个自变量的线性组合 (加上常数项) 来近似因变量, 也就是前面式 (3.1.1) 的线性模型形式:

$$\hat{\boldsymbol{y}} = \boldsymbol{X}\boldsymbol{\beta} = \beta_0 + \beta_1\boldsymbol{x}_1 + \beta_1\boldsymbol{x}_2 + \cdots + \beta_p\boldsymbol{x}_p \approx \boldsymbol{y}, \tag{3.4.1}$$

这里的 $\boldsymbol{\beta} = (\beta_0, \beta_1, \ldots, \beta_p)^\top$ 为待估计线性模型系数. 线性模型 (3.4.1) 的非矩阵/向量形式为:

$$\hat{y}_i = \beta_0 + \beta_1 x_{i1} + \beta_2 x_{i2} + \cdots + \beta_p x_{ip} \approx y_i, \ \ i = 1, 2, \ldots, n. \tag{3.4.2}$$

3.4.2 最小二乘估计

有了数据 $\boldsymbol{y}$ 和 $\boldsymbol{X}$, 希望得到参数 $\boldsymbol{\beta}$ 的估计值 $\hat{\boldsymbol{\beta}}$. 只要估计了参数, 模型形式就确定了. 但是用什么标准来做估计呢? 人们希望估计值 $\hat{\boldsymbol{\beta}}$ 能够使得用模型得到的因变量的**拟合值** (fitted value) $\hat{\boldsymbol{y}} = \boldsymbol{X}\hat{\boldsymbol{\beta}}$ 与数据中原始的因变量值 $\boldsymbol{y}$ 尽可能地接近. 根据 3.1.2 节, 关于回归的大多数度量 (除了 MAE 之外) 都和**残差平方和** (residual sum of squares, RSS)

$$\text{RSS} = \sum_{i=1}^{n}(y_i - \hat{y}_i)^2 = \|\boldsymbol{y} - \hat{\boldsymbol{y}}\|^2$$

等价. 这种用 RSS 来度量的损失函数为二次损失函数, 而使得线性模型的 RSS 最小的参数估计值

$$\hat{\boldsymbol{\beta}} = \arg\min_{\boldsymbol{\beta}}(\boldsymbol{y} - \hat{\boldsymbol{y}})^\top(\boldsymbol{y} - \hat{\boldsymbol{y}}) = \arg\min_{\boldsymbol{\beta}}\|\boldsymbol{y} - \hat{\boldsymbol{y}}\|^2 = \arg\min_{\boldsymbol{\beta}}\|\boldsymbol{y} - \boldsymbol{X}\boldsymbol{\beta}\|^2 \tag{3.4.3}$$

就称为线性模型系数的**最小二乘估计** (least squares estimation). 当然, 也可以使用和 3.1.2 节 MAE 度量对应的绝对值损失, 即残差绝对值的和, 那时, 估计值

$$\hat{\boldsymbol{\beta}} = \arg\min_{\boldsymbol{\beta}}|\boldsymbol{y} - \boldsymbol{X}\boldsymbol{\beta}| = \arg\min_{\boldsymbol{\beta}}\|\boldsymbol{y} - \hat{\boldsymbol{y}}\|_1$$

可称为**最小一乘估计**. 这两种损失函数是对称的, 当然, 损失函数也可以是不对称的.

最小二乘回归往往用图3.4.1来描述, 那里的 $\boldsymbol{e} = \boldsymbol{y} - \hat{\boldsymbol{y}}$ 就是原始的 $\boldsymbol{y}$ 正交投影到 $\boldsymbol{X}$ 张成的空间 (图中画成 (超) 平面的样子) 上的 $\hat{\boldsymbol{y}}$ 的残差, 该图能够使得下面的过程更容易理解.

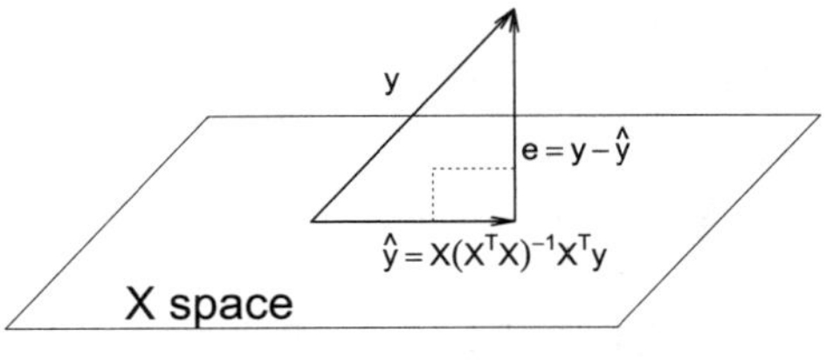

图 3.4.1 回归投影示意图: $\boldsymbol{y} = \hat{\boldsymbol{y}} + \boldsymbol{e}$ 及 $\boldsymbol{e} \perp \boldsymbol{y}$

最小二乘估计就是找到使得残差平方和最小的参数, 即式 (3.4.3) 中的 $\boldsymbol{\beta}$. 为此关于 $\boldsymbol{\beta}$ 求 $(\boldsymbol{y} - \hat{\boldsymbol{y}})^\top(\boldsymbol{y} - \hat{\boldsymbol{y}})$ 的偏导数, 并解方程 (参见例 2.1)

$$\frac{\partial\left[(\boldsymbol{y} - \boldsymbol{X}\boldsymbol{\beta})^\top(\boldsymbol{y} - \boldsymbol{X}\boldsymbol{\beta})\right]}{\partial\boldsymbol{\beta}} = \frac{\partial(\boldsymbol{y}^\top\boldsymbol{y} - 2\boldsymbol{y}^\top\boldsymbol{X}\boldsymbol{\beta} + \boldsymbol{\beta}^\top\boldsymbol{X}^\top\boldsymbol{X}\boldsymbol{\beta})}{\partial\boldsymbol{\beta}} = -2\boldsymbol{X}^\top\boldsymbol{y} + 2\boldsymbol{X}^\top\boldsymbol{X}\boldsymbol{\beta} = 0$$

可以得到

$$\hat{\boldsymbol{\beta}} = (\boldsymbol{X}^\top\boldsymbol{X})^{-1}\boldsymbol{X}^\top\boldsymbol{y}.$$

此时, 因变量的拟合值为:

$$\hat{\boldsymbol{y}} = \boldsymbol{X}\hat{\boldsymbol{\beta}} = \boldsymbol{X}(\boldsymbol{X}^\top\boldsymbol{X})^{-1}\boldsymbol{X}^\top\boldsymbol{y}, \tag{3.4.4}$$

这里, 矩阵 $\boldsymbol{P} \equiv \boldsymbol{X}(\boldsymbol{X}^\top\boldsymbol{X})^{-1}\boldsymbol{X}^\top$ 称为**预测矩阵** (prediction matrix) 或者**帽子矩阵** (hat matrix), 称为后者是因为它作用到 $\boldsymbol{y}$, 使其 " 戴了帽子 " (变成 $\hat{\boldsymbol{y}}$).[3] 预测矩阵 $\boldsymbol{P}$ 把任何向量, 诸如 $\boldsymbol{y}$, 投影到由 $\boldsymbol{X}$ 张成的空间之中, 因此有 $\boldsymbol{P}\boldsymbol{y} = \hat{\boldsymbol{y}}$, 显然,

$$\begin{aligned}\boldsymbol{P}\boldsymbol{e} =& \boldsymbol{P}(\boldsymbol{y} - \hat{\boldsymbol{y}})\\ =& \boldsymbol{P}(\boldsymbol{y} - \boldsymbol{X}(\boldsymbol{X}^\top\boldsymbol{X})^{-1}\boldsymbol{X}^\top\boldsymbol{y})\\ =& \boldsymbol{P}\boldsymbol{y} - \boldsymbol{X}(\boldsymbol{X}^\top\boldsymbol{X})^{-1}\boldsymbol{X}^\top\boldsymbol{X}(\boldsymbol{X}^\top\boldsymbol{X})^{-1}\boldsymbol{X}^\top\boldsymbol{y} = \boldsymbol{0},\end{aligned}$$

也就是说, $\boldsymbol{e}$ 到 $\boldsymbol{X}$ 张成的平面的投影为 $\boldsymbol{0}$, 即残差 $\boldsymbol{e}$ 和 $\boldsymbol{X}$ 张成的平面垂直, 当然也有 $\boldsymbol{e} \perp \boldsymbol{y}$. 图3.4.1说明了这些关系 ($\boldsymbol{y} = \hat{\boldsymbol{y}} + \boldsymbol{e}$ 及 $\boldsymbol{e} \perp \boldsymbol{y}$), 图中的 $\boldsymbol{y}$ 是因变量向量, $\hat{\boldsymbol{y}}$ 是因变量 $\boldsymbol{y}$ 向 $\boldsymbol{X}$ 所张成的空间的投影 ($\hat{\boldsymbol{y}} = \boldsymbol{P}\boldsymbol{y}$), 而 $\boldsymbol{e} = (\boldsymbol{I} - \boldsymbol{P})\boldsymbol{y}$ 为残差, 它和 $\boldsymbol{X}$ 所张成的空间正交, 因而也和 $\hat{\boldsymbol{y}}$ 正交.

3.4.3 例 3.1 混凝土数据的最小二乘线性回归拟合

考虑下面数据的最小二乘线性回归.

例 3.1 混凝土数据 (concrete.csv) 该数据包含了混凝土 7 种成分、时间、抗压强度等 9 个变量. 共有 1030 个观测值. 这些变量分别为 Cement (水泥)、Blast.Furnace.Slag (高炉矿渣)、Fly.Ash (粉煤灰)、Water (水)、Superplasticizer (超塑化剂)、Coarse.Aggregate(粗骨料)、Fine.Aggregate(细骨料)、Age(时间)、Compressive.strength (抗压强度). 其中除了 Age (时间) 的单位是天, Compressive.strength (抗压强度) 的单位为 MPa(兆帕) 之外, 其余变量的单位全部是在 1 m^3 混凝土中该成分的 kg (千克) 数. 数据来自 Yeh(1998) [4].

这个数据的 Compressive.strength (抗压强度) 是人们关心的度量. 希望通过数据建立一个能够从其他变量预测 Compressive.strength 的模型.

我们使用下面的 R 代码来做例 3.1 混凝土数据的最小二乘线性回归. 注意因变量是 Compressive.strength.

```
w=read.csv("concrete.csv")
a=lm(w$Compressive.strength~.,w)
print(round(a$coefficients,2)) #打印只保留两位小数
```

输出例 3.1 混凝土数据的最小二乘线性回归系数 (加截距项有 9 个) $\boldsymbol{\beta} = (\beta_0, \beta_1, \dots, \beta_8)^\top$ 的最小二乘估计值 $\hat{\boldsymbol{\beta}} = (\hat{\beta}_0, \hat{\beta}_1, \dots, \hat{\beta}_8)^\top$:

```
(Intercept)             Cement Blast.Furnace.Slag            Fly.Ash
     -23.33               0.12               0.10               0.09
      Water   Superplasticizer   Coarse.Aggregate     Fine.Aggregate    Age
      -0.15               0.29               0.02               0.02   0.11
```

[3] $\boldsymbol{P}$ 也称为投影矩阵, 除了记号 "$\boldsymbol{P}$", 它也被各种文献记为 "$\boldsymbol{H}$" 或 "$\boldsymbol{M}$" 等.

[4] 可从网页 https://archive.ics.uci.edu/ml/datasets/Concrete+Compressive+Strength下载.

根据这个模型, 人们可以从任何新自变量 $\boldsymbol{x}' = (x'_1, x'_2, \ldots, x'_8)$ 的观测值得到因变量 y' 的预测值 $\hat{y}' = \hat{\beta}_0 + \sum_{i=1}^{8} \hat{\beta}_i x'_i$.

到此为止, 我们已经完整地介绍了最小二乘回归的全过程: 从假定的线性模型和选择的二次损失函数到具体的参数估计. 但是, 似乎还少了些什么, 这就是如何评价最小二乘回归结果的好坏. 不同的视角产生不同的方法及结论.

3.4.4 例 3.1 混凝土数据的最小二乘线性回归交叉验证及与机器学习模型的比较

例 3.1 混凝土数据的最小二乘线性回归交叉验证

下面通过例 3.1 混凝土数据的拟合来介绍在计算机时代才能实现的基于预测精度的交叉验证方法. 我们考虑 10 折交叉验证. 根据 3.2.2 节的步骤, 首先要把数据集随机分成 10 份 (以逻辑真伪的形式):

```
y=w$Compressive.strength
n=nrow(w);Z=10;set.seed(1010)
Zid=rep(1:Z,ceiling(n/Z))
Zid=sample(Zid,length(Zid),replace = TRUE)[1:n]
```

进行交叉验证, 使得每个观测值都得到一个交叉验证的预测值, 并输出交叉验证和非交叉验证的 (训练集的) NMSE, 这里所用的程序包 `tidyr`[5]的算子 `%>%` 是一个管道函数.

```
library(tidyr)
yhat0=lm(Compressive.strength~.,w)$fitted
mse0=sum((y-mean(y))^2)
yhat=rep(999,n)
for (i in 1:Z) {
  yhat[Zid==i]=lm(Compressive.strength~.,w[Zid!=i,]) %>%
    predict(w[Zid==i,])
}
cat('CV-NMSE=',sum((y-yhat)^2)/mse0,'\ntrain set-NMSE=',
     sum((y-yhat0)^2)/mse0)
```

输出为:

```
CV-NMSE= 0.3920133
train set-NMSE= 0.3844801
```

这个过程可以使用自编的 R 函数 `Mcvreg` 来实现 (这些函数代码在 7.2.2 节), 如果使用代码 `(Res=Mcvreg(w,9,list(lm=lm)))` (函数中的数字 9 为因变量在数据第 9 列) 会得到和前面同样的输出. 函数 `Mcvreg` 还可做多个模型的比较. 下面介绍这种交叉验证方法.

[5]Wickham, H., Girlich, M. (2022). tidyr: Tidy Messy Data. R package version 1.2.1, https://CRAN.R-project.org/package=tidyr.

例 3.1 混凝土数据的线性回归和基于决策树的若干模型的交叉验证比较

交叉验证并不仅仅是看一个模型运作如何，主要是比较不同的有监督学习模型. 我们基于程序包 `ipred`[6]、`rpart`[7]、`randomForest`[8]、`xgboost`[9] 所编写的 R 函数 `Mcvreg` (该函数及相关的函数 `Xgboost` 的代码在 7.2.2 节) 就可以比较各种模型的回归，下面我们用例 3.1 混凝土数据把最小二乘线性模型 (R 函数 `lm`) 和后面要介绍的决策树、基于决策树的集成算法 bagging (R 函数 `bagging`)、随机森林 (R 函数 `randomForest`) 及基于决策树的极度增强法 (R 函数 `xgboost`) 进行比较. 结果显示: **无论是否交叉验证，最小二乘线性模型的误差都大于其他模型**. 对例 3.1 混凝土数据，使用函数 `Mcvreg`:

```
w=read.csv('concrete.csv')
library(ipred);library(rpart);library(randomForest);library(xgboost)
model=list(lm=lm,randomForest=randomForest,bagging=bagging,
          tree=rpart,xgboost=Xgboost)
(Res=Mcvreg(w,9,model))
CV=c('with','without')
Lim=max(Res)
layout(1:2)
for (i in 1:2) {
Main=paste('NMSE for', ncol(Res),'regression methods', CV[i] ,'CV')
barplot(Res[i,],xlim = c(0,Lim),horiz = TRUE,col=2:6,las=1,main=Main)}
```

输出下面结果和等价的图 3.4.2.

```
                   lm randomForest   bagging      tree    xgboost
NMSE_CV    0.3920133   0.09663418 0.2057525 0.3050410 0.07940549
NMSE_NOCV  0.3844801   0.03041587 0.1593799 0.2596908 0.03783033
```

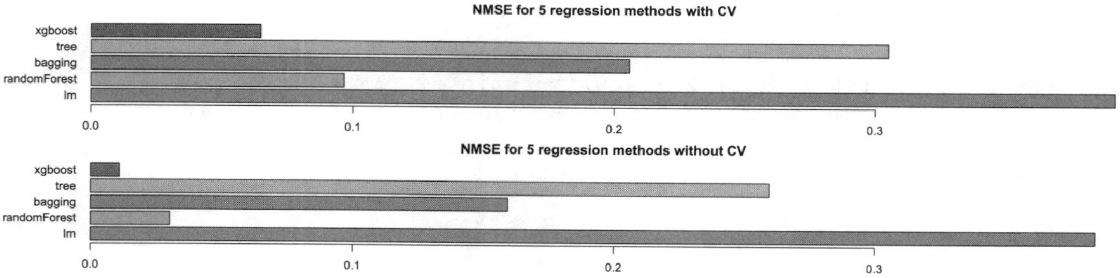

图 3.4.2 例 3.1 混凝土数据的 5 种回归模型交叉验证误差比较 (上) 和非交叉验证误差比较 (下)

在比较各个模型的时候，必须使用交叉验证的误差 (或预测精度)，图 3.4.2 上图就是例

[6]Peters, A., Hothorn, T. (2022). ipred: Improved Predictors. R package version 0.9-13, `https://CRAN.R-project.org/package=ipred`.

[7]Therneau, T., Atkinson, B. (2022). rpart: Recursive Partitioning and Regression Trees. R package version 4.1.19, `https://CRAN.R-project.org/package=rpart`.

[8]Liaw, A., and Wiener, M. (2002). Classification and Regression by randomForest. *R News* 2(3), 18–22.

[9]Chen, T., He, T., Benesty, M., Khotilovich, V., Tang, Y., Cho, H., Chen, K., Mitchell, R., Cano, I., Zhou, T., Li, M., Xie, J., Lin, M., Geng, Y., Li, Y., Yuan, J. (2023). xgboost: Extreme Gradient Boosting. R package version 1.7.3.1, `https://CRAN.R-project.org/package=xgboost`.

3.1 混凝土数据的 5 种回归模型交叉验证误差比较, 可以看出, 最小二乘线性回归模型的误差要比其他模型大得多. 这里之所以列出训练集的非交叉验证误差 (图 3.4.2 下图), 是想说明训练集的预测误差可能会很小, 而不能反映在实际应用问题上的真实误差. 因此**必须使用交叉验证误差来判断和比较各种方法的预测精度.**

3.4.5 一般回归教科书对线性回归还有什么其他内容?

沉重的无法核对的主观假定

对于数据科学以预测为主要任务来说, 3.4.2 节已经把最小二乘线性回归介绍完毕, 没有必要再画蛇添足. 但是经典线性最小二乘回归不用交叉验证, 而是用许多假设检验和区间估计来评价模型. 在不引入交叉验证情况下, 任何经典的统计推断都离不开对数据的主观数学假定. 下面是经典线性回归通常的一些**无法核对或证明的"基本假定"**:

假定 1 模型对于参数的**线性形式**为:

$$\begin{aligned} \boldsymbol{y} &= \boldsymbol{X}\boldsymbol{\beta} + \boldsymbol{\epsilon} \text{ 或} \\ y_i &= \beta_0 + \beta_1 X_{i1} + \cdots + \beta_p X_{ip} + \epsilon_i,\ i = 1, 2, \ldots, n. \end{aligned} \tag{3.4.5}$$

模型 (3.4.5) 意味着更多的数学假定: **因变量 $\boldsymbol{y}$ 是可以用自变量的线性组合 $\boldsymbol{X}\boldsymbol{\beta}$ 表示的, 差别只是一个 (假定) 可加 [10]的项 $\boldsymbol{\epsilon}$.**

假定 2 对于每个 $\boldsymbol{X}$ 的值, $\boldsymbol{y}$ 的分布是**正态分布**的, 如果把 $\boldsymbol{X}$ 看成是固定的, 则等价于 $\boldsymbol{\epsilon}$ 的分布是正态分布. [11]

假定 3 条件期望 $E(\boldsymbol{y}|\boldsymbol{X}) = \boldsymbol{X}\boldsymbol{\beta}$ 或 $E(\boldsymbol{\epsilon}|\boldsymbol{X}) = \boldsymbol{0}$, 协方差阵 $\text{Cov}(\boldsymbol{y}|\boldsymbol{X}) = \text{Cov}(\boldsymbol{\epsilon}|\boldsymbol{X}) = \sigma^2\boldsymbol{I}$, 这意味着所有观测值独立同方差 (homoscedasticity), 对于正态分布意味着所有**观测值都独立同分布** (当然误差项也独立同分布). [12] **注意: 如果假定自变量是弱外生的 (weak exogeneity), 可以近似地把 $\boldsymbol{X}$ 看成是固定的, 上面的概率就不是条件概率了, 自变量和 ϵ 独立的条件就用不着了.**

假定 4 没有多重共线性 (multicollinearity) 的隐性假定, 即自变量是随机变量而且相互独立. 自变量是随机变量的假定不但和自变量是固定的假定互相矛盾, 而且会造成数学推导上的极大不便. 因此通常不显式提出, 但在后续操作上来弥补. 问题是统计中的多重共线性不是一个严格的数学概念, 很难把握. [13]

假定 5 **线性模型 (3.4.5) 一个隐含的假定是自变量全部是数量变量**. 实际上, 如果自变量包含有分类变量, 则结果会得到多个截距不同的拟合 (超) 直线. 如果包含的分类变量和数量变量有交互作用, 各个 (超) 直线的系数可能会不同.

当自变量被看成是固定的时候, 人们所说的最小二乘线性回归的**基本假定**就是一句话: **观测值独立同正态分布**. 或者用公式表示为:

$$\boldsymbol{y} \sim N\left(\boldsymbol{X}\boldsymbol{\beta}, \sigma^2\boldsymbol{I}\right), \quad \boldsymbol{\epsilon} \sim N\left(\boldsymbol{0}, \sigma^2\boldsymbol{I}\right). \tag{3.4.6}$$

[10]这里的"可加"是个很强的假定, 误差有很多方式混在模型之中 (比如简单的"可乘": $\boldsymbol{y} = \boldsymbol{X}\boldsymbol{\beta}\boldsymbol{\epsilon}$), 假定可加误差模型仅仅是为了数学上的方便.

[11]也有不假定正态分布, 但利用中心极限定理来表示样本量很大时, 渐近分布是正态分布. 实际上, 没有人能够说明什么样本量是"大样本".

[12]当然也有诸如 $\text{Cov}(\boldsymbol{y}|\boldsymbol{X}) = \text{Cov}(\boldsymbol{\epsilon}|\boldsymbol{X}) = \boldsymbol{\Sigma}$ 的假定, 但都要通过各种手段转换成独立同分布的状况来解决.

[13]数学上的矩阵不满秩也可以叫作多重共线性, 但意义完全不同. 统计中的多重共线性根本没有也无法严格定义. 事实上, 如果把自变量看成是固定的 (非随机的), 自变量相互独立的条件应该改成**$\boldsymbol{X}$ 矩阵的列向量是正交的**, 但这种情况的概率几乎是 0.

注意

(1) 所有上述假定都无法证明其被满足, 只能够证伪.

(2) 把因变量和自变量的关系假定为线性关系的主要原因是当年人们的能力只能勉强应对线性模型所带来的数学及计算等一些问题.

(3) 把样本假定为独立同正态分布, 这大多不合乎实际, 但基于与上一款同样的理由, 这种假定在数学上是比较方便的. 这种分布假定和最小二乘回归方法本身无关, 仅仅和各种与回归相关的推断有关, 比如 t 检验及 F 检验统计量的分布、各种估计量的分布及性质等.

(4) 各种对数据和模型的主观的假定都使得经典最小二乘线性模型在数学和解释上陷入很烦琐的状态, 使得人们陷入大量 (多半是人造的) 细节中, 而忘记了模型的最重要的使命: 在实际应用中的预测精度.

任何经典统计推断都摆脱不了这样或那样的对数据的假定, 只有基于计算机算法的机器学习模型才有可能摆脱主观假定的束缚, 并得到远远超过经典模型的预测精度.

备受争议的统计推断

预测精度并不高的最小二乘线性回归模型在某些课程中却占了一学期的课时. 这是为什么呢? 这是因为从 20 世纪三四十年代开始, 一些纯数学家在传统统计中逐渐把**显著性** (significance) 作为主要聚焦点. 其主要特点是对现实世界数据做出无法核对但数学上方便的假定, 进而通过一些人为阈值得到难以理解的结论. 由于掺杂着主观假定, 这些结论的可靠性受到科学界和统计界中很多人的质疑:

- 2019 年 3 月 20 日,《自然》(*Nature*) 杂志发表文章《科学家们起来反对统计显著性: Amrhein, Greenland, McShane 以及 800 多名签署者呼吁终止骗人的结论并消除可能的至关重要的影响》. [14]
- 2019 年 3 月 20 日, 美国统计协会 (ASA) 的杂志《美国统计学家》(The American Statistician) 发表题为《抛弃统计显著性》的文章. [15]
- 2019 年题为《十字路口的统计学: 谁将迎接挑战?》的报告发表. [16]

由于基于“显著性”的以假设检验和参数估计为目标的传统统计模型驱动思维, 许多线性回归课程在 3.4.2 节我们展示的内容之外, 还增加了大量的对假定模型参数的显著性内容. 这里不打算列举这些仅有一些历史意义的内容, 以免浪费读者的精力和时间. 希望读者集中精力于数据科学最新及最有效的发展方向.

虚构的“线性模型的可解释性”神话

多重回归系数就应该按照模型本身来解释: **它们是假定的线性模型的系数, 仅此而已.** 任何人对这些都不会产生什么误解. 但是, 很多回归教科书却画蛇添足, 说多重回归的某一个变量系数的意义为:

在其他变量不变时, 一个变量系数为该变量增加一个单位对因变量的贡献.

这一说法实际上完全依赖于前面“没有多重共线性”的假定. 也就是说对数据加以下面的数学假定: **其他变量不变时, 一个变量可以单独变化**. 因此, **该说法是假定出来的, 和实际毫**

[14] 原文为: Scientists rise up against statistical significance, Valentin Amrhein, Sander Greenland, Blake McShane and more than 800 signatories call for an end to hyped claims and the dismissal of possibly crucial effects. https://www.nature.com/articles/d41586-019-00857-9.

[15] 原文为: https://www.tandfonline.com/doi/full/10.1080/00031305.2018.1527253.

[16] 见 NSF 赞助的报告: He et al. (2025). “Statistics at a crossroads: who is for the challenge?”, National Science Foundation, https://arxiv.org/abs/2503.22945.

无关系, 而且在有多重共线性时是完全错误的. 数学可以任意做出假定, 但在应用中不应该做这种假定. 人们喜欢使用该说法的可能动机是: (1) 试图识别哪些变量重要 (对因变量贡献大). (2) 试图说明 "线性回归的可解释性". **"可解释性" 说法意味着对现实世界的任意解释及对线性回归的数学原理一知半解**. 人们应该思考下面问题:

1. 多重回归的自变量都会相关, 有没有可能只有某一个自变量变化而其他不变?
2. 如果我们采用不同的变量组合, 那些系数的估计值会大相径庭, 请问那些相信该说法的人, 我们应该采取哪一个系数来解释呢? 在该说法的信徒中有多少人能够回答这个问题呢? 而且, 回归系数必定会因为加入一些新变量或减少一些变量而改变.
3. 如果多重回归的**自变量正交 (自变量矩阵为正交矩阵), 而且回归模型不带有常数项时**, 上面的说法还有些道理. 但是, 我们首先要问, 有多少回归的自变量矩阵是正交矩阵呢 (这种可能的概率几乎为零)? 其次, 在这种情况下, 还有没有必要做多重回归?
4. 许多最小二乘回归的延伸, 特别是在多重共线性存在时发展的诸如岭回归、lasso 回归等都使得回归系数的 "可解释性" 说法完全站不住脚.

下面就例 3.2 波士顿住房数据来表明该说法的荒谬.

例 3.2 波士顿住房数据 (BostonHousing2.csv) 这是一个非常经典的数据, 为 1970 年人口普查的 506 个人口普查区住房数据.[17] 该数据包含在程序包 `mlbench`[18] 中, 其中 Harrison 和 Rubinfeld (1979) 的原始数据名为 `BostonHousing`, 而名为 `BostonHousing2` 的数据为带有额外空间信息的校正版本.

原始数据有 14 个变量的 506 个观察值, 其中, medv(自住房屋房价中位数, 单位: 千美元) 是原始的目标变量, 其他变量包括: crim (城镇的人均犯罪率)、zn (占地面积超过 25000 平方英尺[19]的住宅用地的比例)、indus (每个镇的非零售业务比例, 单位: 英亩[20])、chas (有关查尔斯河的虚拟变量, 如果挨着河为 1, 否则为 0)、nox (一氧化氮浓度, 单位: ppm)、rm (平均每间住房的房间数量)、age (1940 年以前建成的自住单位的房龄比例)、dis (五个波士顿就业中心的加权距离)、rad (高速公路的可达性指数)、tax (每万美元全价物业值的财产税率)、ptratio (城镇学生与教师的比例)、b ($= 1000(B-0.63)^2$, 其中的 B 是城镇黑人的比例)、lstat (低收入人口比例). 更正过的数据集有以下附加变量: cmedv (修正了的自住房价中位数, 单位: 千美元)、town (镇名称)、tract (人口普查区)、lon (人口普查区的经度)、lat (人口普查区的纬度).

我们将用 cmedv (修正了的自住房屋房价中位数) 作为因变量, 舍弃原来的 medv, 而其他多数变量作为自变量 (除了 town(镇名称)、tract(人口普查区)、lon(人口普查区的经度)、lat(人口普查区的纬度) 等变量).

我们来比较一下每一个自变量单独回归时的系数估计与多重回归时该变量系数估计的不同. 图 3.4.3 中的条形图展示了每个系数的两种回归的估计值, 这里的两种回归模型均未

---

[17]Newman, D. J. & Hettich, S. & Blake, C. L. & Merz, C. J. (1998). UCI Repository of machine learning databases [`http://www.ics.uci.edu/~mlearn/MLRepository.html`]. Irvine, CA: University of California, Department of Information and Computer Science.

[18]Leisch, F. & Dimitriadou, E. (2010). mlbench: Machine Learning Benchmark Problems. R package version 2.1-1.

[19]1 平方英尺 =0.0929 平方米.

[20]1 英亩 =4046.86 平方米.

包含常数项. 结果表明对全部自变量和单个自变量回归时系数估计之间存在巨大差异 (很多正负号都相反). 其中单独回归系数最大的变量 nox 在多重回归中竟然是负的最大值! 生成图 3.4.3 的 R 代码在 7.2.3 节.

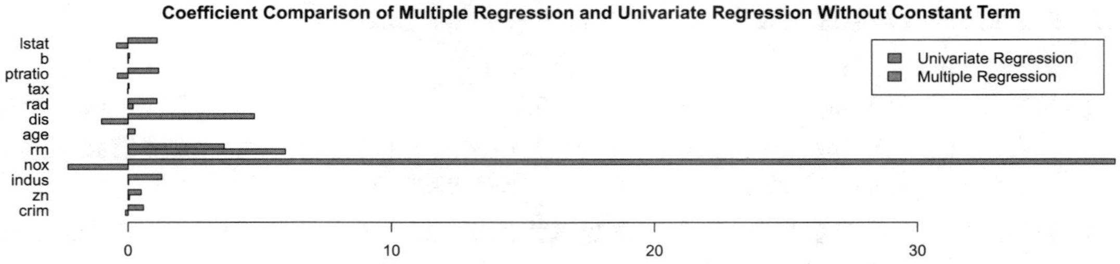

图 3.4.3 对例 3.2 波士顿住房数据做每个自变量的简单回归和多重回归系数估计的变化

经典多重回归模型的所谓 " 可解释性 ", 是那些不情愿接受机器学习方法的人的一个最常见的借口. 实际上, 这种 " 可解释性 " 仅仅是一件皇帝的新衣而已. " 在其他变量不变时, 一个变量系数为该变量增加一个单位对因变量的贡献 " 的说法是多重回归 " 可解释性 " 的最主要的依据. 由于历史原因, 目前在国内尚有一些市场, 但在整个统计界, 很少有人这么认识了.

事实上, 对于多重回归, 当自变量具有多重共线性时, 单独一个变量的作用掩盖在其他变量的共同作用之中, 其系数大小没有任何解释意义, 根本不值得探讨.

许多机器学习回归方法不仅预测精度高, 可解释性相当好, 而且根本不用对数据做任何假定.

3.5 为二分类任务的 logistic 回归

3.5.1 logistic 回归模型

logistic 回归 (logistic regression)[21]之所以称为 " 回归 ", 是因为人们曾试图用线性回归的方式处理因变量仅有两个不同值的情况.

记因变量为 y, 数量自变量为 $\boldsymbol{x} = (x_1, x_2, \ldots, x_p)^\top$. 在线性回归中, 如果因变量 y 只有 0 和 1 两个值, 即使用线性回归训练出模型, 其预测值也绝不会在 0 和 1 之间, 更不会仅限于 0 和 1 两个值. 此外, 诸如正态分布等假定对于两个值的变量更不合适. 因此人们把因变量取两个值考虑成 Bernoulli 试验 Bernoulli(p), 这等价于 $n = 1$ 时的二项分布 Bin$(1, p)$, 这里 Bernoulli 试验的 " 成功 " 概率为 p ($p = P(y = 1)$). 如果把 p 的**优势** (odd) $p/(1-p)$ 的对数 $\ln(p/(1-p))$ 作为自变量的线性函数 ($\boldsymbol{X\beta}$), 这就是 logistic 回归模型:

$$\ln \frac{p}{1-p} = \beta_0 + \beta_1 x_1 + \beta_2 x_2 + \cdots + \beta_p x_p = \boldsymbol{X\beta} \tag{3.5.1}$$

或者

$$p = \frac{\mathrm{e}^{\boldsymbol{X\beta}}}{1 + \mathrm{e}^{\boldsymbol{X\beta}}}. \tag{3.5.2}$$

实际上, logistic 回归是广义线性模型的一个特例. 广义线性模型适用于因变量为指数分布族的情况, 其一般的模型形式为**因变量分布的期望 $E(y)$ 的某个函数 $g(E(y))$ 为自变量的**

[21]也有人译为逻辑回归, 但它和 " 逻辑 " 毫无关系, 容易误导.

线性组合:

$$g(E(y)) = \boldsymbol{X\beta},$$

这里的函数 g 称为**连接函数** (link function). logistic 回归中 Bernoulli 分布的期望为 p, 连接函数为对数优势 $g(p) = \ln(p/(1-p))$.

注意, 式 (3.5.1) 是一个假定的概率关系式, 和观测数据没有直接关系. 式 (3.5.1) 的左边不是因变量的观测值, 而是因变量的期望, 它是参数的函数, 是不可观测的. 因为左边不是变量的观测值, 所以右边不会像经典线性回归模型那样有误差项. 由于给定了分布, logistic 回归的所有参数可以用最大似然法来解出.

logistic 回归的名字来源于式 (3.5.2) 中右边的所谓 **logistic 函数**:

$$y = \frac{\mathrm{e}^x}{1+\mathrm{e}^x} = \frac{1}{1+\mathrm{e}^{-x}} = \frac{1}{2} + \frac{1}{2}\tanh\left(\frac{1}{x}\right).$$

显然, logistic 函数的逆函数有下列形式:

$$y = \ln\frac{x}{1-x},$$

它称为 **logit 函数**. 这两个函数的图形显示在图 3.5.1 中.

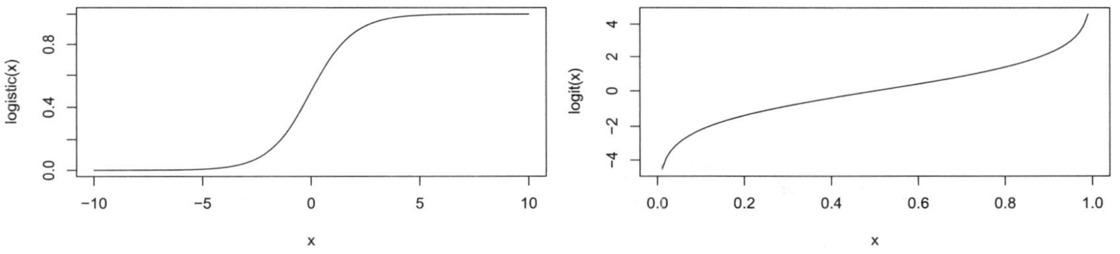

图 3.5.1 logistic 函数 (左) 和 logit 函数 (右)

3.5.2 logistic 回归模型对例 3.3 欺诈竞标数据的拟合

下面用例 3.3 欺诈竞标数据来描述 logistic 回归的拟合及分类过程.

例 3.3 欺诈竞标数据 (bidding.csv) 这是 eBay 拍卖数据[22], 该数据是关于识别**欺诈竞拍者**[23] (shill bidder) 的. 该数据一共有 6321 个观测值, 13 个变量. 这 13 个变量为: Record_ID (记录标识)、Auction_ID (拍卖标识)、Bidder_ID (出价者标识)、Bidder_Tendency (竞标者倾向, 如果竞标者有只参加少数卖方竞标的倾向, 有可能勾结和串通)、Bidding_Ratio (提价频率: 欺诈者频繁提价以吸引合法竞拍者出更高价)、Successive_Outbidding (连续竞标: 欺诈者即使自己是当前的最高标者, 也连续小幅提高价格竞拍)、Last_Bidding (最终竞标: 欺诈者在拍卖的最后阶段 (超过拍卖持续时间的 90%) 不作为, 以避免赢得拍卖)、Auction_Bids (竞标: 欺诈者出标数目往往比平均高得多)、Starting_Price_Average (起拍价: 欺诈者通常提供一个小的起拍价以吸引合法竞标者参加拍卖)、Early_Bidding (早期竞标: 欺诈者往往会在拍卖

[22] Alzahrani, A., and Sadaoui, S. (2018). Scraping and preprocessing commercial auction data for fraud classification. arXiv preprint [Web Link]. 2018 Jun 2. Alzahrani, A., and Sadaoui, S. (2020). Clustering and labeling auction fraud data. *InData Management, Analytics and Innovation*, pp. 269-283. Springer, Singapore.https://archive.ics.uci.edu/ml/datasets/Shill+Bidding+Dataset.

[23] 俗称 “托儿” 或 “拍托儿”.

会的早期就竞标 (不到拍卖持续时间的 25%), 以引起拍卖用户的注意)、Winning_Ratio (获胜率: 欺诈者参加了很多拍卖, 但是几乎不想赢得任何拍卖)、Auction_Duration (拍卖持续时间)、Class (取值哑元 0 和 1, 其中 0 代表正常行为竞标, 1 代表欺诈行为).

显然例 3.3 前面 3 个标识变量不应该参与建模, 在后面不会涉及这 3 个变量. 这里关注的问题是如何通过数据建立一个模型来预测变量 Class, 也就是预测某个人是不是 “托儿”. 该数据网页对于自变量的度量的确定和标准的描述不那么具体, 但这不妨碍我们的分析过程. 我们可以通过数据本身来查看各个变量的关系.

参数估计

具体的 R 代码和输出的系数为:

```
w=read.csv('bidding.csv')[,-(1:3)]
w$Class=factor(w$Class)
a=glm(Class~.,w,family=binomial)
a$coefficients
```

```
     (Intercept)        Bidder_Tendency          Bidding_Ratio  Successive_Outbidding
        -10.7811                 0.9467                 0.9377                10.5494
    Last_Bidding           Auction_Bids Starting_Price_Average          Early_Bidding
          1.0878                 0.3601                 0.1774                -0.8366
   Winning_Ratio       Auction_Duration
          5.3946                 0.1018
```

这也是模型 (3.5.1) 中系数 $\boldsymbol{\beta}$ 的估计值 $\hat{\boldsymbol{\beta}} = (\hat{\beta}_0, \hat{\beta}_1, \ldots, \hat{\beta}_p)^\top$ (本例 $p = 9$).

分类

在得到参数 $\boldsymbol{\beta}$ 的估计值 $\hat{\boldsymbol{\beta}}$ 之后, 可以根据数据 $\boldsymbol{X}^\top = [\boldsymbol{x}_1, \boldsymbol{x}_2, \ldots, \boldsymbol{x}_n]$ 对 p 做预测:

$$\ln \frac{\hat{p}_i}{1-\hat{p}_i} = \boldsymbol{x}_i^\top \hat{\boldsymbol{\beta}},\ i = 1, 2, \ldots, n. \tag{3.5.3}$$

式 (3.5.3) 还可以表示成:

$$\hat{p}_i = \frac{\mathrm{e}^{\boldsymbol{x}_i^\top \hat{\boldsymbol{\beta}}}}{1 + \mathrm{e}^{\boldsymbol{x}_i^\top \hat{\boldsymbol{\beta}}}},\ i = 1, 2, \ldots, n. \tag{3.5.4}$$

很显然, 对于每个观测值 (比如观测值 i), 我们预测的是 p_i, 而不是第 i 个观测值的具体水平 (诸如是 0 还是 1, 或是 yes 还是 no, 等等). 这时就需要有一个阈值 p_t, 使得当 $\hat{p}_i > p_t$ 时判定第 i 个观测值属于某一水平; 否则, 判定为另一个水平. 软件的默认阈值往往取 0.5, 但是, 在具体应用中, 阈值取 0.5 不一定是最符合课题要求的. 有时需要在 “假阳性” 和 “假阴性” 之间做平衡 (参见 3.5.3 节).

下面取 $p_t = 0.5$ 做分类. 基于前文对例 3.3 欺诈竞标数据的拟合结果 (存在对象 a 中), 得到训练集 (原数据) 的混淆矩阵和预测精度:

```
> table(w$Class,(a$fitted.values>.5)*1)
       0    1
  0 5562   84
  1   61  614
```

```
> mean(w$Class!=(a$fitted.values>.5)*1)
[1] 0.02294
```

得到对训练集的预测误差约为 2.29%, 交叉验证的误差会大一些. 这里代码中的拟合值 `a$fitted.values` 等价于 `predict(a,w,type = "response")`, 即对训练集每个观测值的概率估计值 p_i: $\hat{p}_i$ $(i = 1, 2, \ldots, n)$.

注: 在广义线性模型函数 `glm` 的程序中, 预测的概率 $\hat{p}_i$ 是指 (第 i 个观测值) 水平名字按照字符大小顺序水平较大的概率. 比如本例, 0 和 1 为因变量水平的 (哑元) 名字, 预测的概率为水平 1 的概率 (即 `levels(w$Class)[2]`), 也就是按照代码水平中第二个的概率.

3.5.3 ROC 曲线等对于二分类问题的描述

上面提到的阈值 p_t 的选择对于分类结果有很重要的影响, 如果选择极端的 0 或 1, 结果全部判断为 1 或者全部判断为 0, 而如果取中间的一些值, 则判断为 0 或 1 的比例会发生变化, 相应的误差也会发生变化. 在临床实验中, 把一个有病的人判断为有病称为真阳性 (true positive), 真阳性计数简记为 TP, 其所占的比例称为真阳性率 (true positive rate), 简记为 TPR; 把无病的人判断为有病的, 称为假阳性 (false positive rate), 假阳性计数简记为 FP, 其所占的比例称为假阳性率 (false positive rate), 简记为 FPR. 类似地, 有真阴性计数 TN、假阴性计数 FN、真阴性率 TNR、假阴性率 FNR. 此外, 记阳性样本计数为 P, 阴性样本为 N.

下面是基于上面术语的一些常用度量:

- 灵敏度 (sensitivity): $TP/(TP + FN)$.
- 回顾 (recall) 为 TPR, 定义为 TP/P, 由于 $P = TP + FN$, 它和灵敏度等价.
- 精确性 (precision) 或阳性预测值 (positive predictive value, PPV): $TP/(TP + FP)$.
- 特异性 (specificity), 即 TNR: TN/N 或 $TN/(TN + FP)$.
- 提升 (lift): $TPR/(TP + FP)$.
- 正确预测率 (rate of positive predictions, RPP): $(TP + FP)/(TP + FP + TN + FN)$.

下表有助于理解上面的一些概念.

		阳性/阴性		
		+	−	
检验	+	真阳性 (TP)	假阳性 (FP)	$PPV = TP/(TP + FP)$
	−	假阴性 (FN)	真阴性 (TN)	
		$P = TP + FN$	$N = FP + TN$	
		灵敏度 $TP/(TP + FN)$	特异性 $TN/(TN + FP)$	

由这些度量可以画出很多图, 下面是其中几个:

1. ROC 曲线 (receiver operating characteristic curve) 为 TPR 对 FPR 的点图, 曲线下的面积越大 (或曲线越靠近左上角), 说明在 FPR 很小时 TPR 就很大.
2. 精确度/回顾图或精确度/灵敏度图 (precision/recall graph), 为精确度对灵敏度的点图.
3. 灵敏度/特异性图 (sensitivity/specificity plot) 为灵敏度对特异性点图.
4. 提升图 (lift chart) 为提升对 RPP 点图.

图 3.5.2 为例 3.3 欺诈竞标数据根据一个训练集和一个测试集得到的 (自左至右) ROC 曲线、精确度/灵敏度图、灵敏度/特异性曲线、提升图. 关于这些图的解释请读者自己琢磨, 相信读者完全能够理解这些图的意义. 生成图 3.5.2 的代码在 7.2.5 节.

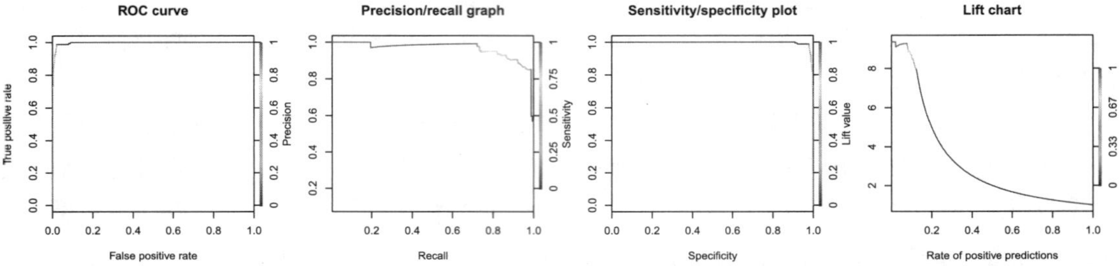

图 3.5.2 例 3.3 欺诈竞标数据根据一个训练集和一个测试集得到的 (自左至右)ROC 曲线、精确度/灵敏度图、灵敏度/特异性曲线、提升图

也可以得到 ROC 曲线下面的面积 (area under the curve, AUC, AUROC), 具体代码见 7.2.5 节. 得到 $AUC = 0.996$, 即 ROC 曲线下面的面积为 0.996 (总面积 =1), AUC 代表了一个随机抽取的阳性观测值相对于随机抽取的阴性观测值被正确地判别 (有较前的排序) 为阳性的概率, 等于非参数统计中的 Wilcoxon-Mann-Whitney 检验统计量的值.

因此, AUC 有下面几个等价的解释:

- 随机抽取的阳性排在随机抽取的阴性前面的概率.
- 阳性排在随机抽取的阴性前面的比例的期望值.
- 排序停止于随机抽取一个阴性之前的期望 TPR.
- 阴性排在随机抽取的阳性后面的比例的期望值.
- 排序停止于随机抽取一个阳性之后的期望 FPR.

某人为标准的说明

传统上, 在诊断问题上, 有人如同成绩一样把 AUC 粗略 (有些随意) 地按照所属的区间分成五等:

(A) $AUC \in (0.9, 1)$ 意味着优秀 (excellent).

(B) $AUC \in (0.8, 0.9)$ 意味着良好 (good).

(C) $AUC \in (0.7, 0.8)$ 意味着尚可 (fair).

(D) $AUC \in (0.6, 0.7)$ 意味着不好 (poor).

(F) $AUC \in (0.5, 0.6)$ 意味着失败 (fail).

实际上, 具体如何判断, 应该和问题本身的性质相结合.

3.5.4 例 3.3 欺诈数据的 logistic 回归和基于决策树的若干模型的交叉验证比较

例 3.3 欺诈竞标数据二分类问题的 logistic 回归与基于决策树和 4 种集成算法的若干模型的 10 折交叉验证比较的结果如下, 该输出结果显示于图 3.5.3 (代码见 7.2.6节). 该结果显示机器学习算法相对于经典 logistic 模型来说具有显著优越性.

```
              logit     tree  bagging  xgboost randomForest Adaboost
Error_CV    0.02452 0.004588 0.002057 0.001424      0.00443 0.002057
```

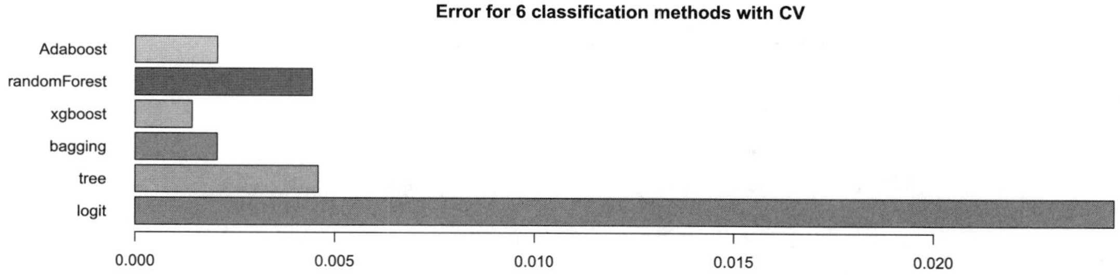

图 3.5.3 例 3.3 二分类问题的 6 种方法的交叉验证误判率比较

3.5.5 logistic 回归的局限性

如同对待最小二乘线性回归, 一些教科书对于模型 (3.5.1) 中的参数 β 做详尽的显著性假设检验等推断. 这些都不是数据科学所需要的, 这里也不做更多的评论. 我们想指出作为分类的预测模型, logistic 回归有什么局限性.

1. 实际世界的绝大多数问题都是非线性的, 而非线性问题无法用 logistic 回归解决.
2. 如果样本量太小, 或者观察数少于变量数, logistic 回归可能不准确, 有可能导致过度拟合. 在这种情况下, 模型无法准确对新数据做预测.
3. logistic 回归要求自变量之间不存在多重共线性, 但这在现实数据中是几乎不可能的.
4. 使用 logistic 回归很难获得复杂的关系. 如 3.5.4 节交叉验证所表明 (参见图 3.5.3), 更强大、更紧凑的机器学习算法可以轻松超越 logistic 回归模型. 人们完全没有必要纠缠在一个精度不高的模型中.
5. 在实际应用 logistic 回归时, 仅应使用重要且相关的变量来构建模型, 否则模型预测的概率可能不正确, 影响模型的预测精度.
6. logistic 回归对离群点比较敏感.
7. logistic 回归要求每个训练样本独立于数据集中的所有其他样本. 如果它们以某种方式相关, 那么模型将尝试更加重视这些特定的训练数据集. 因此, 训练数据不应来自匹配数据或重复测量.
8. 在自变量中有很多分类变量, 或者分类变量水平较多时, logistic 回归或者不工作, 或者误差很大.

3.6 决策树

3.6.1 决策树的构造

决策树 (decision tree) 是一种有监督学习算法, 可用于分类和回归任务. 它具有分层的 (倒长的一棵) 树结构, 由**根节点** (root node)、连接各节点的分支、**内部节点** (nternal nodes) 和**叶节点** (leaf nodes) 或**终节点** (terminal notes) 组成. 决策树可以应付复杂的非线性关系, 基于决策树的各种集成算法造就了一系列高精度的有监督学习模型.

图 3.6.1 是对例 3.1 混凝土数据做的 3 层**回归决策树** (生成该图的 Python 代码在 7.2.7 节中). 最上面的节点就是根节点, 最下面的 8 个节点是叶节点 (后面不再分叉), 中间的为内

部节点, 这些节点由二分叉的 "树枝" 连接.

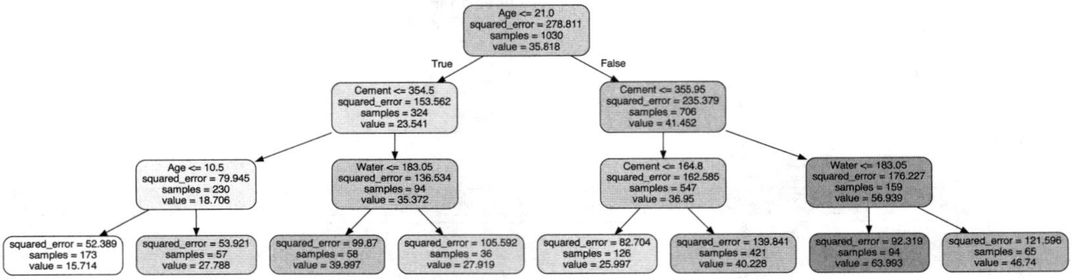

图 3.6.1 例 3.1 混凝土数据回归的 3 层决策树

图 3.6.1 中决策树是由例 3.1 混凝土数据训练的, 其解释为, 如果有一个和例 3.1 混凝土数据观测值同样自变量 (不一定同样的值) 的观测值, 目标是得到相应于该观测值的因变量 (Compressive.strength) 的预测值. 我们从代表全部数据的根节点开始, 那里标明了下面信息 (不同软件的图形标识不尽相同, 但均可以识别):

```
Age <= 21.0 squared_error = 278.811 samples = 1030 value = 35.818
```

这意味着在该节点因变量的样本量为 1030, 因变量均值为 35.818, 均方误差 (即不纯度) 等于 84.146, 这两个值可用下面两行代码获得:

```
mean(w$Compressive.strength)
mean((w$Compressive.strength-mean(w$Compressive.strength))^2)
```

图中还显示最佳拆分属性为变量 `Age<=21.0` (参见 2.5 节和 2.5.2 节). 这意味着使用这种拆分属性会使得不纯度减少最快 (参见 2.5 节).

根据二叉树的习惯, 凡是满足所列拆分条件的数据 (这里是 `Age<=21.0`) 就归于左边子节点, 否则归到右边子节点. 每个子节点的结构都和根节点类似, 有样本量、因变量均值、均方误差以及 (除不再拆分的叶节点外) 拆分属性. 欲求因变量预测值的自变量观测值根据决策树的指引, 必然落到某个根节点. 那么该根节点的因变量均值 (标以 `value`) 则为该观测值的因变量预测值.

用 R 生成的决策树比用 Python 显示的简单, 图 3.6.2 是通过程序包 `rpart.plot`[24] 用下面 R 代码生成的, 同时还打印出比图 3.6.2 更多的细节.

```
w=read.csv("concrete.csv")
library(rpart.plot)
(a=rpart(Compressive.strength~.,w))
rpart.plot(a,type=2,extra = 1,digits = 5)
```

打印出:

[24]Milborrow, S. (2024). rpart.plot: Plot 'rpart' Models: An Enhanced Version of 'plot.rpart'. doi:10.32614/CRAN.package.rpart.plot. https://doi.org/10.32614/CRAN.package.rpart.plot. R package version 3.1.2, https://CRAN.R-project.org/package=rpart.plot.

```
n= 1030
node), split, n, deviance, yval
      * denotes terminal node
  1) root 1030 287175.2000 35.81796
    2) Age< 21 324  49754.2300 23.54123
      4) Cement< 354.5 230  18387.2500 18.70622
        8) Age< 10.5 173   9063.3820 15.71393 *
        9) Age>=10.5 57   3073.5010 27.78807 *
      5) Cement>=354.5 94  12834.1800 35.37160
       10) Water>=183.05 36   3801.3020 27.91917 *
       11) Water< 183.05 58   5792.4850 39.99724 *
    3) Age>=21 706 166177.9000 41.45204
      6) Cement< 355.95 547  88933.9600 36.95020
       12) Cement< 164.8 126  10420.6900 25.99714
         24) Blast.Furnace.Slag< 115.5 33    484.4976 14.71152 *
         25) Blast.Furnace.Slag>=115.5 93   4241.7260 30.00172 *
       13) Cement>=164.8 421  58873.0400 40.22831
         26) Water>=176 276  27953.7200 36.48475
           52) Blast.Furnace.Slag< 13 143   7604.8070 31.46049 *
           53) Blast.Furnace.Slag>=13 133  12857.9600 41.88677
            106) Cement< 265.5 70   5072.3410 37.44357 *
            107) Cement>=265.5 63   4868.1940 46.82365 *
         27) Water< 176 145  19688.9400 47.35400
           54) Blast.Furnace.Slag< 47.65 91   7681.1180 42.52582 *
           55) Blast.Furnace.Slag>=47.65 54   6311.6640 55.49037 *
      7) Cement>=355.95 159  28020.1600 56.93950
       14) Water>=183.05 65   7903.7540 46.73969 *
       15) Water< 183.05 94   8677.9770 63.99255 *
```

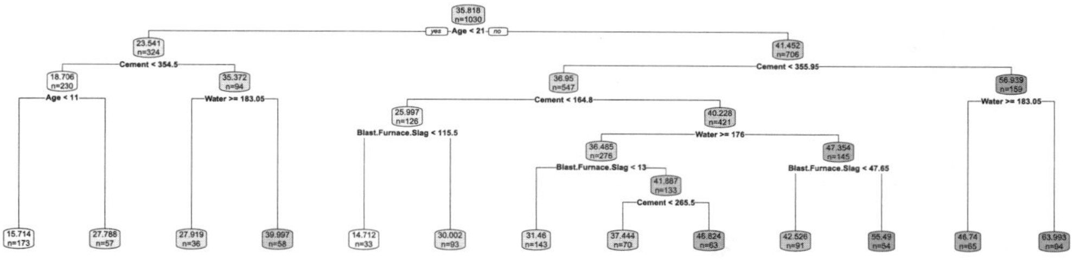

图 3.6.2 例 3.1 混凝土数据回归的决策树 (R 代码生成)

在图 3.6.2 中每个节点只标出了因变量的均值, 而在上面输出中还标出了更多的内容, 比如在节点 2), 即根节点的左边子节点打印出:

```
2) Age< 21 324  49754.2300 23.54123
```

这意味着从其父节点到此节点是满足拆分属性 `Age< 21` (`split`) 的数据, 其样本量为 `324`

(n)、残差平方和为 `49754.2300` (`deviance`)、预测值为 `23.54123` (`yval`).

分类决策树和回归决策树基本相同, 区别仅仅是拆分属性的选择标准不是用与残差平方和等价的度量, 而是用 Gini 不纯度和信息熵不纯度来度量 (参见 2.5 节和 2.5.3 节).

我们通过下面多分类问题的例子来说明分类决策树.

例 3.4 孕产妇健康风险数据 (MHR.csv) 这是通过基于物联网的风险监测系统, 从孟加拉国农村地区的不同医院、社区诊所、孕产妇保健机构收集的数据.[25] 共有 1014 个观测值和 7 个变量. 这 7 个变量为: Age (年龄)、SystolicBP (收缩压)、DiastolicBP (舒张压)、BS (血糖)、BodyTemp (体温)、HeartRate (心率) 和 RiskLevel (风险水平). 前面 6 个变量都是造成孕产妇死亡的重要危险因素, 也是联合国可持续发展目标的主要关注点之一. 最后一个变量 RiskLevel 有 3 个水平: high risk (高风险)、low risk (低风险) 和 mid risk (中等风险). 这是一个以 RiskLevel 为因变量的分类问题.

图 3.6.3 是对例 3.4 数据做的 3 层分类决策树 (生成该图的 Python 代码在 7.2.7 节中). 各种节点的定义和回归决策树相同.

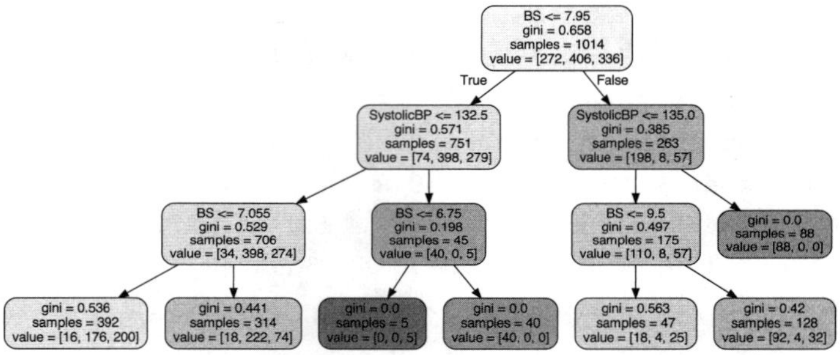

图 3.6.3 例 3.4 数据的 3 分类 (3 层) 决策树

和回归类似, 用 R 生成的分类决策树比用 Python 显示的简单, 图 3.6.4 是用下面 R 代码生成的, 同时还打印出比图 3.6.4 更多的细节.

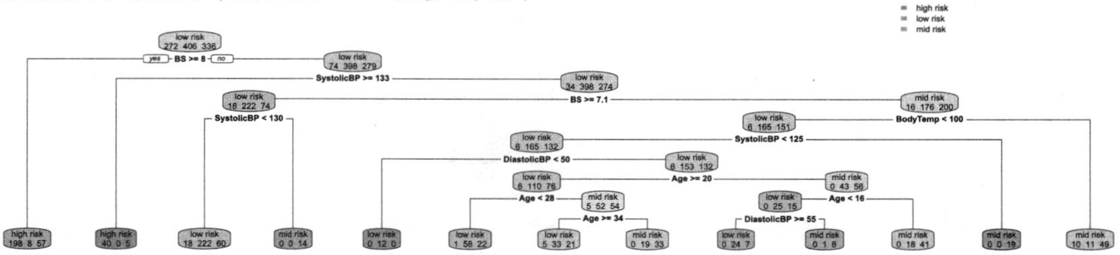

图 3.6.4 例 3.4 数据的分类决策树 (R 代码生成)

```
w=read.csv("MHR.csv",stringsAsFactors = T)
library(rpart.plot)
(a=rpart(RiskLevel~.,w))
```

[25] Ahmed, M. (2020). Maternal Health Risk [Dataset]. UCI Machine Learning Repository. `https://doi.org/10.24432/C5DP5D`.

```
rpart.plot(a,type=2,extra = 1)
```

打印出:

```
n= 1014
node), split, n, loss, yval, (yprob)
      * denotes terminal node
  1) root 1014 608 low risk (0.26824 0.40039 0.33136)
    2) BS>=7.95 263  65 high risk (0.75285 0.03042 0.21673) *
    3) BS< 7.95 751 353 low risk (0.09854 0.52996 0.37150)
      6) SystolicBP>=132.5 45   5 high risk (0.88889 0.00000 0.11111) *
      7) SystolicBP< 132.5 706 308 low risk (0.04816 0.56374 0.38810)
       14) BS>=7.055 314  92 low risk (0.05732 0.70701 0.23567)
         28) SystolicBP< 129.5 300  78 low risk (0.06000 0.74000 0.20000) *
         29) SystolicBP>=129.5 14   0 mid risk (0.00000 0.00000 1.00000) *
       15) BS< 7.055 392 192 mid risk (0.04082 0.44898 0.51020)
         30) BodyTemp< 99.5 322 157 low risk (0.01863 0.51242 0.46894)
           60) SystolicBP< 125 303 138 low risk (0.01980 0.54455 0.43564)
            120) DiastolicBP< 49.5 12   0 low risk (0.00000 1.00000 0.00000) *
            121) DiastolicBP>=49.5 291 138 low risk (0.02062 0.52577 0.45361)
              242) Age>=19.5 192  82 low risk (0.03125 0.57292 0.39583)
                484) Age< 27.5 81  23 low risk (0.01235 0.71605 0.27160) *
                485) Age>=27.5 111  57 mid risk (0.04505 0.46847 0.48649)
                  970) Age>=33.5 59  26 low risk (0.08475 0.55932 0.35593) *
                  971) Age< 33.5 52  19 mid risk (0.00000 0.36538 0.63462) *
              243) Age< 19.5 99  43 mid risk (0.00000 0.43434 0.56566)
                486) Age< 15.5 40  15 low risk (0.00000 0.62500 0.37500)
                  972) DiastolicBP>=55 31   7 low risk (0.00000 0.77419 0.22581) *
                  973) DiastolicBP< 55 9   1 mid risk (0.00000 0.11111 0.88889) *
                487) Age>=15.5 59  18 mid risk (0.00000 0.30508 0.69492) *
           61) SystolicBP>=125 19   0 mid risk (0.00000 0.00000 1.00000) *
         31) BodyTemp>=99.5 70  21 mid risk (0.14286 0.15714 0.70000) *
```

在图 3.6.4 中每个节点只标出了因变量的预测值 (该节点占多数的因变量水平), 而在上面输出中还标出了更多的内容, 比如在节点 2), 即根节点的左边子节点打印出:

```
2) BS>=7.95 263  65 high risk (0.75285 0.03042 0.21673) *
```

这意味着从其父节点到此节点是满足拆分属性 `BS>=7.95` (split) 的数据, 其样本量为 `263` (n)、误判的观测值个数为 `65` (`loss` 意味着不属于该节点因变量占多数的水平)、预测值为 `high risk` (`yval` 即该节点占多数的因变量水平)、因变量各水平在该节点的比例为 `(0.75285 0.03042 0.21673)`, 而最后的星号说明其为终节点 (`terminal node`).

3.6.2 决策树生长的要素

3.6.1 节仅仅说明了决策树 (回归或分类) 的构造和意义, 但没有说明决策树是如何由数据学习而来的. 二分叉决策树生长是按照如下步骤进行的:

1. 对在根节点的全部数据, 对每个自变量找出其使得因变量不纯度减少最快的拆分, 然后再比较各个变量的最优拆分来得到所有自变量的各种拆分属性中使得因变量变纯

最多的拆分属性 (参见 2.5.4节). 对于回归, 利用 2.5.2 节的不纯度度量; 对于分类, 利用 2.5.3 节的不纯度度量.

2. 根据得到的拆分属性, 把根节点拆分成左右两个数据集 (两个子节点).
3. 对于每个子节点, 重复上面 1 和 2 对根节点进行同样的计算和拆分, 直到满足某些条件. 常常使用的条件如:
   - 如果某个节点完全纯了或者达到允许误差范围就自动成为终节点.
   - 如果达到了预先设定的终止准则 (比如层数、总体精度、交叉验证精度或者某些综合指标等).

各种决策树的生长和剪枝的方式很多, 上面仅仅是 R 和 Python 二分叉决策树的简单描述.

3.6.3 集成模型: 决策树或其他模型作为基础学习器的扩展

无论用于分类还是回归, 决策树本身通常比那些基于线性模型的方法都要好. 决策树很容易理解, 因为它们模仿人类的决策过程. 然而, 它们可能变得过于复杂并可能造成过度拟合, 导致泛化能力差. 因此, 使用决策树作为**基础学习器**的**集成模型**或**组合模型** (ensemble model, ensemble learning)、**增强组合模型**或**增强模型** (boosting ensemble model, boosting) 及**堆叠** (stacking) 可以提高其性能和准确性. 集成模型和增强模型广义上都可称为集成模型.

集成学习体现了 " 群体智慧 ", 这表明较大群体的决策通常比单个专家的决策更好. 集成学习是指一组基础学习器 (也称为弱学习器) 或模型共同工作以实现更好的最终预测. 单个模型可能由于高方差或高偏差而单独表现不佳. 然而, 当弱学习器组合起来可以形成强学习器, 因为它们的组合减少了偏差或方差, 从而得到更高的预测精度.

集成方法经常使用决策树作为基础学习器, 因为该算法在未经修剪时可能容易过度拟合 (高方差和低偏差), 并且当它非常小时 (如只有一层的决策树) 也可能导致欠拟合 (低方差和高偏差). 当算法对其训练数据集过度拟合或欠拟合时, 均无法很好地泛化到新数据集, 因此需要使用集成方法来解决这个问题. 在一些机器学习竞赛 (如 Kaggle 竞赛) 中, 用得较多的也是集成算法.

多数集成学习方法使用单一基础学习算法 (如决策树), 以便我们拥有以不同方式训练的同质弱学习器. 这时的集成模型被称为**同质的** (homogeneous). 然而, 也存在一些使用不同类型的基础学习算法的方法, 将一些异构弱学习器组合成**异构** (heterogeneous) 集成模型.

主要有三种组合弱学习器的**元算法** (meta-algorithms):

1. 狭义的集成算法, 我们将介绍 bagging 和随机森林两种方法, 它们使用决策树作为同质弱学习器, 通过对数据做自助法再抽样来建立很多独立的决策树, 并按照把输出做某种确定性平均来将它们组合起来.
2. 增强法, 我们将介绍 Adaboost 和 Xgboost 两种方法, 考虑同质的弱学习器, 以自适应的方式序贯地进行学习, 也就是每一个基础模型都依赖于先前模型的结果进行改进, 并按照确定性策略将它们组合起来.
3. 堆叠, 通常考虑异构弱学习器, 并行学习它们并通过训练元模型来进行组合. 由于其技术含量较低而且性能并不突出, 本书不予介绍.

前面在 3.4.4 节图 3.4.2 中已经看到对于例 3.1 混凝土数据回归, 根据交叉验证精度, 集成算法相对于单独决策树的优势 (不仅仅对于线性模型); 在 3.5.4 节图 3.5.3 中也看到对于例 3.3 欺诈竞标数据的二分类问题集成算法的优势; 下面再通过例 3.4 数据, 看看单独决策树和集成算法在多水平分类中的情况. 生成下面输出结果和图 3.6.5 的 R 代码如下. 而其所需要函数 Mcvcla 及各种辅助函数的 R 代码和二分类相同, 在 7.2.6节.

```
w=read.csv("MHR.csv",stringsAsFactors = T)
library(tidyr);library(ipred);library(xgboost);library(rpart.plot)
library(randomForest)
L=list(tree=rpart,bagging=bagging,xgboost=Xgboost,
       randomForest=randomForest,Adaboost=Adaboost)
(Res=Mcvcla(w,7,L))
barplot(Res[1,],beside=TRUE,horiz = TRUE,col=2:6,las=1,
        main=paste('Error for',ncol(Res),'classification methods with CV'))
```

输出下面交叉验证和非交叉验证误判率. 图 3.6.5 中只展示了交叉验证误判率.

```
                 tree    bagging    xgboost randomForest  Adaboost
Error_CV    0.3017751 0.16272189 0.1942801   0.16765286 0.2258383
Error_NOCV  0.2593688 0.07692308 0.1134122   0.07790927 0.1518738
```

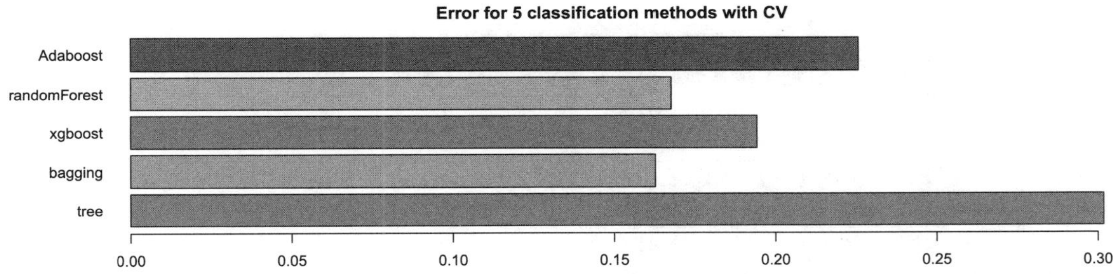

图 3.6.5 例 3.4 数据的多分类决策树和若干集成模型交叉验证误差比较

从图 3.6.5 也可以看出, 集成算法相对于单独决策树的优势明显.

3.7 集成算法: bagging

3.7.1 基于自助法抽样的 bagging

bagging (bootstrap aggregation) 可以翻译成 " 自助法聚合 ", 但不如直接用原文. bagging 是由很多决策树组成的, 而建立每棵树的数据是由**自助法抽样** (bootstrap sampling) 得到的, 确切地说, 每棵树所基于的数据是从原数据有放回抽取和原样本同样样本量的样本. 由于是有放回抽样, 在每个自助法样本中, 原数据有些观测值不被抽到, 而另外的观测值会被多次抽到. 每次的自助法抽样是独立于其他抽样的, 因此, bagging 中的各个决策树是独立的.

和决策树相同, bagging 也可以做回归或者分类, 其回归的预测结果由所有树预测值的平均, 其分类的预测结果由各棵树预测投票决定 (少数服从多数).

对于等权重有放回抽样来说, 样本量为 n 的原始数据中每个观测值被抽中的概率理论上为 $1/n$, 因此在抽取样本量为 n 的自助法样本中一个观测值不被抽中的概率为 $(1-1/n)^n$. 在 n 较大时, 概率 $(1-1/n)^n \approx 0.37$, 这意味着, 每次大约有百分之三十几的观测值不会被抽到, 这些观测值被称为 OOB 数据. 这些 OOB 数据可以作为每棵树的天然测试集进行交叉验证, 其误差称为 OOB 误差.

3.7.2 对例 3.5 皮肤病数据的 bagging 分类

我们通过下面的数据来解释 bagging 分类.

例 3.5 皮肤病数据 (原数据: dermatology.data, 填补缺失值后的数据: derm.csv) 该数据[26]来自 Ilter and Guvenir (1998) [27], 该数据的缺失值是用问号"?"标识的. 该数据的维数为 366×35, 也就是说数据涉及 366 个红斑鳞状细胞疾病 (erythemato-squamous diseases) 患者的数据, 包含一个称为**因变量** (response) 或**响应变量**的目标变量 (皮肤病类型) 及 34 个**自变量**或**预测变量**, 其中 32 个是有序变量, 1 个是数量变量——age (年龄), 1 个是定性变量——family history (家族史). 数据自变量属于**临床属性**的有 12 个自变量, 属于**组织病理学属性**的有 22 个自变量. 注意: 为了符号简单, 这些变量在数据中没有用原来名字, 而是用 V1, V2 等符号, 最后的因变量为 V35. 原变量名和简单变量名对照表在文件 derm_names.txt 中.

该数据是关于鉴别红斑鳞状细胞疾病的具体类型. 有监督学习的目的是建立模型, 然后利用 34 个自变量判定因变量 (第 35 个变量) 属于下面表 3.7.1 中 6 种类型的哪一种, 这就是该数据的因变量, 名为 Class (类型, 一共 6 种水平, 用哑元表示: $1, 2, 3, 4, 5, 6$), 简称 V35.

表 3.7.1 因变量的 6 种红斑鳞状细胞疾病类型名称

红斑鳞状细胞疾病类型的拉丁文、中文及哑元对照			在数据中的个数
psoriasis	牛皮癣	1	112
seborrheic dermatitis	脂溢性皮炎	2	61
lichen planus	扁平苔藓	3	72
pityriasis rosea	玫瑰糠疹	4	49
chronic dermatitis	慢性皮炎	5	52
pityriasis rubra pilaris	毛孔性红糠疹	6	20

红斑鳞状细胞疾病的鉴别诊断是皮肤病学中的一个问题. 它们都具有红斑和鳞屑的临床特征, 差异很小. 通常, 活组织检查对于诊断是必需的. 这些疾病也具有许多组织病理学特征. 鉴别诊断的另一个困难是疾病可能在开始阶段显示另一种类型疾病的特征, 并且也可能具有后面阶段的特征. 对患者首先在临床上评估了 12 个特征, 这些特征中除了 age (年龄) 及 family history (家族史, 0: 没有, 1: 有) 之外, 用 0, 1, 2, 3 打分, 分别表示不存在这个特征 (0) 及严重性 (1, 2, 3), 然后, 采集皮肤样品, 通过在显微镜下分析确定 22 个组织病理学特征的值 (也取值 0,1,2,3).

下面是对例 3.5 皮肤病数据做 bagging 分类的 R 代码. 除了年龄变量 (V34) 之外, 所有变量都是定性变量, 因此需要在程序中因子化 (用 `factor()`), 在拟合代码中选项 `coob=TRUE` 意味着输出的 `a$err` 为 OOB 交叉验证误判率.

---

[26] `https://archive.ics.uci.edu/dataset/33/dermatology.`

[27] Ilter, N. & Guvenir, H. (1998). Dermatology [Dataset]. UCI Machine Learning Repository. `https://doi.org/10.24432/C5FK5P.`

```
library(ipred)
w=read.csv('derm.csv',stringsAsFactors = T)
for (i in (1:ncol(w))[-34])
  w[,i]=factor(w[,i])
a=bagging(V35~.,w,coob=TRUE)
yfit=predict(a,w) # 对训练集拟合
Error=mean(w$V35!=yfit) # 训练集误判率
cat('OOB-error =',a$err, 'Training set err =',Error)
```

输出的 OOB 交叉验证误判率和对训练集的误判率:

```
OOB-error = 0.04371585 Training set err = 0
```

3.7.3 对例 3.6 服装业数据的 bagging 回归

例 3.6 服装业生产率数据 (garmentsF.csv) 该数据源于 Rahim et al. (2021) 和 Imran et al. (2019)[28]. 该数据集[29]包括服装生产过程的重要属性和员工的生产率, 这些属性为手工收集并已得到行业专家的验证. 服装业是一个劳动密集型行业, 需要大量手工流程. 能否满足全球对服装产品的巨大需求主要取决于服装制造公司员工的生产和交付绩效. 因此, 服装行业的决策者非常需要跟踪、分析和预测工厂中工作团队的生产率表现. 该数据有 1197 个观测值及 15 个变量. 其中变量包括: date (日期, 年月日)、quarter (一个月的某部分)、depart (相应部门)、day (星期几)、team_no (团队号)、aim_prod (管理方为每个团队设定的每天目标生产率)、smv (标准分钟值, 给任务分配的时间)、wip (正在生产及未完成产品)、over_time (每个团队的加班时间, 单位: 分钟)、incentive (财务激励措施)、idle_time (因故中断生产的时间)、idle_men (由于生产中断而闲置的工人人数)、no_style (特定产品样式的更改次数)、no_men (每个团队中的工人人数)、act_prod (实际生产率). 该数据的目标变量是最后一个数量变量 act_prod. 数据文件 garmentsF.csv 是填补缺失值、缩短一些变量名及更正一些输入错误后形成的.

下面是对例 3.6 服装业数据做 bagging 回归的 R 代码. 在程序中把没有用字符表示的分类变量 team 因子化 (用 `factor()`), 在拟合代码中选项 `coob=TRUE` 意味着输出的 `a$err` 为 OOB 交叉验证均方误差平方根, 这里代码随后转换成 NMSE.

```
v=read.csv('garmentsF.csv',stringsAsFactors = TRUE)[,-1]
v$team=factor(v$team)
a=bagging(act_prod~.,v,coob=TRUE)
yfit=predict(a,v)
```

[28]Rahim, S., Imran, A. A., and Ahmed, T. (2021). Mining the productivity data of garment industry, *International Journal of Business Intelligence and Data Mining*, Vol 1, 1., `https://www.inderscience.com/info/ingeneral/forthcoming.php?jcode=ijbidm#89327`. Imran, A. A., Amin, M. N., Rifat, R. I., and Mehreen, S. (2019). Deep neural network approach for predicting the productivity of garment employees, *2019 6th International Conference on Control, Decision and Information Technologies (CoDIT). IEEE*, `https://ieeexplore.ieee.org/document/8820486`.

[29]该数据下载网址: `https://archive.ics.uci.edu/ml/datasets/Productivity+Prediction+of+Garment+Employees`.

```
Error=sum((v$act_prod-yfit)^2)/sum((v$act_prod-mean(v$act_prod))^2)
OOBNMSE=(a$err^2)/mean((v$act_prod-mean(v$act_prod))^2)
cat('OOB-error =',OOBNMSE, 'Training set err =',Error)
```

输出的 OOB 交叉验证 NMSE 和训练集的 NMSE:

```
OOB-error = 0.5357753 Training set err = 0.3802544
```

3.8 集成算法: 随机森林

随机森林 (random forest) (Breiman, 2001) 是一个预测精度很高的有监督学习模型, 它实际上就是 bagging 的改进. 和 bagging 一样, 随机森林根据自助法抽样得到的样本建立很多棵决策树, 并且根据所有树的结果进行平均或投票来得到最终结果, 不同的是, 随机森林在每一棵树的每一个节点并不是用所有的自变量来竞争拆分变量, 而是**随机地选取部分自变量来参与该节点拆分变量的竞争**. 在 R 的 `randomForest` 程序包中, 如果所有竞争变量个数为 p, 则每个节点随机选取的竞争自变量的默认个数约为 $\sqrt{p}$ (对于分类) 或者 $p/3$ (对于回归). 而且该程序包 (和 Python `sklearn` 随机森林包类似) 默认每棵树都长到底. 随机森林中决策树的棵数也很多, 在 R 的 `randomForest` 程序包中的默认决策树数量为 500 棵. 从直观上理解, 限制每个节点及增加树的棵数和深度使得各种变量充分展示各自对预测的贡献, 避免了少数强势变量 " 压制 " 弱势变量的可能.

3.8.1 对例 3.5 皮肤病数据的随机森林分类

对数据的拟合及误差

下面是对例 3.5 皮肤病数据做随机森林分类的 R 代码. 除了年龄变量 (V34) 之外, 所有变量都是定性变量, 因此需要在程序中因子化 (用 `factor()`), 输出的 `a$err.rate[i,1]` 为到第 i 棵树为止的 OOB 交叉验证误判率.

```
library(randomForest)
w=read.csv('derm.csv',stringsAsFactors = T)
for (i in (1:ncol(w))[-34])
  w[,i]=factor(w[,i])
a=randomForest(V35~.,w,importance=TRUE,localImp=TRUE,proximity=TRUE)
yfit=predict(a,w) # 对训练集拟合
Error=mean(w$V35!=yfit) # 训练集误判率
cat('OOB-error =',a$err.rate[500,1], 'Training set err =',Error)
a$confusion
```

输出的 OOB 交叉验证误判率和对训练集的误判率以及混淆矩阵如下:

```
OOB-error = 0.02185792 Training set err = 0> a$confusion
    1   2   3   4   5   6 class.error
1 112   0   0   0   0   0  0.00000000
```

```
2    1 57  0  3  0  0  0.06557377
3    0  0 72  0  0  0  0.00000000
4    0  4  0 45  0  0  0.08163265
5    0  0  0  0 52  0  0.00000000
6    0  0  0  0  0 20  0.00000000
```

打印出来的混淆矩阵是基于 OOB 数据, 其行是因变量真实的类, 而列代表预测的列, 凡是对角线之外的元素都是误判的 (本例约占总观测值的 2.19%, 即 OOB 误判率). 混淆矩阵右边的 class.error 列代表各类的误判率.

变量重要性

随机森林还介绍了变量重要性的若干度量, 下面代码生成了变量重要性图 (见图 3.8.1).

```
layout(matrix(c(1:6,7,7,7,8,8,8),nrow = 2,by=T))
for (i in 1:8){
barplot(a$importance[,i],horiz = TRUE,
        main=colnames(a$importance)[i],
        las=1,cex.names = .5,col=4)
}
```

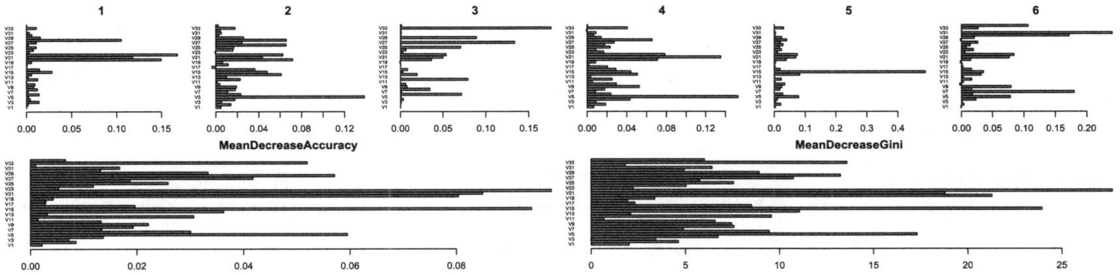

图 3.8.1 例 3.5 皮肤病数据随机森林分类的变量重要性图

图 3.8.1 中第一行显示了各个变量对于因变量 6 类中的每一类的预测的重要性. 而图 3.8.1 中第二行左图代表每个变量在其缺席时平均精度的下降程度; 图 3.8.1 中第二行右图代表每个变量在各个决策树中平均降低 Gini 指数的程度.

局部变量重要性

随机森林的局部变量重要性描述了对每个观测值来说各个变量的重要性, 下面代码生成了前 30 个观测值的变量重要性图 (见图 3.8.2). 图 3.8.2 中每一条折线代表一个观测值 (只显示了数据 366 个观测值中的前 30 个), 折线在相应自变量处的纵坐标为变量对该观测值的重要性.

```
matplot(1:34,a$local[,1:30],type='l',xaxt="n",
        xlab="Variable",ylab = "Local importance")
axis(side = 1,at = 1:34,labels = rownames(a$local), las=2,cex.axis=.5)
title('Random forest local importance for 30 observations')
```

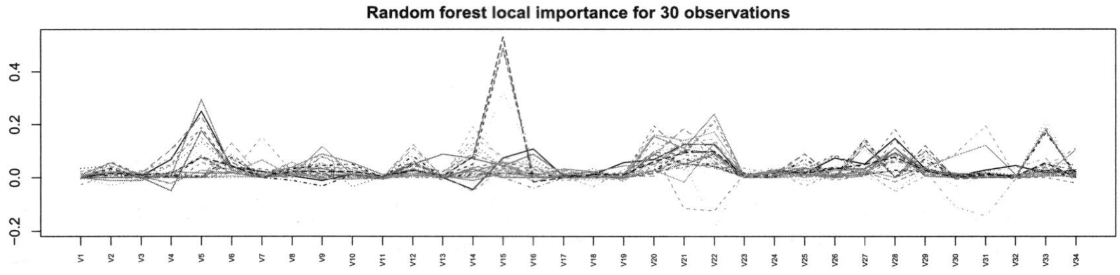

图 3.8.2　例 3.5 皮肤病数据随机森林分类的局部变量重要性图 (对前 30 个观测值)

3.8.2 对例 3.6 服装业数据的随机森林回归

对数据的拟合及误差

下面是对例 3.6 服装业数据做随机森林回归的 R 代码. 在程序中把没有用字符表示的分类变量 team 因子化 (用 `factor()`). 输出的 `a$predicted` 为 OOB 交叉验证的预测值, 这里代码根据该预测值计算出 OOB 的 NMSE.

```
nmse=function(y,yhat) return(sum((y-yhat)^2)/sum((y-mean(y))^2))
v=read.csv('garmentsF.csv',stringsAsFactors = TRUE)[,-1]
v$team=factor(v$team)
a=randomForest(act_prod~.,v,importance=TRUE,localImp=TRUE,proximity=TRUE)
yfit=predict(a,v)
Error=nmse(v$act_prod,yfit) # 训练集NMSE
OOBNMSE=nmse(v$act_prod,a$predicted) # OOB NMSE
cat('OOB-error =',OOBNMSE, 'Training set err =',Error)
```

输出的 OOB 交叉验证 NMSE 和训练集的 NMSE 如下:

```
OOB-error = 0.4077817 Training set err = 0.09958042
```

变量重要性

对于例 3.6 服装业数据的回归, 也可以生成变量重要性图 (见图 3.8.3), 由于因变量是数量变量 (回归问题), 没有分类时对每类的重要性度量. 该图左图为删除相应变量时误差 (MSE) 增加的百分比, 右图为每个变量对节点纯度增加的平均贡献.

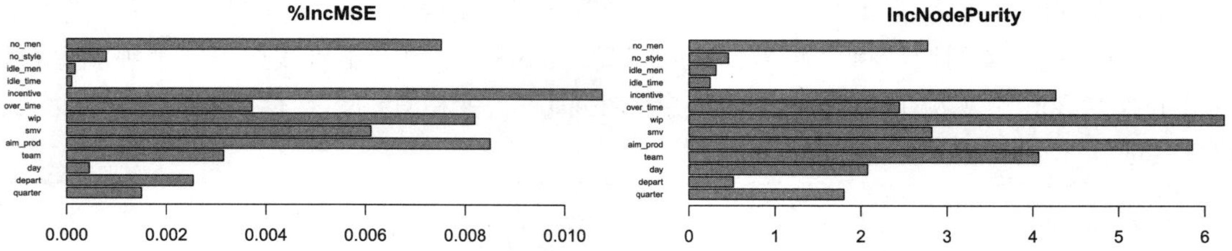

图 3.8.3　例 3.6 服装业数据随机森林回归的变量重要性图

生成图 3.8.3 的代码如下:

```
layout(t(1:2))
for (i in 1:2){
barplot(a$importance[,i],horiz = TRUE,
        main=colnames(a$importance)[i],
        las=1,cex.names = .5,col=4)
}
```

局部变量重要性

随机森林对例 3.6 服装业数据回归的局部变量重要性图如图 3.8.4 所示 (只显示了前 30 个变量的局部重要性).

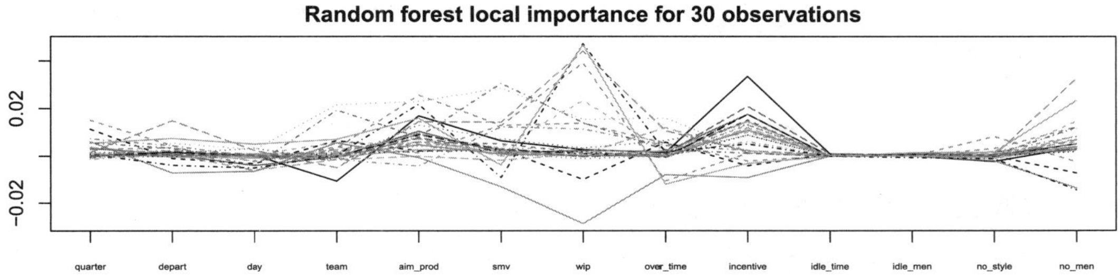

图 3.8.4　例 3.6 服装业数据随机森林回归的局部变量重要性图 (对前 30 个观测值)

生成图 3.8.4 的代码如下:

```
matplot(1:13,a$local[,1:30],type='l',xaxt="n",
        xlab="Variable",ylab = "Local importance")
axis(side = 1,at = 1:13,labels = rownames(a$local), las=1,cex.axis=.5)
title('Random forest local importance for 30 observations')
```

3.9 增强算法: AdaBoost 分类模型

3.9.1 模型概述

AdaBoost (adaptive boosting) (也可译为 “ 自适应增强 ” 等) 和前面介绍的各个弱学习器互相独立的狭义集成算法 (如 bagging) 不同. 如果用分类决策树作为基础学习器, 那么算法 AdaBoost 的每个决策树都和前一棵决策树有关, 旨在提高前一棵树的预测精度. 具体地说, 就是把第一棵树的误差记下来, 把第一棵树误判的观测值也记下来, 并在下一棵树自助法抽样时对误判的观测值增加抽样权重, 使其更有可能在决策树中得到正确的预测.

AdaBoost 是如何工作的呢? 假定样本为 $(\boldsymbol{X}_1, y_1), (\boldsymbol{X}_2, y_2), \ldots, (\boldsymbol{X}_n, y_n)$. 假定因变量水平 (类) 的值域为 $\mathcal{Y}$, 即 $Y \in \mathcal{Y}$. 假定一共有 M 棵树, 记为 $\hat{g}^{[m]}(\cdot)$ $(m = 1, 2, \ldots, M)$. 开始, 对观测值点选择初始的自助法抽样权重向量 $\boldsymbol{w}^{[0]}$ 的元素为等权: $w_i^{[0]} = 1/n$ $(i = 1, 2, \ldots, n)$. 这时形式上设 $m = 0$. 在第 m 棵树 (每一次 m 加 1: $m \leftarrow m + 1$), AdaBoost 的具体步骤的细节 (以 R 的 `adabag` 程序包的 `boosting` 为代表) 为:

1. 以权重 $\boldsymbol{w}^{[m-1]}$ 做自助法抽样, 生成分类决策树 $\hat{g}^{[m]}(\cdot)$.

2. 计算样本内的加权误判率 (可有 $\alpha^{[m]}$ 的不同版本):

$$\text{err}^{[m]} = \sum_{i=1}^{n} w_i^{[m-1]} I(y_i \neq \hat{g}^{[m]}(X_i)) \bigg/ \sum_{i=1}^{n} w_i^{[m-1]},$$

$$\alpha^{[m]} = \log\left(\frac{1-\text{err}^{[m]}}{\text{err}^{[m]}}\right),$$

然后更新权重:

$$\tilde{w}_i = w_i^{[m-1]} \exp(\alpha^{[m]} I(y_i \neq \hat{g}^{[m]}(\boldsymbol{X}_i))),$$

$$w_i^{[m]} = \tilde{w}_i / \sum_{j=1}^{n} \tilde{w}_j.$$

3. 重复上面两步直到预先设定的步数 $m = M$, 这样就建立了根据加权投票来分类的组合分类器:

$$\hat{f}_{\text{AdaBoost}}(\boldsymbol{x}) = \arg\max_{\boldsymbol{y}\in\mathcal{Y}} \sum_{m=1}^{M} \alpha^{[m]} I(\hat{g}^{[m]}(\boldsymbol{x}) = \boldsymbol{y}).$$

3.9.2 对例 3.5 皮肤病数据的 AdaBoost 分类和交叉验证

我们通过 adabag 程序包[30]的 boosting 函数, 使用下面的代码做例 3.5 皮肤病数据的 AdaBoost 分类和模型自带交叉验证[31]:

```
library(adabag)
w=read.csv('derm.csv',stringsAsFactors = T)
for (i in (1:ncol(w))[-34]) {
  w[,i]=factor(w[,i])}
derm_ada=boosting(V35~.,w)
derm_ada_cv=boosting.cv(V35~.,data=w) # 10折交叉验证
```

交叉验证的混淆矩阵和误差的代码及输出为:

```
> derm_ada_cv$confusion
               Observed Class
Predicted Class   1   2   3   4   5   6
              1 112   0   0   0   0   0
              2   0  53   0   3   0   0
              3   0   1  71   0   0   0
              4   0   5   0  46   0   0
              5   0   0   1   0  52   0
              6   0   2   0   0   0  20
> derm_ada_cv$error
[1] 0.03278689
```

[30] Alfaro, E., Gamez, M. Garcia, N.(2013). adabag: An R Package for Classification with Boosting and Bagging. *Journal of Statistical Software*, 54(2), 1-35. http://www.jstatsoft.org/v54/i02/.

[31] 由于 adabag 包也包含和 ipred 包同名的 bagging 函数, 但语法不同, 因此在使用中需要注意.

3.9.3 对例 3.5 皮肤病数据的 AdaBoost 分类的变量重要性

根据前面代码得到的结果 derm_ada 生成变量重要性图 (见图 3.9.1).

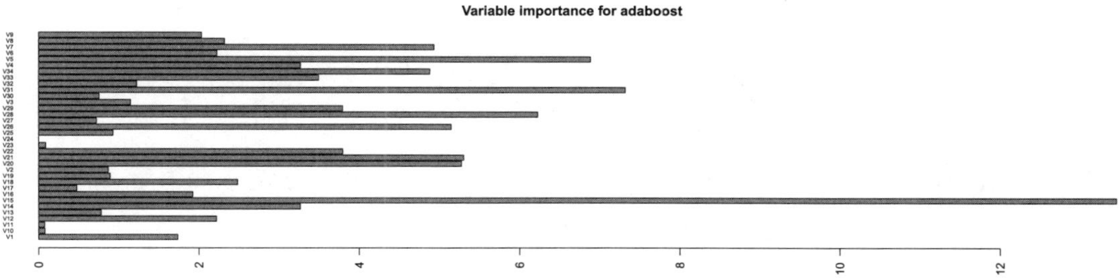

图 3.9.1 AdaBoost 对例 3.5 皮肤病数据的分类的变量重要性图

生成图 3.9.1 的代码如下:

```
barplot(derm_ada$importance,names.arg =names(derm_ada$importance),
       main =  'Variable importance for adaboost',
       cex.names = .5, col = 4,las=2,horiz = TRUE)
```

3.10 增强算法: Xgboost 模型

3.10.1 模型概述

Xgboost (extreme gradient boosting) 是从**梯度增强法** (gradient boosting) 进化而来. 假定样本为 $(\boldsymbol{x}_1, y_1), (\boldsymbol{x}_2, y_2), \ldots, (\boldsymbol{x}_n, y_n)$, (记为 $(\boldsymbol{X}, \boldsymbol{y}) = \{\boldsymbol{x}_i, y_i\}_{i=1}^n$) . 再选择一个可微的损失函数 $L(\boldsymbol{y}, \hat{\boldsymbol{y}})$, 这里 $\hat{\boldsymbol{y}} = F(\boldsymbol{x})$ 为根据我们训练的模型 F 基于自变量 $\boldsymbol{x}$ 对 $\boldsymbol{y}$ 的预测值. 假定我们有 M 个基础学习器 (比如决策树).

梯度增强法首先 (在“第 0 步”) 得到一个初始的预测值 $F_0(\boldsymbol{X})$, 满足

$$\hat{f}_0(\boldsymbol{X}) = \arg\min_{\theta} \sum_{i=1}^{M} L(y_i, \theta).$$

再对 $m = 1, 2, \ldots, M$ 步进行迭代:

1. 求损失函数的一阶导数 (所谓的伪残差):
$$\hat{g}_m(\boldsymbol{x}_i) = \left[\frac{\partial L(y_i, f(\boldsymbol{x}_i))}{\partial f(\boldsymbol{x}_i)}\right]_{f(\boldsymbol{x})=\hat{f}_{m-1}(\boldsymbol{x})};$$
2. 把
$$\{\boldsymbol{x}_i, -\hat{g}_m(\boldsymbol{x}_i)\}$$
作为训练集拟合基础学习器, 得到 $h_m(\boldsymbol{x})$;
3. 计算满足下面条件的乘子 γ_m:
$$\gamma_m = \arg\min_{\gamma} \sum_{i=1}^{n} L(y_i, \hat{f}_{m-1} + \gamma h_m(\boldsymbol{x}_i));$$
4. 更新模型
$$\hat{f}_m(\boldsymbol{X}) = \hat{f}_{m-1}(\boldsymbol{X}) + \gamma_m h_m(\boldsymbol{X}).$$

最终结果为 $\hat{f}_M(\boldsymbol{X})$.

Xgboost 是基于梯度增强法增加计算二阶导数. 首先 (在 "第 0 步"), 通过基础学习器得到一个使得损失函数 (比如误差平方和) 最小的常数值 (这也是初始的预测值)

$$\hat{f}_0(\boldsymbol{X}) = \arg\min_{\theta} \sum_{i=1}^{n} L(y_i, \theta).$$

然后, 做下面的迭代, 对于 $m = 1, 2, \ldots, M$:

1. 对损失函数 $L(y, \theta)$ 关于 θ 计算一阶和二阶导数, 取值于前一步的预测值:

$$\hat{g}_m(\boldsymbol{x}_i) = \left[\frac{\partial L(y_i, f(\boldsymbol{x}_i))}{\partial f(\boldsymbol{x}_i)}\right]_{f(\boldsymbol{x})=\hat{f}_{m-1}(\boldsymbol{x})};$$

$$\hat{h}_m(\boldsymbol{x}_i) = \left[\frac{\partial^2 L(y_i, f(\boldsymbol{x}_i))}{\partial f(\boldsymbol{x}_i)^2}\right]_{f(\boldsymbol{x})=\hat{f}_{m-1}(\boldsymbol{x})}.$$

2. 把

$$\left\{\boldsymbol{x}_i, -\frac{\hat{g}_m(\boldsymbol{x}_i)}{\hat{h}_m(\boldsymbol{x}_i)}\right\}$$

作为训练集, 通过解下面式 (3.10.1) 的优化问题来拟合基础学习器 (其中 α 是学习率):

$$\begin{aligned}\hat{\phi}_m(\boldsymbol{x}) =& \arg\min_{\phi\in\Phi} \sum_{i=1}^{n} \frac{1}{2}\hat{h}_m(\boldsymbol{x}_i)\left[\phi(\boldsymbol{x}_i) - \frac{\hat{g}_m(\boldsymbol{x}_i)}{\hat{h}_m(\boldsymbol{x}_i)}\right]^2;\\ \hat{f}_m(\boldsymbol{x}_i) =& \alpha\hat{\phi}_m(\boldsymbol{x}).\end{aligned} \tag{3.10.1}$$

3. 更新模型:

$$\hat{f}_m(\boldsymbol{x}_i) = \hat{f}_{m-1}(\boldsymbol{x}_i) + \hat{f}_m(\boldsymbol{x}_i).$$

最终结果为

$$\hat{f}(\boldsymbol{X}) = \hat{f}_M(\boldsymbol{X}) = \sum_{m=0}^{M} \hat{f}_m(\boldsymbol{X}).$$

注意, 对于使用决策树作为基础学习器做 Xgboost 分类和回归, 还可以对算法进行一些优化, 这里不赘述.

3.10.2 对例 3.5 皮肤病数据的 Xgboost 分类

这里将使用 7.2.2 节的自编函数 `Xgboost` 和 7.2.6 节的 `Fold` 函数, 对例 3.5 皮肤病数据做 Xgboost 拟合并得到 10 折交叉验证误差:

```
w=read.csv('derm.csv',stringsAsFactors = T)
for (i in (1:ncol(w))[-34]) w[,i]=factor(w[,i])
zid=Fold(10,w,35,1010)
pred=factor(sample(w$V35,nrow(w)))
for (i in 1:10) {
  m=zid[[i]]
  pred[m]=Xgboost(w[-m,],w[m,],35)
}
```

```
mean(pred!=w$V35)
```

得到误判率为 0.226776, 比其他集成模型都差.

3.10.3 对例 3.6 服装业数据的 Xgboost 回归

这里将使用 7.2.2 节的自编函数 `Xgboost`, 对例 3.6 服装业数据做 Xgboost 拟合并得到 10 折交叉验证误差:

```
v=read.csv('garmentsF.csv',stringsAsFactors = TRUE)[,-1]
v$team=factor(v$team)
Z=10;n=nrow(v)
Zid=sample(rep(1:Z,ceiling(n/Z))[1:n])
pred=rep(999,n)
for (i in 1:Z) pred[Zid==i]=Xgboost(v[Zid!=i,],v[Zid==i,],14)
nmse(v$act_prod,pred)
```

得到交叉验证 NMSE 为 0.4509785.

3.11 神经网络概述

神经网络 (neural network) 是目前最有活力的多元模型, 它不仅在有监督学习和无监督学习方面, 而且在深度学习、强化学习以及在人工智能领域的所有方面都起着基石的作用. 由于神经网络的超参数太多, 训练一个模型的选项太多, 编程有一定难度, 因此本节仅对神经网络的基本概念做简单概述, 并且用简单的例子说明.

3.11.1 神经网络的结构

图 3.11.1 是一个包含一个输入层、两个隐藏层、一个输出层的完全连接的有监督学习神经网络. 其中, 输入层有 3 个节点, 两个隐藏层分别有 4 个和 3 个节点, 输出层有 2 个节点. 该网络是完全连接. **节点** (node) 又称神经元. 所谓完全连接是两层之间的节点都相连.

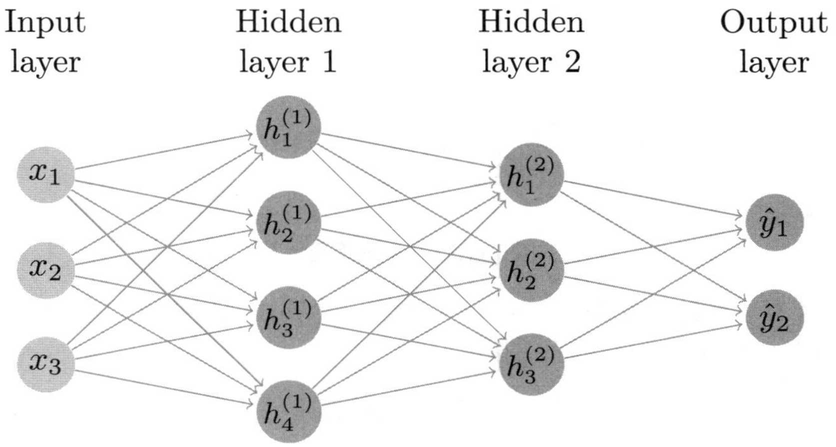

图 3.11.1 包含一个输入层、两个隐藏层、一个输出层的有监督学习神经网络

图 3.11.2 展示了每两层各个节点之间连接的数学公式. 其中 $\boldsymbol{h}^{(k)}=(h_0^{(k)},h_1^{(k)},\ldots,h_n^{(k)})$ 为某一层节点所得到的从上一层节点按照公式计算的数值, 而 $\boldsymbol{W}^{(k)}$ 和 $\boldsymbol{b}^{(k)}$ 为向下一层节点输出值时需要的权重和偏差项. 它们的值需要在训练模型时确定. 而 σ 是根据问题选择的非线性**激活函数** (activation function), 使得神经网络可以处理非常复杂的非线性多元问题. 对于一个学习 (训练) 好的神经网络, 这些权重是已经估计好了的, 因此根据输入层的自变量数据可以使用神经网络对因变量做预测.

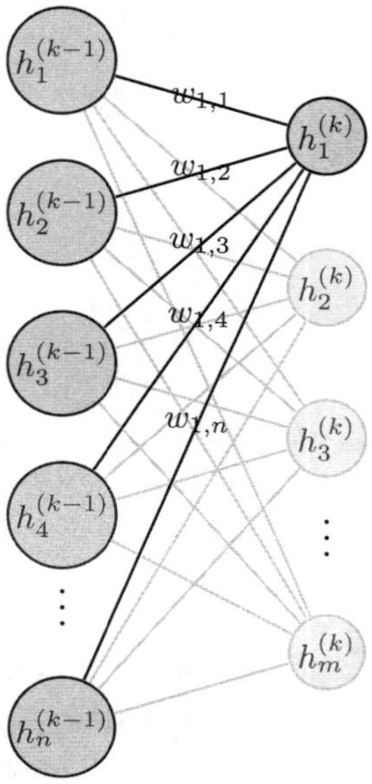

$$h_1^{(k)}=\sigma\left(w_{1,1}h_1^{(k-1)}+w_{1,2}h_2^{(k-1)}+\ldots+w_{1,n}h_n^{(k-1)}+b_1^{(k-1)}\right)$$
$$=\sigma\left(\sum_{i=1}^{n}w_{1,i}h_i^{(k-1)}+b_1^{(k-1)}\right)$$

$$\begin{pmatrix}h_1^{(k)}\\h_2^{(k)}\\\vdots\\h_m^{(k)}\end{pmatrix}=\sigma\left[\begin{pmatrix}w_{1,1}&w_{1,2}&\ldots&w_{1,n}\\w_{2,1}&w_{2,2}&\ldots&w_{2,n}\\\vdots&\vdots&&\vdots\\w_{m,1}&w_{m,2}&\ldots&w_{m,n}\end{pmatrix}\begin{pmatrix}h_1^{(k-1)}\\h_2^{(k-1)}\\\vdots\\h_n^{(k-1)}\end{pmatrix}+\begin{pmatrix}b_1^{(k-1)}\\b_2^{(k-1)}\\\vdots\\b_m^{(k-1)}\end{pmatrix}\right]$$

$$h^{(k)}=\sigma\left(\mathbf{W}^{(k-1)}h^{(k-1)}+\mathbf{b}^{(k-1)}\right)$$

图 3.11.2　神经网络两层之间的前向计算关系

激活函数很多, 图 3.11.3 显示常用的 3 个激活函数. 其中的第 1 个是 logistic 函数, 第 2 个是双曲正切函数, 第 3 个称为 ReLU 函数 (rectified linear unit). 前两个称为 S 型函数.

$$\sigma(x)=\frac{1}{1+\mathrm{e}^{-x}},\ \sigma(x)=\tanh(x),\ \sigma(x)=\max(0,x).$$

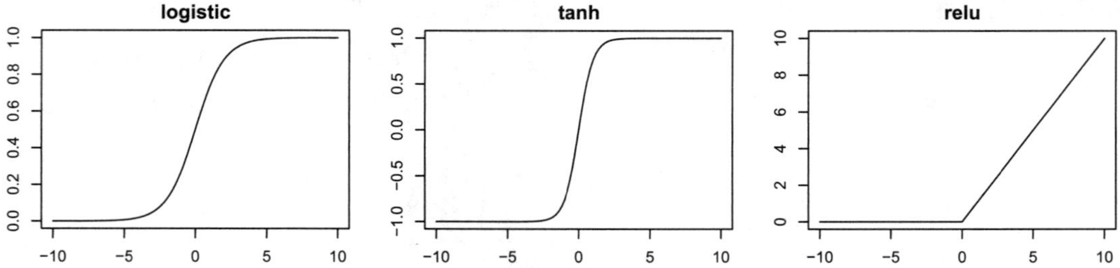

图 3.11.3　3 种激活函数图

此外, 还有一种激活函数称为 softmax, 它把一个描述记分的向量转换成总和为 1 的概率向量, 该向量表示潜在结果列表的概率分布:

$$\sigma(y_i)=\frac{\mathrm{e}^{y_i}}{\sum_j \mathrm{e}^{y_j}}.$$

softmax 函数常常用于分类问题的输出节点. 上述激活函数有很多变种. 此外, 人们针对不同的目标发明了大量其他类型的激活函数, 这里不做过多介绍.

3.11.2 神经网络的训练

1. **前向传播** (forward propagation): 每一个左边层 (从输入层开始) 各个节点 (变量) 的值加权平均 (通过激活函数) 到右边层的每个节点 (权重和常数项开始可随机设定).
2. **评估误差:** 最后第 3 次 (最终) 结果和有监督的输出层比较 (比如取二次 (L2) 损失函数).
3. 如误差较大, 则**反向传播** (backpropagation): 通过权重对损失函数求偏导数 (复合函数链式法则), 以此调整各层参数, 回到前向传播; 如误差小到令人满意则训练完成.

前向传播

前向传播得到预测值 $\hat{\boldsymbol{y}}$:

1. 公式 $\boldsymbol{h}^{(k)} = \sigma\left(\boldsymbol{W}^{(k-1)}\boldsymbol{h}^{(k-1)} + \boldsymbol{b}^{(k-1)}\right)$ 代表从 $\boldsymbol{h}^{(k-1)}$ 层 (向量) 到 $\boldsymbol{h}^{(k)}$ 层 (向量) 的前向传播.
2. 其中 $\boldsymbol{W}^{(k-1)}$ 和 $\boldsymbol{b}^{(k-1)}$ 是未知的, 最初可任意确定, 随着迭代不断更新 (比如根据误差通过梯度下降法调整, 参见图 3.11.4).
3. 函数 $\sigma()$ 是非线性函数 (如果没有, 则再复杂的神经网络和简单线性模型无异).

评估误差

评估误差即计算 $\boldsymbol{y}$ 和 $\hat{\boldsymbol{y}}$ 的差距, 比如 (注意, $\hat{\boldsymbol{y}}$ 是权重 $\boldsymbol{w}$ 的函数):

1. 回归常用均方误差作为损失函数:

$$\mathcal{L}(\boldsymbol{w}) = E_{\boldsymbol{x},\boldsymbol{y}\in\mathcal{D}}[\|\hat{\boldsymbol{y}} - \boldsymbol{y}\|^2].$$

2. 分类常用**交叉熵** (cross entropy) (或**负对数似然** (negative log-likelihood)):

$$\mathcal{L}(\boldsymbol{w}) = -E_{\boldsymbol{x},\boldsymbol{y}\in\mathcal{D}}\left[\sum_i \hat{y}_i \log y_i\right].$$

反向传播

在反向传播中使用梯度下降法更新权重 (参见图 3.11.4):

$$\Delta\boldsymbol{w} = -\eta\nabla_\theta\mathcal{L}(\boldsymbol{w}) = -\eta\frac{\partial\mathcal{L}(\boldsymbol{w})}{\partial\boldsymbol{w}}.$$

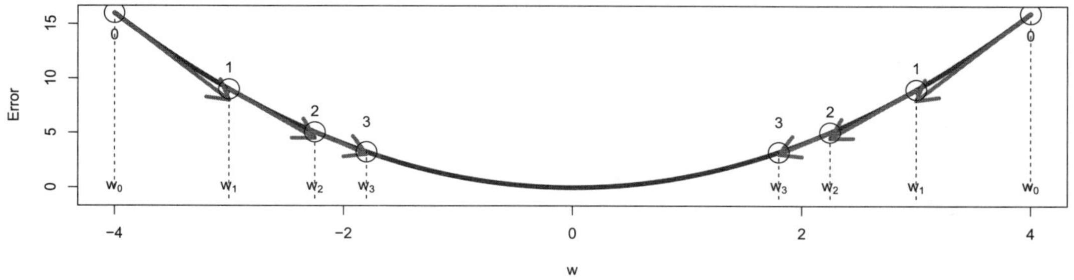

图 3.11.4 梯度下降法示意图

选择 (小的) 学习率 η 以确保平滑收敛. 具体步骤为:

1. 将链式法则应用于神经网络的前向传播:

$$\frac{\partial\mathcal{L}(\theta)}{\partial\boldsymbol{W}_k} = \frac{\partial\mathcal{L}(\theta)}{\partial\boldsymbol{y}} \times \frac{\partial\boldsymbol{y}}{\partial\boldsymbol{h}_n} \times \frac{\partial\boldsymbol{h}_n}{\partial\boldsymbol{h}_{n-1}} \times\cdots\times \frac{\partial\boldsymbol{h}_k}{\partial\boldsymbol{W}_k}.$$

2. 当从损失函数向后退到参数时, 网络的每一层都会增加对梯度的贡献. 对于全连接层偏导为:

$$\frac{\partial \boldsymbol{h}_k}{\partial \boldsymbol{h}_{k-1}} = f'(\boldsymbol{W}_k \times \boldsymbol{h}_{k-1} + \boldsymbol{b}_k)\boldsymbol{W}_k.$$

3. 它对参数的依赖是:

$$\begin{aligned}\frac{\partial \boldsymbol{h}_k}{\partial \boldsymbol{W}_k} &= f'(\boldsymbol{W}_k \times \boldsymbol{h}_{k-1} + \boldsymbol{b}_k)\boldsymbol{h}_{k-1};\\ \frac{\partial \boldsymbol{h}_k}{\partial \boldsymbol{b}_k} &= f'(\boldsymbol{W}_k \times \boldsymbol{h}_{k-1} + \boldsymbol{b}_k).\end{aligned}$$

3.11.3 对例 3.5 皮肤病数据的神经网络分类

使用 7.2.16 节的 `NnetCla` 函数 (对程序包 `neuralnet` [32]的同名函数分类包装的新函数) 对例 3.5 皮肤病数据做神经网络分类的 10 折交叉验证:

```
u=read.csv('derm.csv',stringsAsFactors = T)
for (i in (1:ncol(u))[-34])
  u[,i]=factor(u[,i])
library(neuralnet)
set.seed(1010)
zid=Fold(10,u,35,1010)
pred=factor(sample(u$V35,nrow(w)))
for (i in 1:10) {
  m=zid[[i]]
  pred[m]=NnetCla(u[-m,],u[m,],35)
}
mean(pred!=u$V35)
table(u$V35,pred)
```

输出交叉验证误判率和混淆矩阵:

```
> mean(pred!=u$V35)
[1] 0.06010929
> table(u$V35,pred)
   pred
      1   2   3   4   5   6
  1 110   2   0   0   0   0
  2   5  51   0   5   0   0
  3   0   0  71   0   0   1
  4   0   3   0  45   0   1
  5   1   0   0   0  51   0
  6   2   1   1   0   0  16
```

[32]Fritsch, S., Guenther, F., Wright, M. (2019). neuralnet: Training of Neural Networks. R package version 1.44.2, `https://CRAN.R-project.org/package=neuralnet`>.

3.11.4 对例 3.2 波士顿住房数据的神经网络回归

这里使用 R 程序包 nnet[33]的同名函数对例 3.2 波士顿住房数据做神经网络回归的 10 折交叉验证:

```
v=read.csv("BostonHousing2.csv")[,-c(1:5,10)]
library(nnet)
Z=10;n=nrow(v);vid=1
V=data.frame(model.matrix(~.,v[,-vid]))
V[names(v)[vid]]=v[vid]
set.seed(1010)
Zid=sample((rep(1:Z,ceiling(n/Z)))[1:n])
pred=rep(999,n)
mm=max(v[,vid])
for (i in 1:Z) {
  nn=nnet(cmedv/mm ~ ., data=V[Zid!=i,], size=10,linout=FALSE,trace=FALSE)
  pred[Zid==i] = predict(nn,V[Zid==i,-ncol(V)])*mm}
nmse(v$cmedv,pred)
```

输出的交叉验证 NMSE 为 0.2849898.

3.12 习 题

1. 讨论文献中提到的有监督学习模型应满足的三个原则: 可预测性、可计算性、稳定性.
2. 举例说明为什么交叉验证可以揭示模型的泛化精度.
3. 只用训练集的预测精度比较不同模型的好坏为什么会误导? 举例说明.
4. 指出回归和分类的基本概念的唯一区别.
5. 对例 5.6 数据 (见 5.7.1 节), 以变量 ID 为目标变量, 用随机森林方法做分类. 请做以下几点:
   (1) 得到不做交叉验证的混淆矩阵及误判率.
   (2) 做出 5 折交叉验证的混淆矩阵, 求出交叉验证时的误判率, 并且和非交叉验证的结果做比较.
   (3) 找到随机森林方法 (没有刻意做交叉验证时) 的 OOB 误判率, 这个误判率和上面交叉验证的结果是否有本质上的不同?
   (4) 找到随机森林方法产生的变量重要性, 并且作图.
6. 关于 logistic 回归:
   (1) 对于癌症诊断, 假阳性 (FP) 误差和假阴性 (FN) 误差所造成的后果一样吗? 应该根据什么确定阈值?
   (2) 请解释图 3.5.2 中各个图的含义. 如何根据这些图对模型做出描述或决定阈值?
   (3) 模型 (3.5.1) 中为什么没有误差项? 它和线性模型 (3.4.5) 相比有什么异同?
   (4) 为什么不能用和线性模型类似的最小二乘法解 logistic 模型?

[33]Venables, W. N., and Ripley, B. D. (2002). *Modern Applied Statistics with S*. Fourth Edition. New York: Springer. ISBN 0-387-95457-0.

(5) 有人认为 ROC 曲线比误判率更能说明问题, 你觉得呢?

7. 看懂 (无论是 R 还是 Python 版本的) `Fold` 函数的编写逻辑, 理解和改进程序.

8. 考虑线性回归模型 (3.4.5) 的最小二乘回归. 请问:

(1) 残差是误差项 ϵ 的估计值吗?

(2) 误差 ϵ 和 $\boldsymbol{X}$ 张成的平面正交吗?

(3) 残差和 $\boldsymbol{X}$ 张成的平面正交吗?

(4) 残差可以看成是误差项 ϵ 的实现值吗?

(5) 有截距项和没有截距项回归的 ($\boldsymbol{y}$ 的) 拟合值 $\hat{\boldsymbol{y}}$ 是否相同?

(6) 在误差独立同正态分布的假定下, 有截距项和没有截距项的 (非截距) 系数大小不同, 但它们相应 t 检验的 p 值是否相同?

(7) 没有误差分布假定时, 如何判断该回归的拟合好坏? 能不能使用 t 检验或 F 检验?

(8) 是否假定误差分布对回归的拟合结果或系数估计有影响? 如果没有影响, 误差分布假定是出于什么目的而设定的?

(9) 线性回归的 "线性" 形式是数学推导出来的吗?

(10) 最小二乘回归的损失函数是推导出来的数学结论还是人们创造的函数?

9. 对于回归模型 (3.4.2), 所谓岭回归是在约束条件 $\sum_{j=1}^{p}\beta_j^2 \leqslant s$ 下, 系数满足下面条件的回归:

$$\hat{\boldsymbol{\beta}}^{(ridge)} = \arg\min_{\boldsymbol{\beta}} \sum_{i=1}^{n}\left(y_i - \beta_0 - \sum_{j=1}^{p} x_{ij}\beta_j\right)^2.$$

而所谓 lasso 回归是在约束条件 $\sum_{j=1}^{p}|\beta_j| \leqslant s$ 下, 系数满足下面条件的回归:

$$\hat{\boldsymbol{\beta}}^{(lasso)} = \arg\min_{\boldsymbol{\beta}} \sum_{i=1}^{n}\left(y_i - \beta_0 - \sum_{j=1}^{p} x_{ij}\beta_j\right)^2.$$

请问, 这样得到的系数估计和没有约束条件的通常最小二乘回归的系数估计一样吗?

10. 用下面代码产生的因变量 `y` 和自变量 `x` 做最小二乘回归:

```
set.seed(1010);x=rnorm(50);y=rnorm(50);x[51]=50;y[51]=50
a=lm(y~x);summary(a)
```

根据输出的结果作数据的散点图和拟合直线. 请问:

(1) 得到的对斜率的 t 检验是否显著? 为什么?

(2) 这个回归有意义吗? 为什么?

(3) 对残差做正态性检验 (用 `shapiro.test(a$residuals)`), 你能得出结论吗? 你能得出什么结论?

(4) 讨论对残差作的正态 Q-Q 图 (`qqnorm(a$residuals)`).

(5) 对这个问题做个总结.

11. 一些人喜欢用国家统计局公布的 31 个省区数据的一些汇总变量做回归, 每个省区的数据值是一个观测值, 因此, 样本量为 31, 而且假定独立同正态分布. 请回答下面问题:

(1) 31 个省区的各个变量的数值是不是来自某个总体? 如果是, 总体是什么? 还可以抽样吗?

(2) 31 个省市自治区的数据是不是独立的? 是不是同分布的? 是不是正态分布的? 它们是不是样本?

12. 考虑一个自变量的简单回归模型 $y=\alpha+\beta x+\epsilon$, 其斜率的 t 检验 ($H_0:\beta=0 \Leftrightarrow \beta\neq 0$) 和相关系数检验 ($H_0:r=0 \Leftrightarrow r\neq 0$) 完全一样. 后者也是 t 检验, 称为 Pearson 乘积矩相关检验 (Pearson's product-moment correlation), 可以用代码 `cor.test(x,y)` 实现.

    (1) 请核对上述斜率的 t 检验和相关系数为 0 的 t 检验是否等价.

    (2) 如果 x 和 y 的 Pearson 乘积矩相关检验显著, 则认为相关系数 $r\neq 0$. 如果 $r=0.01$, 当然应该拒绝零假设, 但你认为 x 和 y 相关吗? 这个相关系数是否为 0 的检验和是否相关等价吗?

    (3) 如果回归中得到关于斜率的 t 检验显著 (即 $\beta\neq 0$), 你能说明回归有意义吗?

13. 考虑下面关于定性 (分类) 自变量的问题:

    (1) 为什么定性自变量的各个水平的效应不可估计?

    (2) 在约束条件下得到的各个水平的 "效应" 的 "估计" 说明什么?

    (3) 对于定性变量各个水平的 t 检验有意义吗?

    (4) 如果改变约束条件 (比如改变等于 0 的水平), 这些 t 检验的 p 值相同吗?

    (5) 方差分析表中对于定性自变量的 F 检验如果显著, 它说明了什么?

14. 为什么最小二乘回归的观测值数目必须多于自变量的个数?

15. 下载**最小一乘回归** (minimum absolute residual regression; L1 regression) 程序包 `L1pack`, 使用 R 自带的数据 `stackloss`, 以 `stack.loss` 为因变量、`stack.x` 为自变量.

    (1) 用程序包 `L1pack` 的函数 `l1fit` 拟合数据 `stackloss`, 做最小一乘回归.

    (2) 对数据 `stackloss` 做最小二乘回归 (用函数 `lm`).

    (3) 比较这两个回归的残差平方和及绝对值平方和, 并做出评论.

    (4) 对上面的两组残差做正态性检验 (使用函数 `shapiro.test`), 你能得到任何结论吗 (参考检验 `shapiro.test(1:21)` 的结果)?

    (5) 删除数据中的第 1、3、4、21 个观测值后, 再重复上面的工作, 并把两组残差画在一张图中.

16. 对例 3.2 波士顿住房数据做线性回归, 算出其 10 折交叉验证的 MSE 和 R^2, 并且和没有测试集 (原数据本身既是训练集又是测试集) 的 MSE 和 R^2 做比较.

17. 对 R 自带的 `mtcars` 数据做线性回归、决策树回归及随机森林回归.

    (1) 通过 10 折交叉验证比较三个回归的预测精度.

    (2) 画出后两个回归的变量重要性图, 它们有什么不同?

    (3) 画出随机森林回归的局部变量重要性图.

    (4) 画出随机森林回归的部分依赖性图.

18. 对例 5.6 数据做本章涉及的分类方法: 决策树、bagging、随机森林、Adaboost. 比较这些方法的 10 折交叉验证误判率.

第 4 章　降 维

4.1　主成分分析降维

4.1.1 数据中变量之间的关系与降维的可能性

在多元数据的研究中, 很多人探讨**降维** (dimensionality reduction) 的可能性. 降维就是用根据原始变量构造的少数变量来代替多数变量, 这样会简化计算过程, 提高分析的效率并使得结果容易解释. 本节的**主成分分析** (principal component analysis, PCA) 就是一种降维的方法. 然而, 并不是所有多元数据都能够降维. 数据的特征或者信息是由各个变量描述的, 在不同的数据中, 变量之间的关系也不同, 这些关系决定了降维的可能性.

1. **数据各变量不相关的情况.** 如果一个数据的变量互相独立, 或者不相关, 那么, 每个变量对于这个数据的整体特征的贡献都是独立的, 不与其他变量混杂. 比如对各个国家进行描述时, 面积、气候带、人均收入这三个变量基本不相关, 它们不可互相替代, 每个变量都有自己的意义, 都对国家的描述有独立贡献. 这样的不相关变量组成的数据就不可能降维, 对其做主成分分析没有意义.
2. **数据各变量相关的情况.** 上面关于国家描述的问题中, 如果还包含了人均病床数、人均收入、新生儿死亡率、文盲比例、外汇储备、发明专利数、进出口贸易额等变量, 这些变量不但不独立, 反而可能十分相关. 那么, 由于变量之间的关系, 谈论单独某个变量对国家特征的单独贡献就没有多大的意义, 这些相关的变量对一个国家的描述有着"集体贡献", 总的贡献绝对不是单个变量的贡献之和. 在这种情况下, 就有降维的可能.
3. **主成分分析是在变量相关时寻找不相关的线性组合.** 在存在相关变量的情况下, 人们可以由相关的变量形成若干变量的线性组合, 而这些线性组合不相关. 这样, 每种组合对问题的贡献就和其他组合无关了, 这时谈论每个组合对问题的单独贡献就有意义了. 这些不相关的组合实际上形成了新的变量, 在主成分分析中, 这些组合称为**成分** (component), 而在因子分析中称为**因子** (factor). 最终的成分 (或因子) 中, 如果只有少数具有主要贡献 (这又产生什么是"主要贡献"的问题), 人们就可以用这少数的成分 (或因子) 来代替众多的原始变量, 这就实现了降维.

主成分分析的主要目的及其与后面的因子分析的区别主要不在于数据或研究目的, 而在于数学模型的差异. 一般来说, 主成分分析的优点是原理简单、计算容易. 因子分析需要很强的关于模型的数学假定. 另外, 主成分分析所选取的少数主成分只能代表原数据的部分信息, 而因子分析中的少数因子 (按照数学假定) 代表全部数据的信息.

对于一些问题使用主成分分析及因子分析时, 最主观、对结果影响最大的决策就是选择哪些变量参与建模, 这方面怎么强调都不为过. 比如, 在对学校进行评价时, 如果只考虑建筑面积、教学设施状态、规章的种类、教师人数等,而不考虑科研成果的价值和历届学生的出路,那么,无论用什么数学模型都没有意义. 此外,较强的关于数据的假定往往使得模型与现实的距离更远. 由于结果中的很大部分源于主观的假定,所做的分析不易使人信服.

4.1.2 主成分分析基本问题和计算

例 4.1 教师数据 (full.aaup.csv) 该数据来自美国大学教授协会 (AAUP) 年度普查, 包括分别按照正教授和副教授的平均工资和补贴 (1994 年) 统计的数据.[1] 一共有 17 个变量, 其中有 4 个定性变量: FICE (联邦 ID 代码)、College (学校名称)、State (州)、Type (类型: I、IIA, 或 IIB). 还有 13 个数量变量: ASF (正教授平均工资)、ASA1 (副教授平均工资)、ASA2 (助理教授平均工资)、ASALL (所有级别平均工资)、ACF (正教授平均补贴)、ACA1 (副教授平均补贴)、ACA2 (助理教授平均补贴)、ACALL (所有级别平均补贴)、NF (正教授人数)、NA1 (副教授人数)、NA2 (助理教授人数)、NIN (助教人数)、NALL (所有级别教授数目). 该数据涉及 1161 所学校. 其中只有 13 个是定量变量, 而经典主成分分析只能处理定量变量. 因此, 虽然数据为 1161×17 矩阵的形式, 但我们只使用其中的 13 列数据, 即 1161×13 矩阵的形式. 这里的数据是对原始数据通过程序包 missForest[2]的函数 missForest() 弥补缺失值后的数据.

这个数据包含了许多变量, 如果这些变量互相独立, 也就是说它们都有自己的意义, 我们没有必要把它们放在一起来分析研究. 然而, 例 4.1 中的 13 个变量都是相关的变量, 每个变量不能代替另一个变量, 但一个变量的变化会导致其他变量的变化. 这样, 我们就希望并且有可能找到这些变量的若干代表, 这些代表是以这些变量的函数 (线性组合) 形式出现, 而且每个代表都有自己的特点, 各个代表不相关.

下面的代码和结果显示了例 4.1 教师数据中的 13 个变量的线性相关系数矩阵:

```
> w=read.csv("full.aaup.csv")[,-(1:4)]#读入除前4个之外的13个变量
> round(cor(w),2)
       ASF ASA1 ASA2 ASALL  ACF ACA1 ACA2 ACALL   NF  NA1  NA2  NIN NALL
ASF   1.00 0.95 0.92  0.97 0.99 0.93 0.90  0.96 0.58 0.56 0.55 0.15 0.58
ASA1  0.95 1.00 0.94  0.94 0.94 0.98 0.93  0.94 0.49 0.50 0.48 0.14 0.50
ASA2  0.92 0.94 1.00  0.93 0.91 0.93 0.97  0.92 0.53 0.53 0.51 0.15 0.54
ASALL 0.97 0.94 0.93  1.00 0.96 0.93 0.92  0.99 0.61 0.54 0.51 0.08 0.57
ACF   0.99 0.94 0.91  0.96 1.00 0.95 0.92  0.97 0.55 0.54 0.52 0.13 0.55
ACA1  0.93 0.98 0.93  0.93 0.95 1.00 0.95  0.95 0.47 0.47 0.46 0.11 0.48
ACA2  0.90 0.93 0.97  0.92 0.92 0.95 1.00  0.94 0.52 0.52 0.50 0.14 0.52
ACALL 0.96 0.94 0.92  0.99 0.97 0.95 0.94  1.00 0.58 0.52 0.49 0.07 0.55
NF    0.58 0.49 0.53  0.61 0.55 0.47 0.52  0.58 1.00 0.89 0.86 0.36 0.96
```

[1]可在网页http://www.stat.yale.edu/~pollard/Courses/100.fall98/pollard/USnews/aaup2.dat 或者 http://www.stat.yale.edu/~pollard/Courses/100.fall98/pollard/USnews/aaup.dat中找到两种不同 (分隔) 格式的该数据; 在网页 http://www.stat.yale.edu/~pollard/Courses/100.fall98/pollard/USnews/aaup.documentation 中有数据说明.

[2]Stekhoven, D. J. (2013). missForest: Nonparametric Missing Value Imputation using Random Forest. R package version 1.4. Stekhoven, D. J., and Buehlmann, P. (2012). MissForest—non-parametric missing value imputation for mixed-type data. *Bioinformatics*, 28(1), 112-118.

```
NA1    0.56 0.50 0.53  0.54 0.54 0.47 0.52  0.52 0.89 1.00 0.92 0.45 0.96
NA2    0.55 0.48 0.51  0.51 0.52 0.46 0.50  0.49 0.86 0.92 1.00 0.54 0.95
NIN    0.15 0.14 0.15  0.08 0.13 0.11 0.14  0.07 0.36 0.45 0.54 1.00 0.48
NALL   0.58 0.50 0.54  0.57 0.55 0.48 0.52  0.55 0.96 0.96 0.95 0.48 1.00
```

上面输出表明, 以字母 “A” 开头的和收入有关的 8 个变量之间的相关系数比较大, 都在 0.9 以上 (`min(cor(w)[1:8,1:8])`); 以 “N” 开头的和人数有关的后面 5 个变量之间的相关系数 (除了变量 NIN 有些 “ 另类 ” 之外) 也不小 (`min(cor(w)[-(1:8),-(1:8)])`), 但不如前 8 个变量那么相关; 而前 8 个变量与后 5 个变量之间的相关系数最大只有 0.61 (`max(cor(w)[1:8,-(1:8)])`), 其余则小于 0.6.

这个线性相关系数矩阵可以使用程序包 `corrplot` [3] 和程序包 `lattice` [4], 用更直观的方法展示 (见图 4.1.1 中的左、右两图). 产生图 4.1.1 的代码为:

```
library(corrplot)
corrplot(cor(w), type = "lower", diag=FALSE, tl.col = "black", tl.srt = 45)
library(lattice)
rgb.palette <- colorRampPalette(c("white", "black"), space = "rgb")
levelplot(cor(w), las=1,main="Correlation matrix", xlab="", ylab="",
  col.regions=rgb.palette(120), cuts=100, at=seq(0,1,0.01))
```

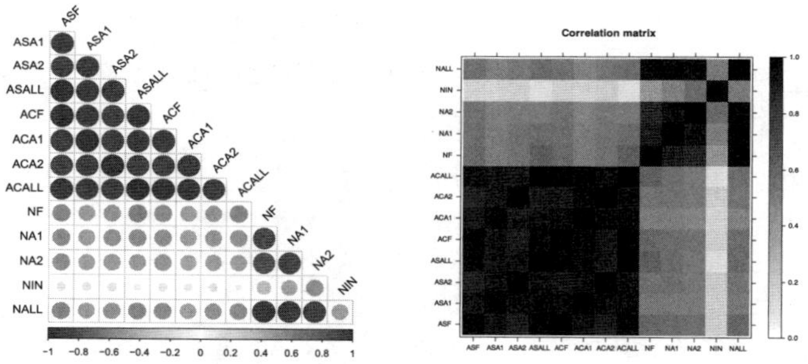

图 4.1.1　例 4.1 教师数据线性相关系数的两种直观展示

我们将使这 13 个定量变量形成 13 个不相关的线性组合 (称为成分), 并选取其最有代表性的少数一两个组合来描述这个数据. 我们将要考虑的问题是:

1. 如何选择变量的代表, 即**成分**.
2. 选择多少成分, 以及这些成分代表了原来数据的多少信息.
3. 这些成分的选择有没有意义.
4. 是否有可能尝试解释这些成分.

例 4.1 教师数据有 13 个定量变量, 因此对应 13 维空间, 数据为 13 维空间的点云. 如何降维呢? 由于 13 维空间无法直观观测, 下面以 2 维空间为例, 说明 2 维空间如何降维到 1 维空间. 图 4.1.2 给出了两种 2 维变量点云的示例.

[3]Wei, T., and Simko, V. (2021). R package 'corrplot': Visualization of a Correlation Matrix (Version 0.92). Available from `https://github.com/taiyun/corrplot`.

[4]Sarkar, D. (2008). *Lattice: Multivariate Data Visualization with R*. New York: Springer, ISBN 978-0-387-75968-5.

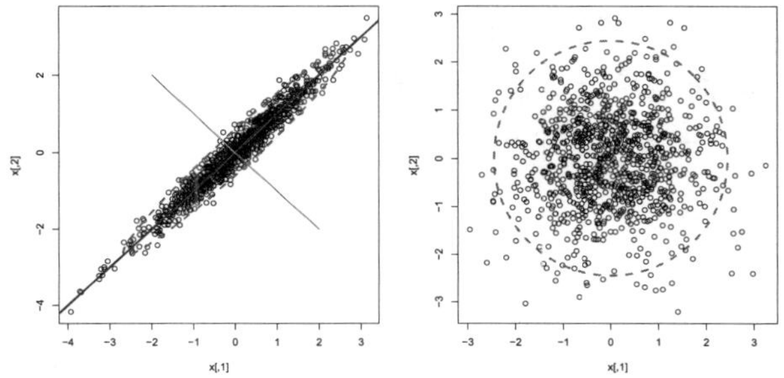

图 4.1.2 相关变量点云 (左) 及无关变量点云 (右)

在图 4.1.2 的两个图中, 左图是两个相关变量的点云, 而由于两个变量相关, 图形呈现出一个椭圆形状, 其中沿着椭圆长轴的方向有较多的信息, 即**方差最大的方向**, 而沿着椭圆短轴方向的方差较小. 如果椭圆短轴的长度缩短到 0, 则该 2 维点云实际上是 1 维点云, 已经降低维度. 因此, 左图所示的数据应该可以降维. 图 4.1.2 的右图是两个不相关变量的点云, 呈现出一个长短轴没有明显差别的近似于圆的"椭圆", 对该点云做降维没有什么意义, 或者说, 把右图的点朝任何方向投影都不会有多大的区别.

> **图 4.1.2 的比较"完美"的椭圆形状会在变量近似地来自二元正态分布总体时出现. 但在实际应用中, 数据很难真正来自多元正态分布总体, 其点云可能完全不像一个椭圆或空间椭球. 虽然人们往往主观假定数据服从多元正态分布, 但这最多只是为了方便而做的无法核对的假定, 因为我们永远无法证明一个数据真正来自正态分布 (或任何分布).**

求协方差矩阵及样本相关阵的特征值和特征向量

一般来说, 如果数据具有以向量 $\boldsymbol{x}=(x_1,x_2,\ldots,x_p)^\top$ 表示的 p 个变量, 我们要在这些变量组成的 p 维空间中找到方差最大的方向. 由于任何方向都是原始变量的线性组合, 我们的目的是寻找变量线性组合 $\boldsymbol{\gamma}^\top\boldsymbol{x}=(\gamma_1x_1,\gamma_2x_2,\ldots,\gamma_px_p,)$ 的系数 $\boldsymbol{\gamma}=(\gamma_1,\gamma_2,\ldots,\gamma_p)^\top$, 使得 $\mathrm{Var}(\boldsymbol{\gamma}^\top\boldsymbol{x})=\boldsymbol{\gamma}^\top\boldsymbol{\Sigma}\boldsymbol{\gamma}$ 最大. 这个最大化过程可以用数学语言表达为:

$$\boldsymbol{\gamma}=\arg\max_{\boldsymbol{\gamma}}\mathrm{Var}(\boldsymbol{\gamma}^\top\boldsymbol{x})=\arg\max_{\boldsymbol{\gamma}}\boldsymbol{\gamma}^\top\boldsymbol{\Sigma}\boldsymbol{\gamma},$$

式中, $\boldsymbol{\Sigma}$ 为这 p 个变量的协方差矩阵. 在线性代数中, 这等价于求 $\boldsymbol{\Sigma}$ 的最大特征值所对应的特征向量, 记该方向的单位特征向量为 $\boldsymbol{\gamma}_1$, 称这个向量所代表的线性组合 $\boldsymbol{\gamma}_1^\top\boldsymbol{x}$ 为第一主成分. 类似地, 在与 $\boldsymbol{\gamma}_1$ 正交的空间, 再找使得方差最大的单位向量 $\boldsymbol{\gamma}_2$, 如此下去, 可以找到 p 个主成分 (即 p 个特征向量) $\boldsymbol{\gamma}_1,\boldsymbol{\gamma}_2,\ldots,\boldsymbol{\gamma}_p$, 以及对应这些特征向量的 ($\boldsymbol{\Sigma}$ 的) p 个特征值 $\lambda_1,\lambda_2,\ldots,\lambda_p$ ($\lambda_1\geqslant\lambda_2\geqslant\cdots\geqslant\lambda_p$). 为叙述方便, 不妨假定这些 $\boldsymbol{\gamma}_i$ 为单位向量.

在记号上, 对于总体协方差阵 $\boldsymbol{\Sigma}$, 其特征值和特征向量分别表示为:

$$\boldsymbol{\lambda}=(\lambda_1,\lambda_2,\ldots,\lambda_p)^\top \text{ 和 } \boldsymbol{\Gamma}=[\boldsymbol{\gamma}_1,\boldsymbol{\gamma}_2,\ldots,\boldsymbol{\gamma}_p]=\begin{bmatrix}\gamma_{11}&\gamma_{21}&\cdots&\gamma_{p1}\\\gamma_{12}&\gamma_{22}&\cdots&\gamma_{p2}\\\vdots&\vdots&&\vdots\\\gamma_{1p}&\gamma_{2p}&\cdots&\gamma_{pp}\end{bmatrix},$$

式中, 列向量 $\boldsymbol{\gamma}_i=(\gamma_{i1},\gamma_{i2},\ldots,\gamma_{ip})^\top$ $(i=1,2,\ldots,p)$.

在实际问题中, 由于变量的协方差阵 $\boldsymbol{\Sigma}$ 未知, 可用样本协方差阵代替. 基于数据, 上述

求 p 个特征值及对应的 p 个正交向量的过程是一步完成的. 为了避免结果受变量不同量纲的影响, 通常用样本相关阵 $\boldsymbol{R}$ 代替样本协方差阵, 这等价于用标准化数据的协方差阵. 在本章中, 我们用样本相关阵, 而不是样本协方差阵.

在记号上, 对于**样本相关阵$\boldsymbol{R}$**, 其特征值和特征向量分别表示为:

$$\boldsymbol{\ell}=(\boldsymbol{\ell}_1,\boldsymbol{\ell}_2,\ldots,\boldsymbol{\ell}_p)^\top \quad 和 \quad \boldsymbol{A}=[\boldsymbol{a}_1,\boldsymbol{a}_2,\ldots,\boldsymbol{a}_p]=\begin{bmatrix} a_{11} & a_{21} & \cdots & a_{p1} \\ a_{12} & a_{22} & \cdots & a_{p2} \\ \vdots & \vdots & & \vdots \\ a_{1p} & a_{2p} & \cdots & a_{pp} \end{bmatrix},$$

式中, 列向量 $\boldsymbol{a}_i=(a_{i1},a_{i2},\ldots,a_{ip})^\top$ $(i=1,2,\ldots,p)$.

对于例 4.1 教师数据, 读取数据、对原始数据的定性变量仅保存学校名称、求数据 (不包括校名变量) 相关阵的特征值和特征向量的 R 代码为:

```
w=read.csv("full.aaup.csv")#读取数据
u=w[,-c(1,3,4)] #去掉无关定性变量(仅保存学校名称)
a=eigen(cor(u[,-1]))#解(不包括校名变量的)相关矩阵的特征值问题
a$va #输出特征值
data.frame(a$ve,row.names=names(u)[-1])[,1:4]#带有变量名的4个特征向量
```

输出的 13 个特征值及相应于 4 个最大特征值的 4 个特征向量为:

```
> a$value
$values
 [1] 9.30528828 2.43991068 0.70609232 0.18019578
 [5] 0.13667776 0.07624507 0.06672505 0.05213008
 [9] 0.02702074 0.00498025 0.00256042 0.00190026
[13] 0.00027331

> data.frame(a$vectors,row.names=names(u)[-1])[,1:4]
               X1         X2          X3          X4
ASF   -0.31273824 -0.1352035  0.02804996 -0.30274173
ASA1  -0.30502296 -0.1891519  0.11642372  0.11576999
ASA2  -0.30568127 -0.1559534  0.08826369  0.41070451
ASALL -0.31187011 -0.1573095 -0.07045888 -0.30599752
ACF   -0.31098143 -0.1579576  0.03176836 -0.27621024
ACA1  -0.30214696 -0.2076846  0.11074421  0.13769700
ACA2  -0.30382362 -0.1683954  0.08791390  0.42882607
ACALL -0.31028804 -0.1751978 -0.05822265 -0.25605919
NF    -0.24334906  0.3569358 -0.33116826 -0.33087167
NA1   -0.24106277  0.3936994 -0.17830881  0.26108295
NA2   -0.23529148  0.4123763 -0.04912807  0.26515144
NIN   -0.08890082  0.3897086  0.87898802 -0.19914972
NALL  -0.24752096  0.4067060 -0.17891781 -0.01775209
```

上面 (R 代码 `$values` 下面) 的输出数值是按照降序排列的 13 个特征值 (可用 R 代码 `a$value` 单独得到), 而后面是相应于上面 13 个特征值的 13 个单位列向量 (这里只显示其

中的前 4 个, 全部向量可用 R 代码 `a$vector` 单独得到), 如果这 13 个列向量组成的矩阵用 $\boldsymbol{A}=[\boldsymbol{a}_1,\boldsymbol{a}_2,\ldots,\boldsymbol{a}_p]$ 表示 (R 代码 `a$vector`), 那么 $\boldsymbol{A}^\top\boldsymbol{A}=\boldsymbol{I}$, 也就是说这些向量正交. 这可以用 R 代码 `round(t(a$ve)%*%a$ve,14)` 验证 (这里的 `round(,14)` 是保留小数点后面 14 位的四舍五入函数. 在浮点运算中, 一般不大可能得到纯粹的整数 0 或 1, 小数点后十几位才出现非零数字的数目可认为是 0).

奇异值分解 *

求主成分分析特征值和特征向量一般用奇异值分解. 其公式如下 ($\boldsymbol{X}$ 是中心化的 $n\times p$ 的数据矩阵).

为了计算 PCA, 首先计算原始数据集的奇异值分解 (SVD):

$$\boldsymbol{X}=\boldsymbol{U}\boldsymbol{S}\boldsymbol{V}^\top,$$

这里 $\boldsymbol{V}$ 的列包含了主成分, $\boldsymbol{S}$ 为包含奇异值的对角矩阵, $\boldsymbol{U}$ 的列为主成分 (单位向量形式), 标准化的主成分为 $\sqrt{N-1}\boldsymbol{U}$. 而

$$\boldsymbol{\Sigma}=\frac{1}{N-1}\boldsymbol{X}^\top\boldsymbol{X}=\boldsymbol{V}\frac{\boldsymbol{S}^2}{N-1}\boldsymbol{V}^\top=\boldsymbol{V}\boldsymbol{E}\boldsymbol{V}^\top.$$

这意味着主轴 $\boldsymbol{V}$ 是协方差阵的特征向量, 而 $\boldsymbol{E}=\boldsymbol{S}^2/(N-1)$ 为特征值. 要计算载荷矩阵, 即原始变量和主成分之间的相关性, 我们只需要计算交叉协方差矩阵:

$$\mathrm{Cov}(\boldsymbol{X},\boldsymbol{Y})=\frac{\boldsymbol{X}^\top\boldsymbol{Y}}{N-1},$$

这里 $\boldsymbol{X}$ 包含原始变量, 而 $\boldsymbol{Y}$ 为标准化的主成分, 因此,

$$\mathrm{Cov}(\boldsymbol{X},\boldsymbol{Y})=\frac{\boldsymbol{X}^\top(\sqrt{N-1}\boldsymbol{U})}{N-1}=\frac{\boldsymbol{V}\boldsymbol{S}\boldsymbol{U}^\top\boldsymbol{U}}{\sqrt{N-1}}=\boldsymbol{V}\frac{\boldsymbol{S}}{\sqrt{N-1}}=\boldsymbol{V}\sqrt{\boldsymbol{E}}=\boldsymbol{L}.$$

求各个成分的贡献率和累积贡献率

通常, 一个成分的重要性用其方差占总方差的比例来度量, 比如, 对于第 i 个成分, 其方差为特征值 λ_i, 而总方差为 $\sum_{j=1}^p\lambda_j$, 因此该成分占总方差的比例为 $\lambda_i/\sum_{j=1}^p\lambda_j$, 即该特征值占各个成分特征值之和的比例. 对于例 4.1 教师数据, 从样本相关阵 $\boldsymbol{R}$ 计算出来的第 i 个主成分的贡献率为 $\ell_i/\sum_{j=1}^p\ell_j$, 前 k 个主成分的累积贡献率为 $\sum_{j=1}^k\ell_i/\sum_{j=1}^p\ell_j$.

上面通过 R 计算出来的特征向量 $\boldsymbol{a}_i$ $(i=1,2,\ldots,p)$ 都是单位向量, 这时**第 i 个主成分与第 j 个原始变量之间的相关系数为** $\sqrt{\ell_i}a_{ij}$, 也就是说, 第 i 个特征向量 $\boldsymbol{a}_i$ 与相应特征值的平方根 $\sqrt{\ell_i}$ 的乘积 $\sqrt{\ell_i}\boldsymbol{a}_i$ 的各个分量为第 i 个成分与各个变量之间的相关系数 (向量). 由于一个特征向量和任何实数的乘积仍然是相应特征值的特征向量, 单位特征向量 $\boldsymbol{a}_i$ (矩阵 $\boldsymbol{A}$ 的第 i 列) 和向量 $\sqrt{\ell_i}\boldsymbol{a}_i$ 均为同方向的特征向量. 在一些软件的输出中 (比如 SPSS) 称 $\sqrt{\ell_i}\boldsymbol{a}_i$ 为**载荷** (loading), 但在另一些软件 (比如 R 函数 `princomp()` 及 SAS 相应模块) 的输出中, 称单位特征向量 $\boldsymbol{a}_i$ 为载荷. 这仅仅是名称不同, 只要明白其是如何定义的就行了.

对例 4.1 用 R 代码计算贡献率 $\ell_i/\sum_{j=1}^p\ell_j$ $(i=1,2,\ldots,p)$ 和累积贡献率 $\sum_{j=1}^k\ell_i/\sum_{j=1}^p\ell_j$ $(k=1,2,\ldots,p)$:

```
u=read.csv("full.aaup.csv")[,-c(1,3,4)]
a=eigen(cor(u[,-1]))
(cca=(a$va)/sum(a$va)) #贡献率
(ca=cumsum(a$va)/sum(a$va)) #累积贡献率
```

相应的输出为:

```
> (cca=(a$va)/sum(a$va))#贡献率
 [1] 7.15791e-01 1.87685e-01 5.43148e-02 1.38612e-02
 [5] 1.05137e-02 5.86501e-03 5.13270e-03 4.01001e-03
 [9] 2.07852e-03 3.83096e-04 1.96955e-04 1.46174e-04
[13] 2.10239e-05
> (ca=cumsum(a$va)/sum(a$va))#累积贡献率
 [1] 0.715791 0.903477 0.957792 0.971653 0.982167
 [6] 0.988032 0.993164 0.997174 0.999253 0.999636
[11] 0.999833 0.999979 1.000000
```

输出表明, 贡献率最大的前两个主成分的贡献率之和 (即累积贡献率) 已经超过 90%, 这直观地显示在下面的崖底碎石图中 (图 4.1.3 (左)).

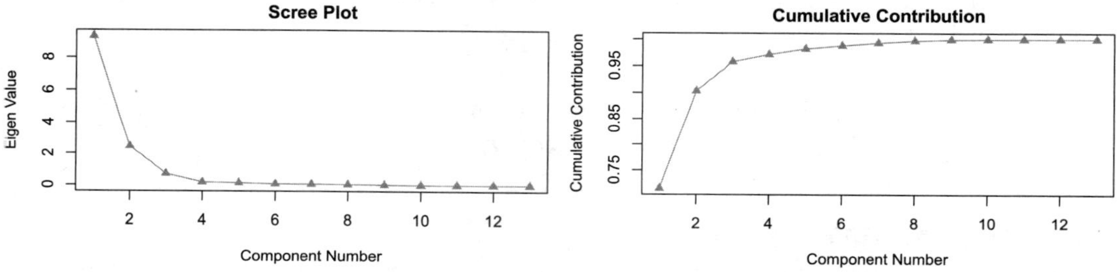

图 4.1.3　例 4.1 教师数据的贡献率图 (崖底碎石图)(左) 及累积贡献率图 (右)

崖底碎石图 (scree plot)[5] 是特征值 ℓ_i 对成分编号 $1, 2, \ldots, p$ 的点图, 它描述了各个成分贡献的变化. 该图和贡献率图 ($\ell_i / \sum_i \ell_i$ 对成分编号 $1, 2, \ldots, p$ 的点图) 形状相同, 因此用特征值和贡献率都可以得到形状相同 (差一个因子) 的崖底碎石图. 产生崖底碎石图及累积贡献率图 (见图 4.1.3) 的 R 代码如下:

```
# 崖底碎石图
par(mfrow=c(1,2))
plot(1:(ncol(u)-1),main="Scree Plot",a$va,type="o",pch=17,col=4,
    xlab="Component Number",ylab="Eigen Value")
# 累积贡献率图
plot(1:(ncol(u)-1),ca,type="o",pch=17,col=4,main="Cumulative Contribution",
    xlab="Component Number",ylab="Cumulative Contribution")
```

[5]这里之所以称特征值的特征值或贡献率图为崖底碎石图, 是因为适合主成分分析的数据的少数几个大特征值的贡献占了很大的比例, 这样, 图形下降得很陡, 就像悬崖一样, 剩下的特征值都很小, 如碎石躺在陡峭的悬崖下面. 如果数据不那么相关, 各个特征值大小差不多, 就不会有这样的陡峭图形.

不相关变量的说明性例子. 各个变量完全不相关数据 (设 $p = 5$) 的相关阵为单位矩阵 (R 代码为 `diag(5)`) (其特征值 `b$value` 全部为 1), 其崖底碎石图则成为没有 “悬崖” 的 “平地图”. 下面相关代码可输出 “扁平” 悬崖碎石图 (不显示).

```
(b=eigen(diag(5)))
plot(1:5,b$values,type="o",pch=16,main ="meaningless scree plot")
```

根据贡献率选取少数重要成分

表 4.1.1 为例 4.1 教师数据的主成分分析的特征值、贡献率、累积贡献率表. 前面图 4.1.3 的左、右两图都是根据该表中的数据绘出的, 可以看出, 第一主成分的贡献率较大, 占 72%, 而第二个占 19%, 它们合计贡献率为 90% (存在四舍五入误差), 而其他主成分的贡献率都不大. 因此, 选取头两个主成分就可以解释 90%的方差.

表 4.1.1 例 4.1 教师数据主成分分析的特征值、贡献率、累积贡献率

成分	1	2	3	4	5	6	7	8	9	10	11	12	13
特征值	9.31	2.44	0.71	0.18	0.14	0.08	0.07	0.05	0.03	0.00	0.00	0.00	0.00
贡献率	0.72	0.19	0.05	0.01	0.01	0.01	0.01	0.00	0.00	0.00	0.00	0.00	0.00
累积贡献率	0.72	0.90	0.96	0.97	0.98	0.99	0.99	1.00	1.00	1.00	1.00	1.00	1.00

对于在主成分分析中应该选取多少成分, 说法不一. 有的说被选取的成分累积贡献率应达到 70%以上, 有的说必须达到 75%、80%或 85%以上. 实际上, 单纯按照百分数来选择主成分个数是不合适的. 如果各个变量不相关, 那么所有变量贡献率相同, 如按照累积贡献率来选择成分就意味着选百分之几的变量, 这显然是荒谬的.

主成分和原始变量的相关系数计算与载荷图

前面提及第 i 个主成分和第 j 个原始变量的相关系数 (载荷) 为 $\sqrt{\ell_i}a_{ij}$, 这来自每个单位特征向量 (`a$vec`) 乘以相应的特征值的平方根 (`sqrt(a$value)`) 的结果. 下面计算 (特征值都大于 1 的) 前两个主成分和原始变量的相关系数 (载荷), 其中第一行就是计算相关系数的语句, 而后面几行语句得出前两个主成分与原始变量的相关系数表 (见表 4.1.2), 并绘出载荷图 (见图4.1.4).

```
b=sweep(a$vec[,a$va>0],2,sqrt(a$value[a$va>0]),"*")
print(b)
pct=paste("(",round(a$va/sum(a$va)*100),"%)",sep="")
tt=NULL
for(i in 1:4)
  tt=c(tt,paste("Component", i,pct[i]))
plot(b[,1:2], type="n", xlab=tt[1], ylab=tt[2],main="Loadings",
     xlim=c(-1,0.05))
text(b[,1],b[,2],names(u[,-1]));abline(h=0);abline(v=0)
```

表 4.1.2 例 4.1 教师数据的两个主成分与原变量的相关系数

原变量	ASF	ASA1	ASA2	ASALL	ACF	ACA1	ACA2	ACALL	NF	NA1	NA2	NIN	NALL
成分 1	−0.954	−0.930	−0.932	−0.951	−0.949	−0.922	−0.927	−0.947	−0.742	−0.735	−0.718	−0.271	−0.755
成分 2	−0.211	−0.295	−0.244	−0.246	−0.247	−0.324	−0.263	−0.274	0.558	0.615	0.644	0.609	0.635

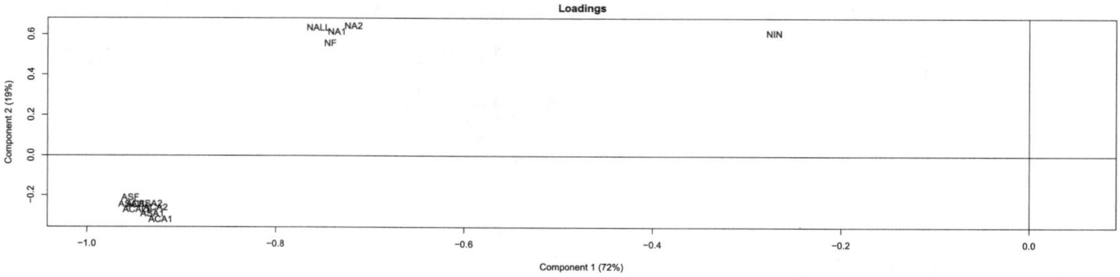

图 4.1.4　例 4.1 教师数据的主成分分析载荷图

载荷图 (见图 4.1.4) 的每一个点代表例 4.1 的一个原始变量, 并以其名字标识 (比如变量 ASF 或 NIN). **载荷图每一点的横坐标为相应变量与第一主成分的线性相关系数, 而其纵坐标为该变量与第二主成分的线性相关系数**. 图 4.1.4 各个点的坐标对应例 4.1 的方差最大的 2 个主成分与原始变量的相关系数, 即表 4.1.2 的两行数字相应于图 4.1.4 中点的横、纵坐标. 可以看出, 第一主成分绝对值大 (这里是负数) 的点既对应和收入有关的变量 (字母 "A" 开头的变量), 也对应和人数有关的变量 (字母 "N" 开头的变量), 但变量 NIN 是例外; 而第二主成分绝对值大 (这里是正数) 的点主要对应和人数有关的变量 (字母 "N" 开头的变量).

每一个选中的主成分所代表的特征可以用来给这些成分起名字, 但并不一定都合理. 给例 4.1 的前两个主成分起名字就不那么容易. 第一主成分可以勉强称为 " 总体成分 " (代表人数和收入二者), 而第二主成分或可称为 " 人力资源成分 " (代表人数).

注意: 由于任何单位特征值乘以 $-\mathbf{1}$ 之后仍然是单位特征值, 载荷在乘以 $-\mathbf{1}$ 之后仍然是载荷. 因此, 上面的载荷图相对于任何坐标轴的镜面映射仍然是载荷图. 另外, 有些软件所产生的载荷图仅仅基于一对 (未乘以相应特征值的平方根的) 单位特征向量. 载荷图的种种变化并不影响对结果的解读. 因为对于一个成分而言, 我们仅仅关注各个变量与该成分相关程度的相对大小, 比如, 在例 4.1 的载荷图 (见图4.1.4) 中, 变量 ASF 比 NIN 与第一主成分更加相关 (无论正负), 但变量 NIN 比 ASF 与第二主成分更加相关, 而且由于符号不同 (无所谓哪个为正, 哪个为负), 它们与第二主成分的相关方向相反 (如果一个为正相关, 则另一个为负相关, 而且程度不同).

主成分得分

对于每个观测值都可以得到它们关于每个主成分的得分, 也就是观测值在各个成分上的投影. 数据 $\boldsymbol{X}$ 在主成分上的投影记为 $\boldsymbol{X}' \equiv \boldsymbol{X}\boldsymbol{A}$(注意: $\boldsymbol{X}'$ 不是矩阵 $\boldsymbol{X}$ 的转置, 本书把 $\boldsymbol{X}^\top$ 记为矩阵 $\boldsymbol{X}$ 的转置), 这里的 $\boldsymbol{A}$ 是前面引入的由主成分列向量组成的矩阵, 其元素 a_{ij} 是第 i 个成分相应于第 j 个变量的值, 而 $\boldsymbol{X} = \{x_{ij}\}$ 是原始变量的标准化形式, 其元素 x_{ij} 是第 i 个观测值对应于第 j 个变量的 (标准化后的) 值. 这里的标准化, 是每个变量的观测值减去该变量所有观测值的均值再除以该变量所有观测值的标准差的结果. 如原始数据 $n \times p$ 矩阵为 $\boldsymbol{X}^{(0)} = \{x_{ij}^{(0)}\}$ $(i = 1, 2, \ldots, n; j = 1, 2, \ldots, p)$, 则标准化后的数据矩阵为:

$$\boldsymbol{X} = \begin{bmatrix} (x_{11}^{(0)} - \bar{x}_1^{(0)})/s_1^{(0)} & (x_{12}^{(0)} - \bar{x}_2^{(0)})/s_2^{(0)} & \cdots & (x_{1p}^{(0)} - \bar{x}_p^{(0)})/s_p^{(0)} \\ (x_{21}^{(0)} - \bar{x}_1^{(0)})/s_1^{(0)} & (x_{22}^{(0)} - \bar{x}_2^{(0)})/s_2^{(0)} & \cdots & (x_{2p}^{(0)} - \bar{x}_p^{(0)})/s_p^{(0)} \\ \vdots & \vdots & & \vdots \\ (x_{n1}^{(0)} - \bar{x}_1^{(0)})/s_1^{(0)} & (x_{n2}^{(0)} - \bar{x}_2^{(0)})/s_2^{(0)} & \cdots & (x_{np}^{(0)} - \bar{x}_p^{(0)})/s_p^{(0)} \end{bmatrix},$$

这里的 $\bar{x}_i^{(0)}$ 和 $s_i^{(0)}$ 分别为 $x_{1j}^{(0)}, x_{2j}^{(0)}, \ldots, x_{nj}^{(0)}$ $(j = 1, 2, \ldots, p)$ 的均值和标准差.

例 4.1 教师数据在选中两个主成分后的第 i 个观测值对于这两个主成分的得分为:

$$x'_{ik} = \sum_{j=1}^{13} x_{ij} a_{kj}, \ \ i = 1, 2, \ldots, 1161; \ k = 1, 2,$$

于是, 每个观测值在以这两个主成分为坐标轴的平面上代表一个点.

下面的 R 语句计算了前两个主成分的得分, 即用标准化的原始数据矩阵乘特征向量矩阵, 并把这些得分展示在图 4.1.5 (左) 中.

```
par(mfrow=c(1,2))
sc=scale(u[,-1])%*%a$ve[,1:2] #计算得分
plot(sc[,1],sc[,2],type="n",ylim=c(-6,10),xlim=c(-11,7),
    main="Sample Principal Components", xlab="Component 1",
    ylab="Component 2")
text(sc[,1],sc[,2],u[,1],cex=.4)
abline(v=0,col=2);abline(h=0,col=2)
CA=(w$State=="CA")
plot(sc[CA,1],sc[CA,2],type="n",ylim=c(-6,4),xlim=c(-12,5),
    main="Sample Principal Components for California Schools",
    xlab="Component 1", ylab="Component 2")
text(sc[CA,1],sc[CA,2],u[CA,1],cex=1)
abline(v=0,col=2);abline(h=0,col=2)
par(mfrow=c(1,1))
```

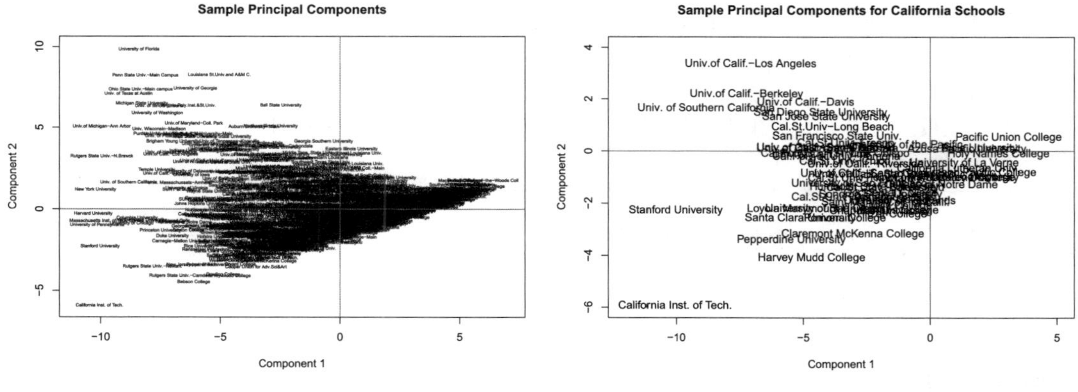

图 4.1.5 例 4.1 教师数据的样本主成分得分, 左图是全部观测值, 右图仅为加利福尼亚州高校观测值

图 4.1.5 中各个点是用学校名字代表的, 虽然有些拥挤 (特别是左图), 但还是可以看出一些特别突出的学校名字. 图 4.1.5 中右图为加利福尼亚州学校的得分图, 没有左图那么拥挤. 从右图的横坐标 (相应于第一主成分) 可以看出加利福尼亚州哪些学校的平均收入和教师人数综合得分较高 (负值越大), 比如加利福尼亚理工学院、斯坦福大学、南加利福尼亚大学、加利福尼亚大学伯克利分校和洛杉矶分校等得分最高. 从右图的纵坐标 (相应于第二主成分) 可以看出加利福尼亚州哪些学校的教师人数得分较高, 这里加利福尼亚大学洛杉矶分

校、加利福尼亚大学伯克利分校、加利福尼亚大学戴维斯分校、南加利福尼亚大学、圣迭戈州立大学等得分最高, 但由于第二主成分和变量的相关性远不如第一主成分强, 因此对数据总体的解释性也弱.

得到上面两个成分的前 5 名学校名称的代码为 (读者可以自行运行来查看输出):

```
u[CA,1][order(sc[CA,1],decreasing =F)][1:5]
u[CA,1][order(sc[CA,2],decreasing =T)][1:5]
```

注意

综合评价的悖论. 有些人把主成分分析和因子分析中的成分或因子作为产生"综合指标"的所谓"综合评价"的基础, 比如, 某个成分为"教育成分", 某个成分为"经济发展成分", 等等, 然后用这些成分的平均或者它们 (按照主成分贡献比例) 的加权平均作为"政绩"的综合评价标准, 并用来排序. 但是, 如果分析时不仅仅局限于经济变量, 还包括廉政、环境、公平、效率等其他变量, 结果就不会那么简单了. 这时,"经济发展成分"和腐败及污染很可能十分相关, 这时如何称呼、如何进行综合评价都会成为问题. 比如, 公平和效率也是负相关的, 反映效率的成分难道可以称为"不公平成分"吗?

变量的不同选择决定"综合指标"的不同结果. 关于按照主成分贡献比例对各个成分做加权平均来产生"综合指标"的做法完全依赖于变量的选择, 不同的变量选择会得到不同的主成分以及不同的"权重". 根据某种目的去人为地选择变量是不可取的. 进行主成分分析或因子分析最重要的是客观地、毫无偏见地选择变量.

排名的争议. 根据各种变量形成"综合指标"不可能有唯一的方案, 以学校排名为例, 人们可以从很多指标中挑选部分来做, 比如电脑网络设备、教师学生比例、论文引用总数、得奖者人数、项目数量、资金数量、人均论文引用数量、博士毕业生的学术成就等. 采用不同的变量, 结果也大不一样. 举例来说, 如果强调论文引用总数, 教师少的学校 (比如普林斯顿大学) 就吃亏了, 但如果强调人均论文引用数量, 诸如普林斯顿大学那样的学校就会名列前茅. 实际上, 没有任何一个机构对学校的排名能够令人满意.

简单化会损失信息. 用少数指标对一个事物做描述肯定要损失信息. 比如, 人的体能本来可以从持久性、爆发力、速度等多方面来描述, 并且给人以非常明确的印象. 但是, 如果一定要用一个"综合指标"来对不同人的体能做描述, 则会把本来明确的印象弄模糊. 诸如"哪个学校第一""哪个公司最好""哪个教授最优秀"之类的问题都是试图把复杂事物简单化的幼稚做法. 我们都明白, 以"非黑即白"的观点看问题无疑会产生误导.

4.1.3 主成分分析在图像处理中的应用

主成分分析在图像处理中有很多应用, 最典型的是图像压缩和图像识别, 而每一种应用都有不同的方法. 为节省篇幅, 这里仅仅做些简单的介绍, 不做更多展开.

主成分分析运用于图像压缩

例 4.2 江景 (XMY.jpg) *这个例子的数据很简单, 就是一张照片 (图 4.1.6 右下图), 当图片像素很大时, 传输和存储都不太方便, 这时需要降低像素, 主成分分析的降维功能可以用来做这件事情.*

例 4.2 的照片是彩色照片 (注意, 本书为黑白印刷, 彩色无法显示), 其数据由 3 个 3264×2448 矩阵组成, 矩阵中的每个数目取值在区间 $[0, 1]$, 表示像素大小 (越接近 0 越深). 这三个矩阵分别代表红色、绿色和蓝色, 也就是说, 照片有 $3264 \times 2448 = 7990272$ 个点, 每个点由三种颜色混合而成. 和例 4.1 教师数据不同, 这里不需要解释各个成分的意义, 但希望能够减少图片占用的空间并在降维之后尽量保持图片的可识别性.

例 4.2 的照片 (见图 4.1.6 右下图) 像素较高, 我们试着对其通过主成分分析实现降维, 看看效果如何. 首先用下面使用了程序包 jpeg [6]的函数代码读入数据:

```
library(jpeg)
xmy=readJPEG('XMY.jpg')
```

然后对各个颜色做 3 次主成分分析 (分别选取的主成分个数为 3、10、100), 并且把图像输出到 3 张图中 (文件名为 compXMY3.jpg, compXMY10.jpg, compXMY100.jpg), 这 3 张图 (以及原始图片) 显示在图 4.1.6 中.

图 4.1.6 例 4.2 江景照片分别选取主成分个数为 3、10、100 的压缩照片以及原始图片 (自左上到右下逐行排列)

生成图 4.1.6 的代码如下:

```
xmypca=list()
for(i in 1:3)xmypca[[i]]=prcomp(xmy[,,i], center = FALSE)
imge=list()
for (i in c(3,10,100)) {
  imge[[i]] <- sapply(xmypca, function(y) {
  comimge <- y$x[,1:i] %*% t(y$rotation[,1:i])
```

[6]Urbanek, S. (2014). jpeg: Read and write JPEG images. R package version 0.1-8. https://CRAN.R-project.org/package=jpeg.

```
  }, simplify = 'array')
  writeJPEG(imge[[i]], paste('compXMY', round(i,0), '.jpg', sep = ''))
}
```

上面代码使用了主成分分析的函数 prcomp, 其输入值为原始数据矩阵, 输出中的 $x 为原始数据的旋转 (原数据乘以输出中的 $rotation), 而 $rotation 为特征向量 (注意, prcomp 和另一个常用的主成分分析函数 princomp 的输出不同). 可以看出, 主成分个数为 3、10 的图不那么清楚, 而主成分个数为 100 的图已经相当清楚. 前 3 个图文件相对于原图文件的大小比例分别为 0.12、0.15、0.22. 即使是最大一个压缩的图文件的大小也只有原图文件的 22%. 这些比例的计算代码及输出如下:

```
> FS=file.info('XMY.jpg')$size
> z=NULL
> for(i in c(3,10,100))
> z=c(z,file.info(paste("compXMY",i,".jpg",sep=""))$size/FS)
> z
0.1165802 0.1482081 0.2239737
```

前面代码所做的实际上是对形成图片的 (红、绿、蓝) 三种颜色 (注意: 本书为黑白印刷, 彩色无法显示) 矩阵分布实行奇异值分解 $\boldsymbol{X}_{,,k} = \boldsymbol{U}_k \boldsymbol{D}_k \boldsymbol{V}_k^\top$ $(k = 1, 2, 3)$, 而选取 i 个主成分压缩的图片三色 $(k = 1, 2, 3)$ 的矩阵为 (这里的 $\boldsymbol{U}[, 1 : i]_k$ 表示 $\boldsymbol{U}_k$ 的前 i 列, $\boldsymbol{V}[, 1 : i]_k$ 类似):

$$\boldsymbol{Y}_{,,k} = \boldsymbol{U}[, 1 : i]_k \boldsymbol{D}_k \boldsymbol{V}[, 1 : i]_k^\top, \ \ k = 1, 2, 3.$$

例 4.3 市场图片 (market.jpg) 这个例子也是一张照片 (见图 4.1.7 右下图).

对于例 4.3, 直接计算该奇异值分解并压缩图片 (文件: market.jpg). 取 5、20、100 个主成分之后的压缩图片及原始图片显示在图 4.1.7中. 生成图 4.1.7 的代码如下:

```
mk=readJPEG('market.jpg')
mksvd=list()
for(i in 1:3)
  mksvd[[i]]=svd(mk[,,i])
commk=mk;cmk=list()
FS=file.info('market.jpg')$size
for (i in c(5, 20, 100)){
  for(k in 1:3){
    commk[,,k]=mksvd[[k]]$u[,1:i] %*% diag(mksvd[[k]]$d[1:i]) %*%
      t(mksvd[[k]]$v[,1:i])
    writeJPEG(commk, paste('commk', round(i,0), '.jpg', sep = ''))
  }
  cmk[[i]]=commk
}
z=NULL;for(i in c(5,20, 100))
```

```
z=c(z,file.info(paste("commk",i,".jpg",sep=""))$size/FS);z
```

图 4.1.7 对图片 market.jpg 分别选取主成分个数为 5、20、100 的压缩照片及原始图片 (自左上到右下逐行排列)

计算出来的 3 个压缩后的图文件相对于原图文件的大小比例分别为 0.18、0.26、0.38.

主成分分析运用于图像识别

假定我们想要知道一个人脸是不是属于已知一群人中的一个, 我们需要把该人的照片和那一群人的照片 (假定一共有 N 张照片) 的数据放到一个矩阵中. 当然, 这要求每张照片都有同样的大小 (比如 $m \times n = M$ 个像素), 所有的头像都在照片中间, 有类似的角度, 等等. 把每张照片的数据矩阵"拉长"成行向量 (长度为 M), 所有 N 个行向量形成一个 $N \times M$ 矩阵 $\boldsymbol{X}$. 然后, 对这个矩阵通过主成分分析降维, 于是可以在主成分得分中看所关注的照片是否和其他照片中的某个接近. 由于 $M = m \times n$ 很大, 解维数为 $M \times M$ 的样本协方差阵 $\boldsymbol{X}^\top\boldsymbol{X}$ 的特征值问题有些不方便, 但我们可以解维数为 $N \times N$ 的样本协方差阵 $\boldsymbol{X}\boldsymbol{X}^\top$ 的特征值问题. 如果 $\boldsymbol{X}\boldsymbol{X}^\top$ 的特征向量为 $\boldsymbol{u}$, 那么 $\boldsymbol{X}^\top\boldsymbol{X}$ 的特征向量为 $\boldsymbol{X}^\top\boldsymbol{u}$, 由于它们的特征值相同 (假定为 λ), 则有:

$$\boldsymbol{X}\boldsymbol{X}^\top\boldsymbol{u} = \lambda\boldsymbol{u} \Leftrightarrow \boldsymbol{X}^\top\boldsymbol{X}\boldsymbol{X}^\top\boldsymbol{u} = \boldsymbol{X}^\top\lambda\boldsymbol{u} \Leftrightarrow \boldsymbol{X}^\top\boldsymbol{X}(\boldsymbol{X}^\top\boldsymbol{u}) = \lambda(\boldsymbol{X}^\top\boldsymbol{u}).$$

对于主成分分析在图像识别中的应用, 在这里就不举例子了.

4.1.4 案例: 例 4.4 洛杉矶街区数据的主成分分析

例 4.4 洛杉矶街区 (LA.Neighborhoods.csv) 该数据为美国人口普查局 2000 年数据.[7] 一共

[7]数据网站: http://wiki.stat.ucla.edu/socr/index.php/SOCR_{}Data_{}LA_{}Neighborhoods_{}Data.

有 110 个街区、15 个变量, 变量情况见表 4.1.3 (表中的 API 为涉及学生成绩的 Academic Performance Index 的缩写).

表 4.1.3 例 4.4 洛杉矶街区数据

变量名	描述	性质	变量名	描述	性质
LA.Nbhd	街区名字	分类	Black	黑人比例	数量
Income	收入中位数	数量	Latino	拉美裔比例	数量
Schools	公立学校 API 成绩中位数	数量	White	白人比例	数量
Diversity	种族多样性 (0～10 分)	分类/定序	Population	人口	数量
Age	年龄中位数	数量	Area	面积	数量
Homes	有房家庭比例	数量	Longitude	经度	数量
Vets	复员军人比例	数量	Latitude	纬度	数量
Asian	亚裔比例	数量			

前面的例子演示夹杂着公式和解释, 这里我们一气呵成地做例 4.4 洛杉矶街区数据的常规主成分分析. 为了方便, 我们不用公式, 直接使用程序包 `factoextra` [8]中的可视化函数及程序包 `FactoMineR` [9] 中的基本运算函数.

首先, 读入数据, 并做一些适当的调整, 装入上述程序包, 直接引用函数做主成分分析, 并产生崖底碎石图 (见图 4.1.8):

```
w=read.csv("LA.Neighborhoods.csv")
w$density=w$Population/w$Area #增加密度
u=w[,-c(12:15)] # 去掉人口, 面积, 经度, 纬度
row.names(u)=u[,1]

library("FactoMineR")
library("factoextra")

u.r=PCA(u[,-1], scale.unit=TRUE,graph=FALSE) #主程序
fviz_eig(u.r, addlabels = TRUE, ylim = c(0, 50)) #画图
```

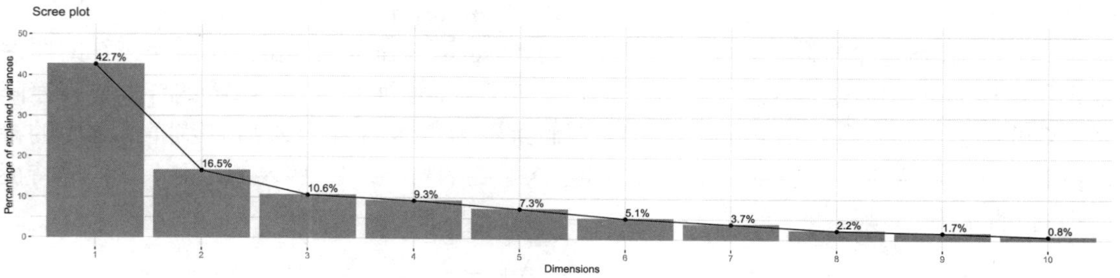

图 4.1.8 例 4.4 洛杉矶街区数据主成分分析的崖底碎石图

[8]Kassambara, A., Mundt, F. (2020). factoextra: Extract and Visualize the Results of Multivariate Data Analyses. `doi:10.32614/CRAN.package.factoextra`. `https://doi.org/10.32614/CRAN.package.factoextra`. R package version 1.0.7, `https://CRAN.R-project.org/package=factoextra`.

[9]Le, S., Josse, J., Husson, F. (2008). FactoMineR: An R Package for Multivariate Analysis. *Journal of Statistical Software*, 25(1), 1-18. 10.18637/jss.v025.i01.

可以用代码 `print(u.r)` 列出上面函数 `PCA` 所得到的各种结果, 还可以打印出特征值 (用代码 `get_eigenvalue(u.r)`), 请读者自己实现.

各个变量对前两个主成分的贡献 (百分比) 图 (见图 4.1.9) 可以用下面代码产生:

```
fviz_contrib(u.r, choice="var", axes=1)
fviz_contrib(u.r, choice="var", axes=2)
```

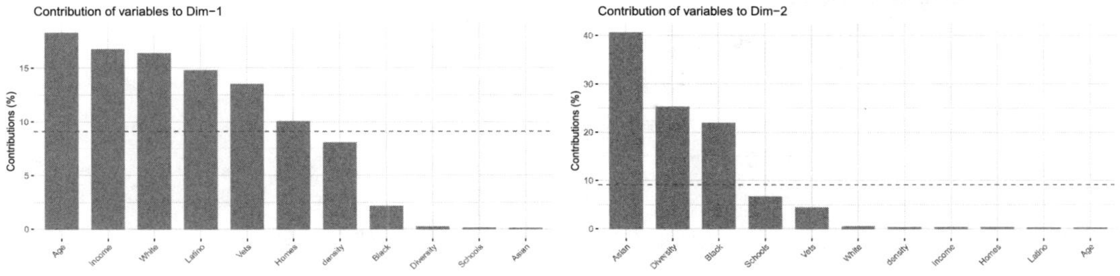

图 4.1.9　例 4.4 洛杉矶街区数据主成分分析各个变量对第一 (左) 及第二 (右) 主成分的贡献 (百分比) 图

描述变量和主成分相关系数的载荷图 (见图 4.1.10) 是由下面代码产生的, 图 4.1.10 中的左图是单纯的载荷图, 右图用不同颜色 (注意: 本书为黑白印刷, 彩色无法显示) 展示了各个变量的平方坐标, 称为 `cos2`. 图中的半径为 1 的圆称为相关圆, 所有的点都不会超出它.

```
fviz_pca_var(u.r)
fviz_pca_var(u.r, col.var = "cos2",
  gradient.cols = c("#00AFBB", "#E7B800", "#FC4E07"), repel = TRUE)
```

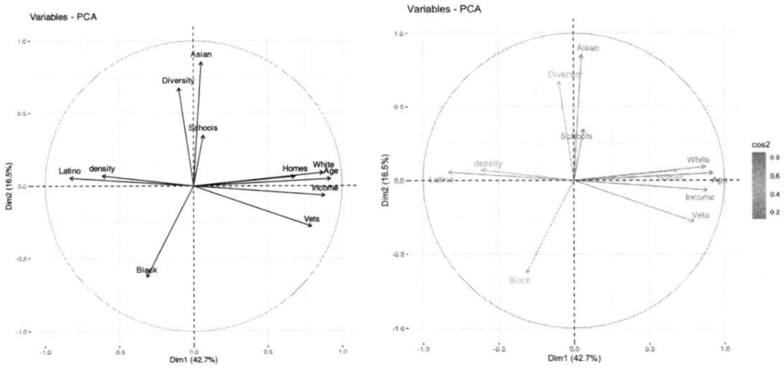

图 4.1.10　例 4.4 洛杉矶街区数据主成分分析的载荷图 (左) 及加上 cos2 信息后的载荷图 (右)

图 4.1.10 的坐标和 `cos2` 的值的名字可以用代码 `(var=get_pca_var(u.r))` 输出, 比如, 其中有 `"$cos2"`, 那么用 `var$cos2` 即可输出相应的数值 (这里不一一演示).

可以用下面代码得到观测值在前两个主成分的记分点图 (见图 4.1.11), 点的大小表示其 `cos2` 的值. 由于街区数目多, 名字也很长, 显得拥挤.

```
fviz_pca_ind(u.r,pointsize="cos2",pointshape=21,fill="#E7B800",repel=F)
```

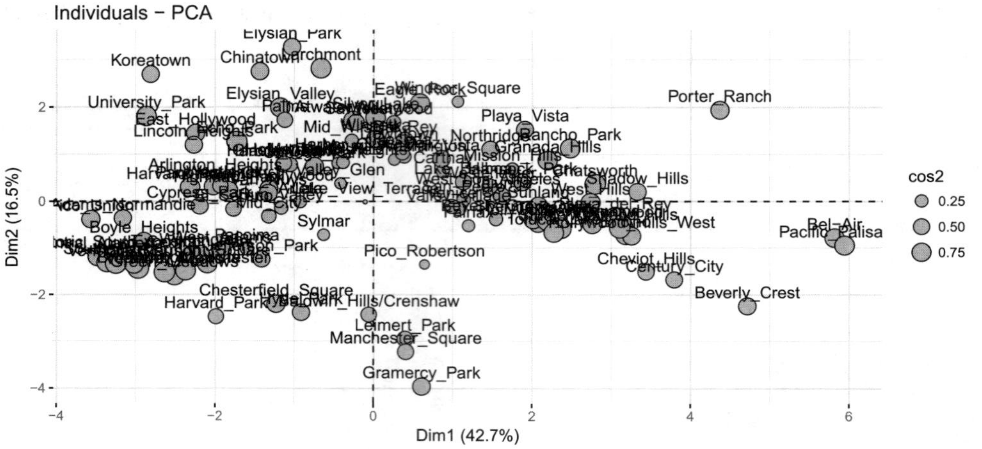

图 4.1.11　例 4.4 洛杉矶街区数据主成分分析的记分点图

4.1.5 主成分分析的一些数学知识 *

目标

令 $\boldsymbol{X} = (X_1, X_2, \ldots, X_p)^\top$ 为 p 维随机向量. 我们的目标是在 p 维空间 $\mathbb{R}^p$ 中找到使得线性组合 $\boldsymbol{\gamma}_1^\top \boldsymbol{X}$ 具有最大方差的 p 维向量 $\boldsymbol{\gamma}_1$, 然后寻找和 $\boldsymbol{\gamma}_1$ 不相关的使得线性组合 $\boldsymbol{\gamma}_2^\top \boldsymbol{X}$ 具有最大方差的 $\boldsymbol{\gamma}_2$. 如此下去, 可重复 p 次, 找到 p 个不相关的 $\boldsymbol{\gamma}_k$ $(k = 1, 2, \ldots, p)$. 这些由向量 $\{\boldsymbol{\gamma}_k\}$ 代表的新随机变量 $\{Y_k\} = \{\boldsymbol{\gamma}_k^\top \boldsymbol{X}\}$ 称为主成分. 为了达到降维的目的, 我们希望找到 m $(m \ll p)$ 个主成分, 使得它们能够解释大部分方差.

假定 $\boldsymbol{\Sigma}$ 是变量 $\boldsymbol{X}$ 的协方差矩阵. 我们已经知道的结论是: 第 k 个主成分为 $\boldsymbol{\gamma}_k^\top \boldsymbol{X}$, 其中 $\boldsymbol{\gamma}_k$ 为 $\boldsymbol{\Sigma}$ 的相应于第 k 大的特征值 λ_k 的一个特征向量. 如果 $\boldsymbol{\gamma}_k$ 为单位向量 $(\boldsymbol{\gamma}_k^\top \boldsymbol{\gamma}_k = 1)$, 则 $\mathrm{Var}(Y_k) = \mathrm{Var}(\boldsymbol{\gamma}_k^\top \boldsymbol{X}) = \lambda_k$. 在 $\boldsymbol{\gamma}_k^\top \boldsymbol{\gamma}_k = 1$ 时, 线性组合 $\boldsymbol{\gamma}_k^\top \boldsymbol{X}$ 称为标准化线性组合. 实际应用中, $\boldsymbol{\Sigma}$ 往往未知, 可以用样本协方差矩阵代替, 但更通常的做法是用样本相关矩阵 $\boldsymbol{R}$ 代替 (如本章的做法), 这等价于 (为了去除变量量纲的影响) 将数据标准化之后的样本协方差矩阵.

随机变量角度的推导

令 $\boldsymbol{\gamma} \in \mathbb{R}^p$, 我们在 $\boldsymbol{\gamma}^\top \boldsymbol{\gamma} = 1$ 的约束下求使得 $\mathrm{Var}(\boldsymbol{\gamma}^\top \boldsymbol{X}) = \boldsymbol{\gamma}^\top \boldsymbol{\Sigma} \boldsymbol{\gamma}$ 最大的单位向量 $\boldsymbol{\gamma}$. 根据 Lagrange 乘数法, 要求:

$$\arg\max_{\boldsymbol{\gamma}, \lambda} \{\boldsymbol{\gamma}^\top \boldsymbol{\Sigma} \boldsymbol{\gamma} - \lambda(\boldsymbol{\gamma}^\top \boldsymbol{\gamma} - 1)\},$$

关于 $\boldsymbol{\gamma}$ 求微分, 得到方程:

$$\frac{\mathrm{d}}{\mathrm{d}\boldsymbol{\gamma}} \{\boldsymbol{\gamma}^\top \boldsymbol{\Sigma} \boldsymbol{\gamma} - \lambda(\boldsymbol{\gamma}^\top \boldsymbol{\gamma} - 1)\} = 0 \Rightarrow \boldsymbol{\Sigma}\boldsymbol{\gamma} - \lambda\boldsymbol{\gamma} = 0 \Rightarrow \boldsymbol{\Sigma}\boldsymbol{\gamma} = \lambda\boldsymbol{\gamma}.$$

上边最后一个式子表明, $\boldsymbol{\gamma}$ 是 $\boldsymbol{\Sigma}$ 的一个特征向量, 而 λ 是相应的特征值. 由于 $\boldsymbol{\Sigma}$ 是 $p \times p$ 的对称矩阵, 根据线性代数, 它有 p 个特征值, 而且其特征向量都是互相正交的. 由于 $\boldsymbol{\Sigma}$ 是一个非负定矩阵, 其特征值都是非负的.

将 $\boldsymbol{\Sigma}$ 的特征值按大小排列为 $\lambda_1 \geqslant \lambda_2 \geqslant \cdots \geqslant \lambda_p$, 则相应于各个特征值的代表各

个主成分的特征向量为 $\gamma_1, \gamma_2, \ldots, \gamma_p$, 它们满足 $\boldsymbol{\Sigma}\boldsymbol{\gamma}_k = \lambda_k \boldsymbol{\gamma}_k$ 及 $\text{Var}(\boldsymbol{\gamma}_k^\top \boldsymbol{X}) = \lambda_k$ $(k = 1, 2, \ldots, p)$.

数据矩阵角度的推导

目的: 对于 $n \times p$ 维数据矩阵 $\boldsymbol{X}$(假定已经中心化), 寻找一个线性变换 (通过 $p \times p$ 变换矩阵 $\boldsymbol{A}$) $\boldsymbol{Y} = \boldsymbol{X}\boldsymbol{A}$, 这里的 $\boldsymbol{Y}$ 为 $n \times p$ 矩阵, 而且满足:

1. $\boldsymbol{A}$ 的列不相关, 即 $\boldsymbol{a}_i^\top \boldsymbol{a}_j = 0$ $(\forall i \neq j)$;
2. $\boldsymbol{Y}$ 的样本协方差矩阵 $\boldsymbol{S}_{\boldsymbol{Y}}$ 为对角型

$$\boldsymbol{S}_{\boldsymbol{Y}} = \boldsymbol{Y}^\top \boldsymbol{Y}/n = \boldsymbol{L},$$

而且这里的 $\boldsymbol{L}$ 为原数据样本相关阵 $\boldsymbol{R}_{\boldsymbol{X}} = \boldsymbol{X}^\top \boldsymbol{X}/n$ 的特征值 $\ell_1, \ell_2, \ldots, \ell_p$ 组成的对角矩阵, 即 $\boldsymbol{L} = \text{diag}(\ell_1, \ell_2, \ldots, \ell_p)$.

细节: 记 $n \times p$ 维数据矩阵 $\boldsymbol{X} = [\boldsymbol{x}_1, \boldsymbol{x}_2, \ldots, \boldsymbol{x}_p]$, 这里的 $\boldsymbol{x}_i = (x_{1j}, x_{2j}, \ldots, x_{nj})^\top$ $(j = 1, 2, \ldots, p)$, 即

$$\boldsymbol{X} = [\boldsymbol{x}_1, \boldsymbol{x}_2, \ldots, \boldsymbol{x}_p] = \begin{bmatrix} x_{11} & x_{12} & \cdots & x_{1p} \\ x_{21} & x_{22} & \cdots & x_{2p} \\ \vdots & \vdots & & \vdots \\ x_{n1} & x_{n2} & \cdots & x_{np} \end{bmatrix}.$$

由于中心化 (等价于空间中的平移) 不影响我们的结果, 可以假定矩阵 $\boldsymbol{X}$ 是中心化的, 即其每一列的样本均值 (或者和) 为零: $\sum_{j=1}^n x_{ij} = 0$ $(i = 1, 2, \ldots, p)$. 我们的目标是希望找到 $p \times p$ 维矩阵 $\boldsymbol{A} = [\boldsymbol{a}_1, \boldsymbol{a}_2, \ldots, \boldsymbol{a}_p]$, 这里的 $\boldsymbol{a}_i = (a_{i1}, a_{i2}, \ldots, a_{ip})^\top$ $(i = 1, 2, \ldots, p)$, 即

$$\boldsymbol{A} = [\boldsymbol{a}_1, \boldsymbol{a}_2, \ldots, \boldsymbol{a}_p] = \begin{bmatrix} a_{11} & a_{21} & \cdots & a_{p1} \\ a_{12} & a_{22} & \cdots & a_{p2} \\ \vdots & \vdots & & \vdots \\ a_{1p} & a_{2p} & \cdots & a_{pp} \end{bmatrix},$$

而且满足 $\boldsymbol{A}$ 的列不相关, 变换则为:

$$\boldsymbol{Y} = \begin{bmatrix} y_{11} & y_{21} & \cdots & y_{p1} \\ y_{12} & y_{22} & \cdots & y_{p2} \\ \vdots & \vdots & & \vdots \\ y_{1n} & y_{2n} & \cdots & y_{pn} \end{bmatrix} = \boldsymbol{X}\boldsymbol{A} = \begin{bmatrix} \sum_{i=1}^p a_{1i}x_{1i} & \sum_{i=1}^p a_{2i}x_{1i} & \cdots & \sum_{i=1}^p a_{pi}x_{1i} \\ \sum_{i=1}^p a_{1i}x_{2i} & \sum_{i=1}^p a_{2i}x_{2i} & \cdots & \sum_{i=1}^p a_{pi}x_{2i} \\ \vdots & \vdots & & \vdots \\ \sum_{i=1}^p a_{1i}x_{ni} & \sum_{i=1}^p a_{2i}x_{ni} & \cdots & \sum_{i=1}^p a_{pi}x_{ni} \end{bmatrix}.$$

协方差矩阵等于 $\boldsymbol{L}$ 的条件则要求:

$$\boldsymbol{S}_{\boldsymbol{Y}} = (\boldsymbol{Y}^\top \boldsymbol{Y})/n = ((\boldsymbol{X}\boldsymbol{A})^\top \boldsymbol{X}\boldsymbol{A})/n = \boldsymbol{A}^\top (\boldsymbol{X}^\top \boldsymbol{X})\boldsymbol{A}/n = \boldsymbol{A}^\top \boldsymbol{S}_{\boldsymbol{X}} \boldsymbol{A} = \boldsymbol{L},$$

这里的 $\boldsymbol{S}_{\boldsymbol{X}} = \boldsymbol{X}^\top \boldsymbol{X}/n$ 是原数据的样本协方差矩阵. 根据2.2.1节的特征值分解, 对称矩阵 $\boldsymbol{S}_{\boldsymbol{X}}$ $(p \times p)$ 能够写成:

$$\boldsymbol{S}_{\boldsymbol{X}} = \boldsymbol{A}\boldsymbol{L}\boldsymbol{A}^\top,$$

这里的 $\boldsymbol{L} = \text{diag}(\ell_1, \ell_2, \ldots, \ell_p)$, 为 $\boldsymbol{S_X}$ 的特征值所组成的对角矩阵, 而且

$$\boldsymbol{A} = [\boldsymbol{a}_1, \boldsymbol{a}_2, \ldots, \boldsymbol{a}_p]$$

为 $\boldsymbol{S}$ 的特征值 ℓ_j $(j = 1, 2, \ldots, p)$ 所对应的特征向量 $\boldsymbol{a}_j$ $(j = 1, 2, \ldots, p)$ 作为列向量组成的一个正交矩阵.

我们问题中所求的 $\boldsymbol{A}$ 正是由上面特征值分解得到的 $\boldsymbol{A}$, 我们目标的两个条件都能够得到满足, 即

$$\boldsymbol{a}_i^\top \boldsymbol{a}_j = 0 \ (\forall i \neq j) \ \text{及} \ \boldsymbol{S_Y} = \boldsymbol{A}^\top \boldsymbol{S_X} \boldsymbol{A} = \boldsymbol{A}^\top \boldsymbol{A} \boldsymbol{L} \boldsymbol{A}^\top \boldsymbol{A} = \boldsymbol{L}.$$

奇异值分解的应用

奇异值分解常用来解主成分分析, 下面一段基本上重复2.2.2节的论述.

假定秩为 r 的 $n \times p$ 数据矩阵为 $\boldsymbol{X}$. 主成分分析中求 $\boldsymbol{X}^\top \boldsymbol{X}$ 或 $\boldsymbol{X}\boldsymbol{X}^\top$ 的特征值问题可以归结为奇异值分解

$$\boldsymbol{X} = \boldsymbol{U}\boldsymbol{D}\boldsymbol{V}^\top,$$

这里的矩阵 $\boldsymbol{U}_{n\times r}$ 和 $\boldsymbol{V}_{p\times r}$ 都是列正交的, 即 $\boldsymbol{U}^\top\boldsymbol{U} = \boldsymbol{V}^\top\boldsymbol{V} = \boldsymbol{I}_r$, 而且 $\boldsymbol{D}$ 为 $\boldsymbol{X}\boldsymbol{X}^\top$ 及 $\boldsymbol{X}^\top\boldsymbol{X}$ 的 r 个共同非零特征值 $(\lambda_1, \lambda_2, \ldots, \lambda_r)$ 的平方根所组成的对角矩阵:

$$\boldsymbol{D} = \text{diag}(\lambda_1^{1/2}, \lambda_2^{1/2}, \ldots, \lambda_r^{1/2}) \ (\lambda_j > 0).$$

$\boldsymbol{U}$ 的列包含了 $\boldsymbol{X}\boldsymbol{X}^\top$ 的特征向量, $\boldsymbol{V}$ 的列包含了 $\boldsymbol{X}^\top\boldsymbol{X}$ 的特征向量.

奇异值分解求特征值比较快, 许多软件在解特征值问题时使用奇异值分解.

累积贡献率

考虑随机向量 $\boldsymbol{X} = (X_1, X_2, \ldots, X_p)^\top$, 为了降维, 如从 p 降到 q $(1 \leqslant q < p)$ 维, 取相应于最大的 q $(< p)$ 个特征值 $(\lambda_1 \geqslant \lambda_2 \geqslant \cdots \geqslant \lambda_q)$ 的 $p \times p$ 特征向量矩阵 $\boldsymbol{\varGamma}$ 的前 q 列组成的 $p \times q$ 矩阵 $\boldsymbol{\varGamma}_q$, 则相应的正交线性变换为:

$$\boldsymbol{Y} = \boldsymbol{\varGamma}_q^\top \boldsymbol{X},$$

这里变换后的 $\boldsymbol{Y}$ 为 q 维向量. 该变换使得在 q 维的限制下 $\boldsymbol{Y}$ 的方差最大. 由于这些投影是正交的, 保留 q 个主成分所得到的方差的百分比为:

$$100 \times \sum_{k=1}^{q} \lambda_k \Big/ \sum_{k=1}^{p} \lambda_k \ .$$

这就是前面例 4.1 教师数据计算中的累积贡献率.

总体主成分的一些性质

这里考虑主成分的总体 (不是样本) 性质. 首先, 考虑 p 维椭球面 $\boldsymbol{x}^\top \boldsymbol{\varSigma}^{-1} \boldsymbol{x} = \text{const}$, 这里 $\boldsymbol{\varSigma}$ 是 p 维随机变量 $\boldsymbol{X}$ 的协方差矩阵, “const” 代表一个常数. 我们有分解 $\boldsymbol{\varSigma} = \boldsymbol{\varGamma}\boldsymbol{\Lambda}\boldsymbol{\varGamma}^\top$, 由于主成分 $\boldsymbol{Y} = \boldsymbol{\varGamma}^\top \boldsymbol{X}$, 上述的 p 维椭球面在主成分的坐标中为 $\boldsymbol{y}^\top \boldsymbol{\Lambda}^{-1} \boldsymbol{y} = \text{const}$. 这可以写成 $\sum_{k=1}^{p} y_k^2/\lambda_k = \text{const}$, 这意味着椭球主轴的半长度和 $\sqrt{\lambda_i}$ $(i = 1, 2, \ldots, p)$ 成比例. 因此, 如果 $\boldsymbol{X}$ 服从多元正态分布, 椭球面 $\boldsymbol{x}^\top \boldsymbol{\varSigma}^{-1} \boldsymbol{x} = \text{const}$ 定义了相等的概率, 而互相正交的主轴按照特征值的大小确定了相应方向上方差的大小.

实际上, 主成分分析是一种描述性统计方法. 一般来说, 特别是在应用中, 并不要求对变量的正态性分布, 也无法验证这一要求.

主成分还有下面的性质:

$$\sum_{j=1}^{p} \text{Var}(Y_j) = \sum_{j=1}^{p} \lambda_j = \text{trace}(\boldsymbol{\Sigma}), \quad \prod_{j=1}^{p} \text{Var}(Y_j) = \prod_{j=1}^{p} \lambda_j = |\boldsymbol{\Sigma}|.$$

另外还可以表明, 对两个独立并有相同分布的 p 维随机向量 $\boldsymbol{X}_1$ 和 $\boldsymbol{X}_2$ 做相同的变换 $\boldsymbol{Y}_i = \boldsymbol{B}^\top \boldsymbol{X}_i \ (i = 1, 2)$, 这里, $\boldsymbol{B}_{p\times q}$ 有正交的列使得 $E[(\boldsymbol{Y}_1 - \boldsymbol{Y}_2)^\top (\boldsymbol{Y}_1 - \boldsymbol{Y}_2)]$ 达到最大, 那么必然有 $\boldsymbol{B} = \boldsymbol{\Gamma}_q$, 这里的 $\boldsymbol{\Gamma}_q$ 为 $\boldsymbol{\Sigma}$ 的前面 q 个最大特征向量组成的矩阵. 这意味着两个同样分布的 p 维向量在 q 维子空间中的期望欧氏距离在前 q 个主成分定义的子空间中达到最大.

样本主成分的一些性质

如果有中心化数据阵 $\boldsymbol{X}_{n\times p}$, 其第 ij 个元素为 $x_{ij} - \bar{x}_j$. 也就是说, $\boldsymbol{X}$ 为零均值设计阵. 作为协方差矩阵的无偏估计的样本协方差矩阵为:

$$\boldsymbol{S} = \frac{1}{n-1} \boldsymbol{X}^\top \boldsymbol{X}.$$

如果 $\boldsymbol{S}$ 的特征值分解为 $\boldsymbol{ALA}^\top$, 定义主成分得分为: $\boldsymbol{Y} = \boldsymbol{XA}$. 这时主成分 $\boldsymbol{Y}_i$ 的方差为特征值 ℓ_i, 而对角矩阵 $\boldsymbol{L}$ 的对角线元素是 $\ell_i \ (i = 1, 2, \ldots, p)$.

这时, 椭球面 $(\boldsymbol{x}-\bar{\boldsymbol{x}})^\top \boldsymbol{S}^{-1}(\boldsymbol{x}-\bar{\boldsymbol{x}}) = \text{const}$ 被解释为到样本均值距离 $\bar{\boldsymbol{x}}$ 有相等 Mahalanobis 距离的面. 因此, 主成分分析也被解释为寻找数据距离一个包含所有数据的超球面有最小 Mahalanobis 距离的正交方向.

类似于总体情况, 对观测值 $\boldsymbol{x}_1, \boldsymbol{x}_2, \ldots, \boldsymbol{x}_n$ 做相同的变换 $\boldsymbol{y}_i = \boldsymbol{B}^\top \boldsymbol{x}_i \ (i = 1, 2, \ldots, n)$, 这里, $\boldsymbol{B}_{p\times q}$ 有正交的列使得 $\sum_{i=1}^{n} \sum_{j=1}^{n} (\boldsymbol{y}_i - \boldsymbol{y}_j)^\top (\boldsymbol{y}_i - \boldsymbol{y}_j)$ 达到最大, 那么必然有 $\boldsymbol{B} = \boldsymbol{A}_q$, 这里的 $\boldsymbol{A}_q$ 为 $\boldsymbol{S}$ 前面 q 个最大特征向量组成的矩阵. 这意味着这些向量在 q 维子空间中的平方欧氏距离之和在前 q 个主成分定义的子空间中达到最大.

主成分的解释

主成分 $\boldsymbol{Y} = \boldsymbol{\Gamma}^\top \boldsymbol{X}$ 和原始变量 $\boldsymbol{X}$(记 $\boldsymbol{\mu} = E(\boldsymbol{X})$) 的协方差为:

$$\begin{aligned} \text{Cov}(\boldsymbol{X}, \boldsymbol{Y}) &= E(\boldsymbol{X}, \boldsymbol{Y}^\top) - E\boldsymbol{X}E\boldsymbol{Y}^\top = E(\boldsymbol{X}\boldsymbol{X}^\top \boldsymbol{\Gamma}) - \boldsymbol{\mu}\boldsymbol{\mu}^\top \boldsymbol{\Gamma} = \text{Cov}(\boldsymbol{X})\boldsymbol{\Gamma} \\ &= \boldsymbol{\Sigma\Gamma} = \boldsymbol{\Gamma\Lambda\Gamma}^\top \boldsymbol{\Gamma} = \boldsymbol{\Gamma\Lambda}. \end{aligned}$$

因此, 变量 X_i 和成分 Y_j 的相关系数 ρ_{X_i,Y_j} 为:

$$\rho_{X_iY_j} = \frac{\Gamma_{ij}\lambda_j}{(\Sigma_{X_iX_i}\lambda_j)^{1/2}} = \gamma_{ij}\left(\frac{\lambda_j}{\Sigma_{X_iX_i}}\right)^{1/2}.$$

对于实际数据为:

$$r_{X_iY_j} = a_{ij}\left(\frac{\ell_j}{s_{X_iX_i}}\right)^{1/2}.$$

对于标准化的 X, $r_{X_iY_j} = a_{ij}\sqrt{\ell_j}$. 注意,

$$\sum_{j=1}^{p} r_{X_iY_j}^2 = \sum_{j=1}^{p} \ell_j a_{ij}^2 / s_{X_iX_i} = s_{X_iX_i} / s_{X_iX_i} = 1.$$

实际上, $\sum_{j=1}^{p} \ell_j A_{ij}^2 = \boldsymbol{a}_i^\top \boldsymbol{L} \boldsymbol{a}_i$ 是矩阵 $\boldsymbol{ALA}^\top = \boldsymbol{S}$ 的第 (i, i) 个元素, 因此 $r_{X_iY_j}^2$ 可以看成 X_i 的方差被 Y_j 所解释的比例.

标准化主成分分析

对于异方差情况, 数据 $\boldsymbol{X}_{n\times p}=(\boldsymbol{x}_1,\boldsymbol{x}_2,\ldots,\boldsymbol{x}_p)$ 需要标准化, 即使得每个元素减去列均值 (中心化) 并除以列的样本标准差而成为 $(x_{ij}-\bar{x}_i)/s_i\ (i=1,2,\ldots,p)$, 这里的 $\{s_i\}$ 代表各列的样本标准差. 标准化之后的数据阵 $\boldsymbol{X}_S$ 的列均值为 0, 列标准差为 1. 这种标准化可以用下面矩阵符号表示:

$$\boldsymbol{X}_S=\boldsymbol{H}\boldsymbol{X}\boldsymbol{D}^{-1/2},$$

这里的 $\boldsymbol{H}=\boldsymbol{I}_n-\frac{1}{n}\mathbf{1}_n\mathbf{1}_n^\top$ 为中心化矩阵, 即 $\boldsymbol{H}\boldsymbol{X}$ 的第 ij 个元素为 $x_{ij}-\bar{x}_j$; 而 $\boldsymbol{D}=\operatorname{diag}(s_1^2,s_2^2,\ldots,s_p^2)$ 是对角线元素为样本方差的对角矩阵. $\boldsymbol{X_S}$ 的主成分变换称为标准化主成分. 记 $\boldsymbol{X}$ 的相关阵为 $\boldsymbol{S}_{\boldsymbol{X}_S}=\boldsymbol{R}$, 它等于 $\boldsymbol{X_S}$ 的协方差阵 (注意, 列变量无论是否标准化, 相关阵不变). $\boldsymbol{R}$ 的谱分解为:

$$\boldsymbol{R}=\boldsymbol{A}_R\boldsymbol{L}_R\boldsymbol{A}_R^\top,$$

这里 $\boldsymbol{L}_R=\operatorname{diag}(\ell_1^{\boldsymbol{R}},\ell_2^{\boldsymbol{R}},\ldots,\ell_p^{\boldsymbol{R}})$, 其元素满足 $\ell_1^{\boldsymbol{R}}\geqslant\ell_2^{\boldsymbol{R}}\geqslant\cdots\geqslant\ell_p^{\boldsymbol{R}}$, 它们为 $\boldsymbol{R}$ 的相应于特征向量 $a_1^{\boldsymbol{R}},a_2^{\boldsymbol{R}},\ldots,a_p^{\boldsymbol{R}}$ 的特征值, 而且

$$\sum_{j=1}^p\ell_j^{\boldsymbol{R}}=\operatorname{tr}(\boldsymbol{R})=p.$$

前面例 4.1 教师数据的主成分计算就是标准化主成分计算. 在那里, 将数据 `u[,-1]` 标准化的代码为 `scale(u[,-1])`, 而解其特征值问题的代码为 `a=eigen(cor(u[-1]))`.

标准化主成分提供了每个个体的得分:

$$\boldsymbol{Z}=\boldsymbol{X}_S\boldsymbol{A}_R.$$

前面例 4.1 教师数据个体的主成分得分计算代码为 `scale(u[,-1])%*%a$ve`. 对于得分 $\boldsymbol{Z}$, 记其协方差阵 (不是相关阵) 为 $\boldsymbol{S}_Z$, 有

$$\boldsymbol{S}_Z=\boldsymbol{A}_R^\top\boldsymbol{S}_{\boldsymbol{X}_S}\boldsymbol{A}_R=\boldsymbol{A}_R^\top\boldsymbol{R}\boldsymbol{A}_R=\boldsymbol{L}_R.$$

4.2 因子分析降维

4.2.1 概述

主成分分析主要是为了降维, 本章的因子分析也可以用于降维. 但除此之外, 因子分析还有其他的用途, 在理论上也很不一样.

在很多领域中, 我们可以观测到许多变量, 比如, 可以观测到汽车的电器功能、对驾驶员操作的反应速度、油耗、舒适程度、加速性能、外观、性价比、安全性、折旧率、尺寸等. 这些变量很可能隐含着可靠性、经济适用性等无法直接观测的变量 (称为隐变量或潜变量), 而人们希望用可观测变量来得到隐变量的信息. 这些隐变量就是因子分析中的**因子**.

回归或者分类方法可以用来研究因变量和自变量之间的关系. 因子分析则用来研究许多因变量之间的关系, 目的是找到影响这些因变量的不可观测的独立变量, 而由因子分析得到的结果大多是假设性的或实验性的, 这是由于人们不能观测到这些自变量.

因子分析可能针对下面一些问题:

1. 需要多少个因子来解释可观测变量之间的变化.

2. 如何认识这些因子的性质和意义.
3. 这些假设的因子是否很好地解释了那些可观测变量.

模型和数学假定

假定数据有 p 个变量, 在主成分分析中, 人们形成 p 个正交的主成分, 并且选取其中少数成分来代表大部分数据所包含的信息. 这里没有误差结构, 也没有随机性的度量. 无论选择几个成分, 主成分分析中的成分都是从原始变量或者原始数据中完全确定的, 不会因为后续选取成分的个数而变化. 在主成分分析中, 希望选择的少数成分尽可能解释大部分方差. 当然这也意味着舍弃没有被选择的成分所包含的信息.

在降维方面, 因子分析有些类似于主成分分析, 不同的是, 因子分析有一个随机模型, 它把原始的 p 个变量转换成少数不相关的 m 个因子, 因子数量 m 比原始变量的数量 p 少很多 (或表示为 $m \ll p$). 因子个数 m 必须事先确定, 不同的 m 导致不同的结果. 在模型上, 每个原始变量都表示为所有不可观测因子的线性组合加上随机误差项. 这里的因子是不可观测的假定变量, 称为**隐变量**或**潜变量** (latent variable). 在计算中, 对因子的确定必须在关于变量的许多假定之下才能实现, 这使得因子分析比主成分分析复杂得多. 因子分析通过考察可观测变量之间的相关模式来进行. 高度相关的可观测变量 (无论是正相关还是负相关) 有可能被同一个因子影响, 相对不那么相关的可观测变量则可能被不同的因子影响.

在许多研究问题中, 人们通过定性分析猜想出可能有几个潜在的因子, 而且每个因子都可能影响某些可观测变量. 最常见的是心理学的例子, 人们可观测到许多心理度量, 并且假定它们可以被少数几个假设的隐变量影响, 但这样做可能有误, 因此需要通过多次分析来调整原先的模型, 增加或减少一些隐变量. 在很多情况下, 人们事先并不知道需要多少因子, 这就需要通过数据本身来判断.

下面我们叙述因子分析模型. 注意, 这个模型完全是假设的, 合不合适必须由数据来决定. 假定原始变量 $\boldsymbol{x} = (x_1, x_2, \ldots, x_p)^\top$ 有均值 $\boldsymbol{\mu} = (\mu_1, \mu_2, \ldots, \mu_p)^\top$ 及协方差矩阵 $\boldsymbol{\Sigma}$. 如果 $\boldsymbol{f} = (f_1, f_2, \ldots, f_m)^\top$ 为需要找到的因子, 那么它们和原始变量 $\boldsymbol{x}$ 之间的关系为:

$$
\begin{aligned}
x_1 - \mu_1 &= q_{11} f_1 + q_{12} f_2 + \cdots + q_{1m} f_m + \epsilon_1 \\
x_2 - \mu_2 &= q_{21} f_1 + q_{22} f_2 + \cdots + q_{2m} f_m + \epsilon_2 \\
&\vdots \\
x_p - \mu_p &= q_{p1} f_1 + q_{p2} f_2 + \cdots + q_{pm} f_m + \epsilon_p,
\end{aligned}
$$

或者以矩阵形式表示为:

$$\boldsymbol{x} - \boldsymbol{\mu} = \boldsymbol{Q} \boldsymbol{f} + \boldsymbol{\epsilon}, \tag{4.2.1}$$

这里 $\boldsymbol{Q}_{p\times m} = \{q_{ij}\}$, $\boldsymbol{\epsilon} = (\epsilon_1, \epsilon_2, \ldots, \epsilon_p)^\top$. 式中, μ_i 为变量 x_i 的均值 ($E(x_i) = \mu_i$); ϵ_i 称为第 i 个**特殊因子**, 只与 x_i 有关; 而 f_i 称为第 i 个**公共因子**, 与所有变量都有关; q_{ij} 为第 i 个变量在第 j 个因子上的**载荷**, 它描述第 i 个可观测变量在多大程度上依赖第 j 个因子. 对于**标准化**的 $\boldsymbol{x}$, q_{ij} 就是第 i 个变量与第 j 个公共因子的相关系数. 图 4.2.1 是 5 个可观察变量 x_1, x_2, x_3, x_4, x_5 与 2 个隐变量 f_1, f_2 之间关系的示意图.

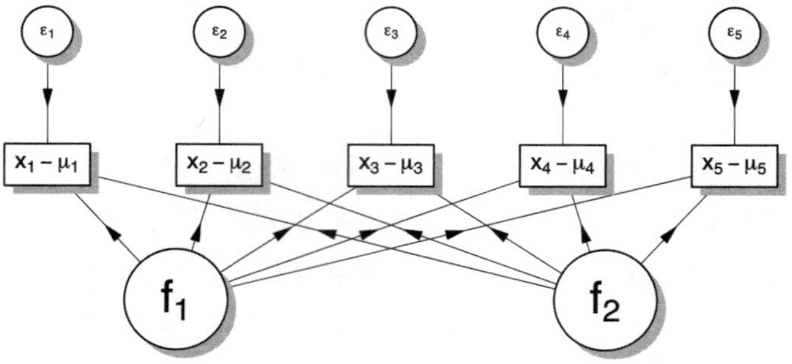

图 4.2.1 因子分析示意图

单凭上面的关系式无法算出因子 $\boldsymbol{f}$. 为了计算方便, 必须做出各种假定. 通常假定不可观测的隐变量满足下列条件: $\boldsymbol{f}$ 和 $\boldsymbol{\epsilon}$ 独立, $E(\boldsymbol{f}) = \boldsymbol{0}$, $\text{Cov}(\boldsymbol{f}) = \boldsymbol{I}_m$, $E(\boldsymbol{\epsilon}) = \boldsymbol{0}$, $\text{Cov}(\boldsymbol{\epsilon}) = \boldsymbol{\Psi}$, $\boldsymbol{\Psi} = \text{diag}(\psi_1, \psi_2, \ldots, \psi_p)$. 这些条件确保了模型数学上的合理性, 以及各个特殊因子 ϵ_i 之间及各个公共因子 f_i 之间不相关.

对于第 i 个可观测变量 x_i, 它与各个因子的载荷的平方和 $h_i^2 \equiv \sum_{k=1}^m q_{ik}^2$ 称为**共性方差**, 也称**公共方差**或**变量共同度** (common variances、commonalities), 变量共同度刻画了全部公共因子对变量 x_i 的总方差所做的贡献. 而 $\boldsymbol{\Psi}$ 称为**特殊方差** (specific variance). 显然,

$$\text{Var}(x_i) = \sum_{j=1}^m q_{ij}^2 + \psi_i = h_i^2 + \psi_i = \text{共同度} + \text{特殊方差},$$

以及

$$\begin{aligned}\boldsymbol{\Sigma} &= \text{Cov}(\boldsymbol{x}) = \text{Cov}(\boldsymbol{Qf} + \boldsymbol{\epsilon}) = \text{Cov}(\boldsymbol{Qf}) + \text{Cov}(\boldsymbol{\epsilon}) = \boldsymbol{Q}\text{Cov}(\boldsymbol{f})\boldsymbol{Q}^\top + \boldsymbol{\Psi} \\ &= \boldsymbol{QIQ}^\top + \boldsymbol{\Psi} = \boldsymbol{QQ}^\top + \boldsymbol{\Psi}.\end{aligned}$$

由于 $\boldsymbol{\Sigma} = \boldsymbol{QQ}^\top + \boldsymbol{\Psi}$, 并注意到 $\boldsymbol{\Psi}$ 是对角矩阵, 则对于 $i \neq j$,

$$\text{Cov}(\boldsymbol{x}_i, \boldsymbol{x}_j) = \sigma_{ij} = \sum_{k=1}^m q_{ik}q_{jk},$$

这意味着如果 $\boldsymbol{x}_i$ 和 $\boldsymbol{x}_j$ 很接近, 那么它们有类似的载荷于 f_k $(k = 1, 2, \ldots, m)$. 也就是说, 那些 $q_{ik}q_{jk}$ 会比较高; 反之它们会较低.

关于 x_i 和 f_j 的相关, 对 $i = 1, 2, \ldots, p, j = 1, 2, \ldots, m$, 有

$$\text{Cov}(x_i, f_j) = E[(x_i - \mu_i)(f_j - E(f_j))] = E[(\sum_{k=1}^m q_{ik}f_k)f_j] = \sum_{k=1}^m q_{ik}\text{Cov}(f_k, f_j) = q_{ij}.$$

用矩阵符号, 有

$$\text{Cov}(\boldsymbol{x}, \boldsymbol{f}) = \boldsymbol{Q}.$$

旋转

模型 (4.2.1) 中方程 $\boldsymbol{x} - \boldsymbol{\mu} = \boldsymbol{Qf} + \boldsymbol{\epsilon}$ 的解 $\boldsymbol{Q}$ 和 $\boldsymbol{f}$ 并不唯一. 假定 $\boldsymbol{T}$ 为任意的满足 $\boldsymbol{TT}^\top = \boldsymbol{I}$ 的正交矩阵, $\boldsymbol{T}$ 作用于 $\boldsymbol{Q}$ 相当于使 $\boldsymbol{Q}$ 旋转. 那么, 令 $\boldsymbol{Q}^* = \boldsymbol{QT}$, $\boldsymbol{f}^* = \boldsymbol{T}^\top\boldsymbol{f}$, 有

$$\boldsymbol{x} - \boldsymbol{\mu} = \boldsymbol{Qf} + \boldsymbol{\epsilon} = \boldsymbol{QTT}^\top\boldsymbol{f} + \boldsymbol{\epsilon} = \boldsymbol{Q}^*\boldsymbol{f}^* + \boldsymbol{\epsilon},$$

也就是说, 经过正交矩阵旋转后的解 $\boldsymbol{Q}^*$ 和 $\boldsymbol{f}^*$ 仍然满足模型. 这时,

$$\boldsymbol{\Sigma} = \boldsymbol{Q}^*\boldsymbol{Q}^{*\top} + \boldsymbol{\Psi} = \boldsymbol{QQ}^\top + \boldsymbol{\Psi}.$$

最常用的旋转是使得 $\boldsymbol{Q}^*$ 各列的方差最大的旋转.

因子得分

因子分析的模型是把变量表示成因子带有误差项的线性组合 $\boldsymbol{x}-\boldsymbol{\mu}=\boldsymbol{Q}\boldsymbol{f}+\boldsymbol{\epsilon}$. 对于具体观测值的 $n\times p$ 矩阵 $\boldsymbol{X}=(\boldsymbol{x}_1,\boldsymbol{x}_2,\ldots,\boldsymbol{x}_n)^\top$ 来说 (这里的 $\boldsymbol{x}_i$ 是 p 维向量), 该模型可以写成

$$\boldsymbol{x_i}-\boldsymbol{\mu}=\boldsymbol{Q}\boldsymbol{f}_i+\boldsymbol{\epsilon}_i,\ i=1,2,\ldots,n,$$

这里的 $\boldsymbol{Q}$ 的列向量为计算得到的因子载荷. 我们希望对每个观测值 i $(i=1,2,\ldots,n)$ 估计**因子得分**向量

$$(\{f_{i1}\},\{f_{i2}\},\ldots,\{f_{im}\})^\top,\ i=1,2,\ldots,n,$$

也就是说, 要用变量来表示因子. 把 $\boldsymbol{f}$ 反解出来的方法不止一种, 通常有回归和加权最小二乘法. 由此得到估计的模型

$$\begin{aligned}
\hat{f}_1&=\hat{\beta}_{11}x_1+\hat{\beta}_{12}x_2+\cdots+\hat{\beta}_{1p}x_p\\
\hat{f}_2&=\hat{\beta}_{21}x_1+\hat{\beta}_{22}x_2+\cdots+\hat{\beta}_{2p}x_p\\
&\vdots\\
\hat{f}_m&=\hat{\beta}_{m1}x_1+\hat{\beta}_{m2}x_2+\cdots+\hat{\beta}_{mp}x_p,
\end{aligned}\tag{4.2.2}$$

式中, $m\ll p$. 这里用回归等方法算出的 $\hat{\beta}_{ij}$ 不再是相关系数. 在读任何软件输出时都要注意这一点, 以免与主成分分析的输出格式混淆. 记 $\hat{\boldsymbol{B}}_{m\times p}=\{\hat{\beta}_{ij}\}$, 式 (4.2.2) 的矩阵形式为

$$\hat{\boldsymbol{f}}=\hat{\boldsymbol{B}}(x-\bar{\boldsymbol{\mu}}).$$

把实际数据 $\boldsymbol{X}=(\boldsymbol{x}_1,\boldsymbol{x}_2,\ldots,\boldsymbol{x}_n)^\top$ 的第 i 个观测值代入上式, 得到该观测值对应的因子得分

$$\begin{aligned}
\hat{f}_{i1}&=\hat{\beta}_{11}x_{i1}+\hat{\beta}_{12}x_{i2}+\cdots+\hat{\beta}_{1p}x_{ip}\\
\hat{f}_{i2}&=\hat{\beta}_{21}x_{i1}+\hat{\beta}_{22}x_{i2}+\cdots+\hat{\beta}_{2p}x_{ip}\\
&\vdots\\
\hat{f}_{im}&=\hat{\beta}_{m1}x_{i1}+\hat{\beta}_{m2}x_{i2}+\cdots+\hat{\beta}_{mp}x_{ip}.
\end{aligned}$$

计算及分析步骤

综上所述, 我们需要做的计算及分析步骤为:

1. 首先需要基于对式 (4.2.1) 的假定及可观测变量 $\boldsymbol{x}$ 的观测值估计出式 (4.2.1) 中的 $\boldsymbol{Q}$ 和 $\boldsymbol{\Psi}$ 的值.
2. 然后再选择适合我们目的的旋转 $\boldsymbol{T}$, 以确定最终的 $\boldsymbol{Q}$ 的估计值.
3. 通过考察 $\boldsymbol{Q}$ 的估计值 $\hat{\boldsymbol{Q}}$ 可以了解各个因子与原始变量之间的关系, 并以此确定各个因子的意义.
4. 如果对结果不满意, 还可以试着用不同的因子数目 (即 m 值) 重复上面的过程, 直到满意或放弃为止.
5. 最后得到因子得分的估计 $\hat{\boldsymbol{f}}$.

与主成分分析不同,实现这些步骤的方法绝非唯一,结果也不完全相同. 感兴趣的读者可参考 4.2.3节.

4.2.2 例子和计算

例 4.5 WHO 数据: 初步因子分析, 不进行旋转

例 4.5 WHO 数据 (who1.csv) 该数据是从世界卫生组织 (WHO) 数据中节选出来的. 由 185 个国家和 29 个变量组成, 第一个变量 country 是国家名称, 后面变量为 PT(总人口, 单位: 千人)、PGR(人口增长率, 单位: %)、PUP(城市人口比例, 单位: %)、P60P(60 岁以上人口比例, 单位: %)、P15P(15 岁以下人口比例, 单位: %)、TFR(妇女怀孕率, 单位: %)、IMR(一岁儿童 MCV 接种率, 单位: %)、I3R(一岁儿童 3 次乙肝接种率, 单位: %)、HER(卫生的外部资源占卫生总支出的百分比, 单位: %)、HGR(一般政府卫生支出占卫生总支出的百分比, 单位: %)、HGGR(一般政府卫生支出占政府总支出的百分比, 单位: %)、NDP(人均牙医人数)、NNMP(人均护士助产士人数)、NPP(人均内科医生人数)、NMP(每万人护士助产士人数)、HPP(自付开支占私人健康支出的百分比, 单位: %)、HPHP(私人健康支出占健康总支出的百分比, 单位: %)、NMPP(护士助产士与内科医生的比例, 单位: %)、HGDP(卫生总支出占国内生产总值的百分比, 单位: %)、DR1(每 10 万人口癌症死亡数)、DR2(每 10 万人口心血管死亡数)、DR3(每 10 万人口因伤死亡数)、DR4(每 10 万人口非传染病因死亡数)、TBN(每 10 万人口结核病数)、NMN(每千名新生儿死亡数)、YCP(传染病损失年龄比例, 单位: %)、YIP(受伤损失年龄比例, 单位: %)、YNCP(非传染病损失年龄比例, 单位: %).

对于例 4.5 的数据, 首先不进行旋转, 暂时选取 7 个因子, 读入数据和进行因子分析并输出载荷的 R 代码为:

```
w=read.csv("who1.csv")
a=factanal(scale(w[,-1]),factors=7,rotation ="none")
a$loadings
```

得到的输出为:

```
Loadings:
     Factor1 Factor2 Factor3 Factor4 Factor5 Factor6 Factor7
PT            0.414   0.494   0.161
PGR    0.633 -0.129           0.154  -0.302          -0.290
PUP   -0.675  0.134                  -0.154
P60P  -0.770  0.176          -0.322   0.110  -0.131   0.240
P15P   0.886 -0.242           0.145  -0.166          -0.308
TFR    0.824 -0.257   0.113   0.108  -0.125          -0.268
IMR   -0.565  0.104  -0.109           0.144   0.715
I3R   -0.561  0.124  -0.117           0.135   0.743
HER    0.527 -0.413   0.169
HGR   -0.639 -0.738   0.168   0.130
HGGR  -0.455 -0.296   0.192
```

```
NDP  -0.202   0.438   0.712   0.157                  -0.109
NNMP -0.232   0.482   0.824   0.172
NPP  -0.160   0.431   0.586   0.201
NMP  -0.426                  -0.190
HPP   0.117          -0.204           0.218
HPHP  0.638   0.738  -0.168  -0.130
NMPP  0.363  -0.366   0.213
HGDP -0.394           0.235  -0.151           0.104  -0.147
DR1   0.103                                  -0.152   0.215
DR2   0.526          -0.101   0.396   0.666
DR3   0.596                   0.486          -0.154   0.189
DR4   0.719  -0.130           0.384   0.558
TBN   0.648  -0.252   0.202                           0.309
NMN   0.875  -0.150   0.116                           0.100
YCP   0.932  -0.236   0.154          -0.202
YIP  -0.549   0.332  -0.299   0.661  -0.240
YNCP -0.912   0.186          -0.179   0.281

               Factor1 Factor2 Factor3 Factor4 Factor5 Factor6 Factor7
SS loadings      9.796   2.798   2.290   1.416   1.228   1.184   0.583
Proportion Var   0.350   0.100   0.082   0.051   0.044   0.042   0.021
Cumulative Var   0.350   0.450   0.532   0.582   0.626   0.668   0.689
```

上面的载荷 (Loadings) 为估计的矩阵 $\hat{Q}$, 其中有些空白, 不代表没有值, 而是值由于比较小 (小于 0.1) 而被忽略了. 要想得到全部的数值, 可用代码 `a$loadings[,1:7]`. 上面输出的最后三行中:

- `SS loadings` 是载荷的每一列的平方和, 即特征值, 或对应因子的方差.
- `Proportion Var` 是 `SS loadings` 除以变量数目得到的结果, 即各个因子所占方差的比例.
- `Cumulative Var` 是 `Proportion Var` 的累积和.

下面是计算这三行的代码 (输出当然和上面的相同):

```
SS=apply(a$loadings^2,2,sum);PV=SS/ncol(w[,-1]);CV=cumsum(SS/ncol(w[,-1]))
rbind(SS,PV,CV)
```

这里因子个数选择 (7 个) 有些任意, 一些人凭经验认为, 输出中的特征值 `SS loadings` 大于 1 的就是重要的因子. 我们这里有 6 个因子的特征值大于 1 (分别为 9.796、2.798、2.290、1.416、1.228、1.184), 按照这个规则, 我们可以选取 6 个因子. 我们的结果中有变量的**独特性** (**uniquenesses**), 可以直接用 `a$uniquenesses` 查看. 独特性为 1 减去共同度后得到的结果, 即 1 减去载荷矩阵各行的平方和所得的结果 (可用 `1-apply(a$loadings^2,1,sum)` 做验证计算). 如果所有因子联合解释某变量的大部分方差, 则该变量具有高共同度, 因而具有较低的独特性. 独特性的输出为:

```
> a$uniquenesses
       PT       PGR       PUP      P60P      P15P       TFR       IMR
0.5543082 0.3822383 0.4900374 0.1788032 0.0080127 0.1381221 0.1203097
      I3R       HER       HGR      HGGR       NDP      NNMP       NPP
0.0814451 0.5201604 0.0050000 0.6525816 0.2187396 0.0050000 0.4022083
      NMP       HPP      HPHP      NMPP      HGDP       DR1       DR2
0.7658980 0.8823500 0.0050000 0.6668617 0.7182895 0.9100380 0.1019443
      DR3       DR4       TBN       NMN       YCP       YIP      YNCP
0.3469229 0.0050000 0.3664546 0.1741203 0.0050000 0.0050000 0.0050000
```

例 4.5 的变量中, 最独特的前 8 个变量为 DR1、HPP、NMP、HGDP、NMPP、HGGR、PT、HER, 它们的独特性度量都超过了 0.5.

例 4.5 WHO 数据: 选择因子数目 m, 旋转并作载荷图

我们按照方差大于 1 的原则, 先选取 6 个因子做因子分析并旋转, 发现最后一个因子和任何一个变量的相关系数 (绝对值) 中最大的只有 0.28. 因此最终只选择 5 个因子并做旋转 (采用最大方差准则来旋转, 函数 `factanal` 的选项为 `rotation="varimax"`), 并输出旋转后的载荷:

```
> a5=factanal(scale(w[,-1]),factors=5,rotation ="varimax",
+             scores="regression")
> a5$loadings

Loadings:
     Factor1 Factor2 Factor3 Factor4 Factor5
PT            0.651  -0.127
PGR   0.655          -0.181           0.146
PUP  -0.584           0.182  -0.303   0.198
P60P -0.722   0.146   0.200  -0.280  -0.217
P15P  0.867  -0.124  -0.199   0.180
TFR   0.825          -0.142   0.177
IMR  -0.557           0.165
I3R  -0.562           0.141
HER   0.637  -0.107   0.129   0.135  -0.155
HGR  -0.190  -0.126   0.966  -0.102
HGGR -0.199           0.494  -0.231
NDP  -0.105   0.862          -0.113
NNMP -0.128   0.985
NPP  -0.108   0.763
NMP  -0.359           0.210  -0.147  -0.157
HPP          -0.143  -0.140   0.255
HPHP  0.190   0.126  -0.966   0.102
NMPP  0.492           0.165          -0.225
HGDP -0.281   0.154   0.310  -0.112  -0.213
```

```
DR1    0.118
DR2    0.265           -0.149   0.890
DR3    0.556           -0.211   0.341   0.371
DR4    0.499           -0.154   0.848
TBN    0.734                           -0.134
NMN    0.812           -0.239   0.310
YCP    0.967           -0.211
YIP   -0.511   0.115                    0.847
YNCP  -0.959            0.230          -0.118

               Factor1 Factor2 Factor3 Factor4 Factor5
SS loadings      8.317   2.896   2.796   2.198   1.182
Proportion Var   0.297   0.103   0.100   0.078   0.042
Cumulative Var   0.297   0.400   0.500   0.579   0.621
```

而独特性为:

```
> a5$uniquenesses
       PT       PGR       PUP      P60P      P15P       TFR       IMR
0.5573100 0.5116940 0.4925244 0.2924215 0.1595452 0.2596223 0.6546994
      I3R       HER       HGR      HGGR       NDP      NNMP       NPP
0.6568066 0.5246529 0.0050000 0.6544077 0.2330395 0.0050000 0.4041565
      NMP       HPP      HPHP      NMPP      HGDP       DR1       DR2
0.7799399 0.8942449 0.0050000 0.6751870 0.7429410 0.9769226 0.1138973
      DR3       DR4       TBN       NMN       YCP       YIP      YNCP
0.3876693 0.0050000 0.4352173 0.1793108 0.0050000 0.0050000 0.0050000
```

独特性最大的 5 个变量为: DR1、HPP、NMP、HGDP、NMPP.

从载荷中可以看出:

- 与第 1 因子的相关系数 (绝对值) 大于 0.5 的变量包括 YCP (传染病损失年龄比例)、YNCP (非传染病损失年龄比例)、P15P (15 岁以下人口比例)、TFR (妇女怀孕率)、NMN (每千名新生儿死亡数)、TBN (每 10 万人口结核病数)、PGR (人口增长率)、HER (卫生的外部资源占卫生总支出的百分比)、DR3 (每 10 万人口因伤死亡数)、PUP (城市人口比例)、IMR (一岁儿童 MCV 接种率)、P60P (60 岁以上人口比例)、I3R (一岁儿童 3 次乙肝接种率)、YIP (受伤损失年龄比例). 由于第 1 因子和各方面的卫生健康及人口等信息有关, 我们给第 1 因子取名为 "综合卫生因子".
- 与第 2 因子的相关系数 (绝对值) 大于 0.5 的变量包括 NNMP (人均护士助产士人数)、NDP (人均牙医人数)、NPP (人均内科医生人数)、PT (总人口). 由于第 2 因子和医务人员资源有关, 可以取名为 "医务人员资源因子".
- 与第 3 因子的相关系数 (绝对值) 大于 0.5 的变量只有 HGR (一般政府卫生支出占卫生总支出的百分比) 和 HPHP (私人健康支出占健康总支出的百分比). 由于该因子仅和卫生开支有关, 可以取名为 "卫生支出因子".

- 与第 4 因子的相关系数 (绝对值) 大于 0.5 的变量包括 DR2 (每 10 万人口心血管死亡数)、DR4 (每 10 万人口非传染病因死亡数), 由于第 4 因子和两种死亡原因有关, 取名为“非传染病死亡因子”.
- 与第 5 因子的相关系数 (绝对值) 大于 0.5 的变量只有 YIP (受伤损失年龄比例), 由于该因子仅和意外死亡有关, 取名为“意外死亡因子”.

可以看出, 前面独特性较强的 5 个变量没有一个在这些和因子相关的变量中, 因此, 这些因子不代表那些独特的变量.

审视了载荷之后, 实际上没有必要画出载荷图, 载荷图是为了直观展示. 由于很难画出一维载荷图, 因此, 一般都用二维图. 下面我们画出因子对 1 和 2、因子对 3 和 4、因子对 4 和 5 的三个载荷图, 作为对照, 画出未经旋转因子分析的相应因子对的三个载荷图及主成分分析主成分对 1 和 2、主成分对 3 和 4 的两个载荷图 (见图 4.2.2), 生成该图的代码在 7.3.2 节.

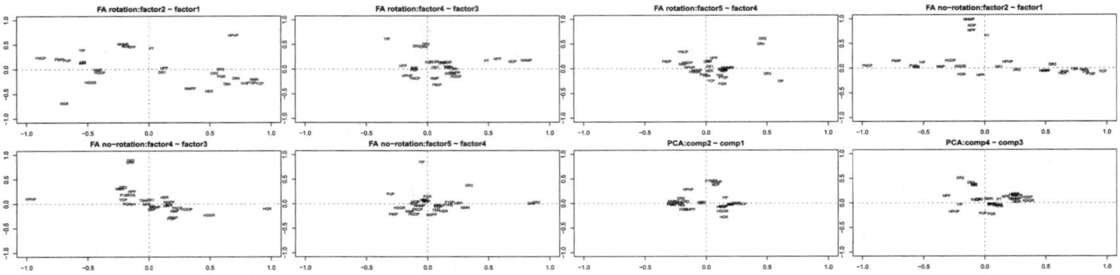

图 4.2.2 例 4.5 WHO 数据的因子分析 (按照从左上到右下次序: 前 3 个是旋转后的, 第 4 到第 6 个是未经旋转的) 和主成分分析 (最后 2 个) 的载荷图

由于图 4.2.2 的尺度是一样的, 集中于原点附近的点 (变量) 和相应的因子相关性小, 而远离原点的点 (变量) 和相应的因子相关性大. 第 1 因子和第 2 因子的载荷图中的点最分散, 说明它们所代表的变量更多.

例 4.5 WHO 数据: 计算因子得分, 并做出因子得分图

前面计算中已经隐含因子得分 (上面程序代码中函数 `factanal` 的选项表明这里用 `scores="regression"` 来得到因子得分), 由于国家太多, 我们不输出因子得分数值, 但可以知道下面的结果:

- 第 1 因子即所谓“综合卫生因子”得分最高 (最落后) 的五个国家为 Botswana、Mozambique、Swaziland、Angola、Lesotho, 而得分最低 (最先进) 的五个国家为 Georgia、Bulgaria、Singapore、Armenia、Bosnia and Herzegovina.
- 第 2 因子即所谓“医务人员资源因子”得分最高 (医务人员比例高) 的五个国家为 United States of America、India、China、Russia、Japan, 而得分最低的五个国家为 San Marino、Malta、Andorra、Monaco、Iceland.
- 第 3 因子即所谓“卫生支出因子”得分最高 (卫生支出高) 的五个国家为 Marshall Islands、Tuvalu、Solomon Islands、Angola、Kiribati, 而得分最低 (卫生支出低) 的五个国家为 Guinea、Georgia、Myanmar、Pakistan、Lao People's Democratic Republic.
- 第 4 因子即所谓“非传染病死亡因子”得分最高 (死亡比例高) 的五个国家为 Nauru、Turkmenistan、Afghanistan、Kazakhstan、Russia, 而得分最低 (死亡比例低) 的五个国家为 Japan、Panama、Monaco、Singapore、Switzerland.

- 第 5 因子即所谓 " 意外死亡因子 " 得分最高 (死亡比例高) 的五个国家为 Colombia、Venezuela、Iran (Islamic Republic of)、United Arab Emirates、Lithuania, 而得分最低 (死亡比例低) 的五个国家为 Georgia、Jamaica、Kiribati、Azerbaijan、Netherlands.

我们也可以画出因子得分图, 但因为国家太多, 不一定能看得清. 作为示意, 这里仅仅画出相对于因子 1 和 2、3 和 4 的两个因子得分图 (见图 4.2.3), 生成该图的代码在 7.3.2 节.

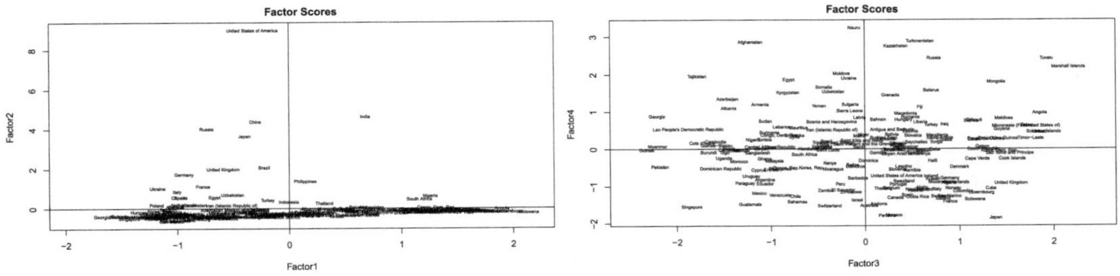

图 4.2.3 例 4.5 WHO 数据的因子得分图

例 4.6 豌豆数据的因子分析: 初步因子分析, 不进行旋转

例 4.6 豌豆数据 (peas2.csv)[10] 该数据是 60 个分别对 27 种豌豆的味道打分数据. 这些豌豆在煮熟之后快速冷冻, 储存 3 个月后由评委打分. 变量有 Tender(嫩度)、DryM(干物质, 单位: %)、DryMA(冻后干物质, 单位: %)、Sucrose(蔗糖, 单位: %)、Glucose1(葡萄糖度量 1)、Glucose2(葡萄糖度量 2)、Flavour(风味)、Sweet(甜味)、Fruity(果味)、Off.flavour(异味)、Mealiness(绵软性)、Hardness(硬度)、Whiteness(白色度)、Colour1(颜色 1 读数)、Colour2(颜色 2 读数)、Colour3(颜色 3 读数)、Skin(外观). 该数据维数为 60×17.

对于例 4.6 豌豆数据, 首先不进行旋转, 暂时选取 4 个因子, 读入数据和实行因子分析并输出载荷的 R 代码为:

```
w=read.csv("peas2.csv")
a=factanal(scale(w),factors=4,rotation ="none" , scores="regression")
a$loading
```

得到各个变量的特征值 (`SS loadings`) 为 11.071、3.148、0.625、0.384, 其中只有两个大于 1, 因此我们取两个因子做因子分析, 并且旋转.

例 4.6 豌豆数据的因子分析: 选择两个因子, 旋转并做载荷图

下面选择两个因子, 旋转并作两个因子的载荷图 (见图 4.2.4):

```
a2=factanal(scale(w),factors=2,rotation ="varimax",
   scores="regression")
a2$loadings
plot(a2$loadings[,1:2],type="n",xlim=c(-1.1,1.1))
```

[10]来自网站 `http://openmv.net/info/peas`, 参看 Kjølstad, L., Isaksson, T., Rosenfeld, H. J. (2006). Prediction of sensory quality by near infrared reflectance analysis of frozen and freeze dried green peas (Pisum sativum). *Journal of the Science of Food and Agriculture*, 51,2.

```
text(a2$loadings[,1:2],labels=names(w),cex=.6)
abline(h=0,lty=2);abline(v=0,lty=2)
```

图 4.2.4 显示出变量 Skin 和 Colour3 有些"不合群"(最靠近原点), 实际上, 变量 Skin 和 Colour3 的独特性是最大的 (大于 0.5 的变量仅有两个).

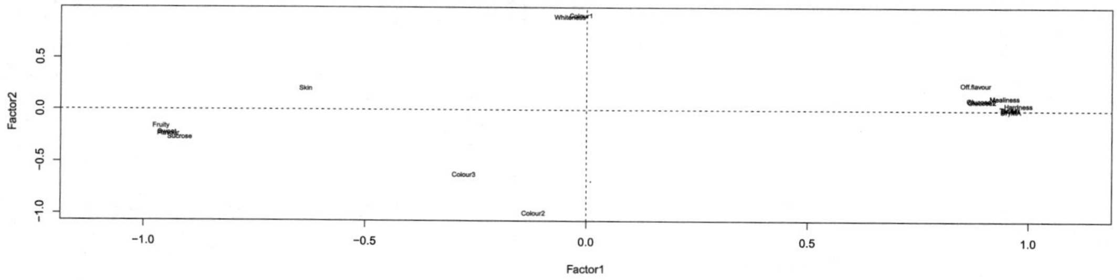

图 4.2.4 例 4.6 豌豆数据的因子分析的载荷图

输出的载荷为:

```
Loadings:
             Factor1 Factor2
Tender        0.956
DryM          0.955
DryMA         0.959
Sucrose      -0.919  -0.265
Glucose1      0.891
Glucose2      0.893
Flavour      -0.945  -0.233
Sweet        -0.948  -0.219
Fruity       -0.961  -0.165
Off.flavour   0.879   0.246
Mealiness     0.945   0.123
Hardness      0.976
Whiteness             0.904
Colour1               0.919
Colour2      -0.120  -0.990
Colour3      -0.277  -0.620
Skin         -0.634   0.204
                 Factor1 Factor2
SS loadings       11.010   3.365
Proportion Var     0.648   0.198
Cumulative Var     0.648   0.846
```

除了 4 个颜色变量 (Whiteness、Colour1、Colour2 和 Colour3) 之外, 大部分变量和第 1 因子的相关系数 (绝对值) 大于 0.85 (例外为 Skin, 只有 −0.634), 而 4 个颜色变量 Whiteness、Colour1、Colour2 和 Colour3 与第 2 因子的相关系数分别为 0.904, 0.919, −0.990 和 −0.620. 因此, 可以称第 1 因子为"综合性质因子", 而称第二因子为"颜色因子".

例 4.1 教师数据的因子分析

对于例 4.1 的数据, 读入数据并随意选择 6 个因子做不旋转的因子分析, R 代码为:

```
w=read.csv("full.aaup.csv");u=w[,-c(1,3,4)]
a=factanal(scale(u[,-1]),factors=6,rotation = "none")
a$loadings
```

从输出中可以看出, 只有两个因子的特征值 (`SS loadings`) 大于 1, 其余很小 (小于 0.22). 我们于是做 2 个因子的因子分析并输出载荷, 代码如下:

```
a2=factanal(scale(u[,-1]),factors=2,rotation ="varimax",
   scores="regression")
a2$loadings
```

得到输出为:

```
Loadings:
      Factor1 Factor2
ASF     0.938   0.290
ASA1    0.947   0.201
ASA2    0.913   0.254
ASALL   0.946   0.276
ACF     0.950   0.257
ACA1    0.954   0.174
ACA2    0.918   0.236
ACALL   0.956   0.249
NF      0.353   0.895
NA1     0.319   0.909
NA2     0.296   0.904
NIN             0.515
NALL    0.328   0.942
               Factor1 Factor2
SS loadings      7.496   4.074
Proportion Var   0.577   0.313
Cumulative Var   0.577   0.890
```

从输出中可以看出, 和工资有关的变量 (全部以 “A” 开头) 仅和第 1 因子相关, 而和人数有关的变量 (均以 “N” 开头) 仅和第 2 因子相关. 因此, 可以把第 1 因子称为 “ 工资因子 ”, 而把第 2 因子称为 “ 人数因子 ”.

除此之外, 可以用代码 `a2$scores` 得到每个观测值在这两个因子坐标中的得分. 由于太长, 这里未提供输出. 但我们可以画出载荷图和加利福尼亚州学校的得分 (为了不至于太密, 仅选加利福尼亚州学校), 这两个图显示在图 4.2.5 中. 产生该图的代码在 7.3.2 节.

从图 4.2.5 (左图) 中可以看出, 与主成分分析中的第一主成分主导的情况不同, 在因子分析中, 第 1 因子 (横坐标) 越大, 各种平均工资越高, 而第 2 因子 (纵坐标) 越大, 各类人数越多. 从图 4.2.5 (右图) 中可以看出, 加利福尼亚大学洛杉矶分校人数最多, 而加利福尼亚理工学院人数最少, 但工资最高.

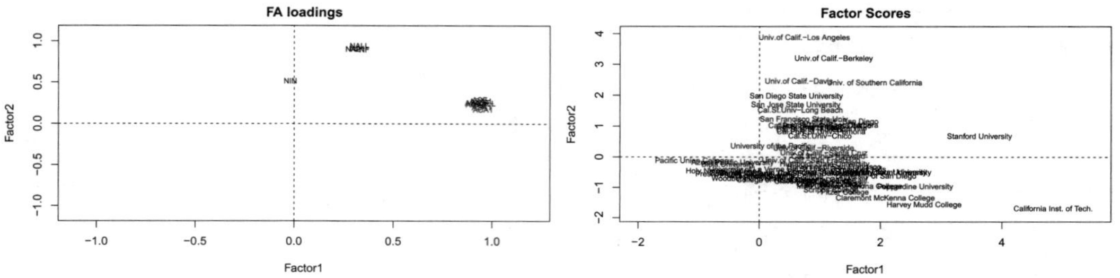

图 4.2.5　例 4.1 教师数据的因子分析的载荷图 (左) 及加利福尼亚州学校的得分 (右)

变量 NIN 和第 1 因子不相关, 与第 2 因子相关系数相比于其他 “N” 开头的变量最小 (0.515), 在载荷图 (见图 4.2.5 (左图)) 中, NIN 有些 ‘‘不合群”. 实际上, 可算出各个变量的独特性 (通过代码 `a2$uniquenesses`), 而变量 NIN 的独特性 (`a2$uniquenesses`) 最大, 比位居第二的 ACA2 大 7 倍多.

还可以把图 4.2.5 与该例的主成分分析的载荷图 (见图 4.1.4) 做比较, 可以看出因子分析可以通过前两个因子把两类变量更加明确地分开.

4.2.3 因子分析计算基于的原理 *

本节仅供感兴趣的读者参考.

在因子分析中, 我们需要得到 $\boldsymbol{Q}$ 和 $\boldsymbol{\Psi}$ 的估计 $\hat{\boldsymbol{Q}}$ 和 $\hat{\boldsymbol{\Psi}}$. 下面介绍几种估计方法.

主成分方法

对于实际数据, 样本协方差矩阵应该有

$$\boldsymbol{S} \approx \hat{\boldsymbol{Q}}\hat{\boldsymbol{Q}}^{\top} + \hat{\boldsymbol{\Psi}}.$$

按照主成分方法, 忽略 $\hat{\boldsymbol{\Psi}}$, 做谱分解

$$\boldsymbol{S} = \boldsymbol{C}\boldsymbol{D}\boldsymbol{C}^{\top} = \boldsymbol{C}\boldsymbol{D}^{1/2}\boldsymbol{D}^{1/2}\boldsymbol{C}^{\top} = (\boldsymbol{C}\boldsymbol{D}^{1/2})(\boldsymbol{C}\boldsymbol{D}^{1/2})^{\top},$$

然后令 $\hat{\boldsymbol{Q}}_{p\times m}$ 等于 $\boldsymbol{C}\boldsymbol{D}^{1/2}$ 的前 m 列, 即

$$\hat{\boldsymbol{Q}} = (\sqrt{d_1}\boldsymbol{c}_1, \sqrt{d_2}\boldsymbol{c}_2, \ldots, \sqrt{d_m}\boldsymbol{c}_m),$$

这里的 d_i 是对角矩阵 $\boldsymbol{D}$ 的第 i 个对角线元素, $\boldsymbol{c}_k$ 是 $\boldsymbol{C}$ 的第 k 列. 此外, 令

$$\hat{\psi}_i = s_{ii} - \sum_{k=1}^{m} \hat{q}_{ik}^2,$$

这样就完成了估计. 如果基于相关阵 $\boldsymbol{R}$, 一切类似, 只不过要把 s_{ij} 换成 r_{ij} 而已.

按照假定, $\boldsymbol{S}$ 的对角线元素等于 $\hat{\boldsymbol{Q}}\hat{\boldsymbol{Q}}^{\top} + \hat{\boldsymbol{\Psi}}$ 的对角线元素. 对角线外的元素不必估计. 这个近似好不好呢? 考虑由主成分解得的残差矩阵

$$\boldsymbol{S} - (\hat{\boldsymbol{Q}}\hat{\boldsymbol{Q}}^{\top} + \hat{\boldsymbol{\Psi}}).$$

解析上, 有

$$\sum_{ij}(\boldsymbol{S} - \hat{\boldsymbol{Q}}\hat{\boldsymbol{Q}}^{\top} - \hat{\boldsymbol{\Psi}})_{ij}^2 \leqslant d_{m+1}^2 + d_{m+2}^2 + \cdots + d_p^2,$$

这意味着被忽略的特征值越小, 造成的近似误差也越小. 选择因子数目的一个直观方式是考虑第 j 个因子占总样本方差的比例. 这个量一般等于 $d_j/\sum_{j=1}^p s_{jj}$(对 $\boldsymbol{S}$ 的因子分析) 或 d_j/p(对 $\boldsymbol{R}$ 的因子分析).

主因子方法

主因子方法又称主轴法, 主因子方法着重于相关矩阵 $\boldsymbol{R}$ 或协方差矩阵 $\boldsymbol{S}$ 的分解, 即考虑利用样本协方差和样本相关系数两种情况的估计:

$$\boldsymbol{S}-\hat{\boldsymbol{\Psi}}\approx\hat{\boldsymbol{Q}}\hat{\boldsymbol{Q}}^\top \text{ 或者 } \boldsymbol{R}-\hat{\boldsymbol{\Psi}}\approx\hat{\boldsymbol{Q}}\hat{\boldsymbol{Q}}^\top,$$

前面提到过, $\boldsymbol{R}$ 和 $\boldsymbol{S}$ 的谱分解产生不同的结果, 因而由主因子方法可能得到不同的估计. 这里的估计通常使用迭代来计算, 就上面左边使用样本相关矩阵 $\boldsymbol{R}$ 的情况来说, 首先给出一个 $\hat{h}_i^2$ 的初始值, 然后通过 $\hat{\psi}_i=r_{ii}-\hat{h}_i$ 得到 $\hat{\psi}_i$ 的值, 再利用前面主成分法通过谱分解 ($\boldsymbol{R}=\boldsymbol{CDC}^\top=(\boldsymbol{CD}^{1/2})(\boldsymbol{CD}^{1/2})^\top$) 得到的 $\boldsymbol{CD}^{1/2}$ 的前 m 列作为 $\hat{\boldsymbol{Q}}$, 然后会得到新的 $\hat{h}_i^2$ 值, 如此下去直至收敛. 对于 $\boldsymbol{S}$ 或 $\boldsymbol{R}$, 通常 $\hat{h}_i^2$ 的初始值分别取

$$\hat{h}_i^2=1-\frac{1}{s^{ii}} \text{ 或者 } \hat{h}_i^2=1-\frac{1}{r^{ii}},$$

这里的 s^{ii} 和 r^{ii} 分别为 $\boldsymbol{S}^{-1}$ 和 $\boldsymbol{R}^{-1}$ 的第 i 个对角线元素.

当然, 利用这个方法有时不一定得到合适的收敛结果, 比如 $\hat{h}_i^2>1$, 这导致不准确的 $\hat{\psi}_i<0$. 这可能与程序的编写或者对数据很强的数学假定不合适有关.

主因子方法的计算依赖于共同度 h_j^2 的初始值 $\tilde{h}_j^2$, 建议两个传统的初始值为:

- $\tilde{h}_j^2$ 定义为 $\boldsymbol{X}_j$ 和无第 j 列的数据 $\boldsymbol{X}_{(-j)}$ 的多重相关系数的平方, 即 $\rho^2(\boldsymbol{X}_j,\boldsymbol{X}_{(-j)}\hat{\beta})$, 而 $\hat{\beta}$ 为 $\boldsymbol{X}_j$ 对 $\boldsymbol{X}_{(-j)}$ 最小二乘回归的系数估计.
- $\tilde{h}_j^2=\max_{\ell\neq j}|r_{j\ell}|$.

最大似然法

最大似然法必然要假定样本的分布, 即 $\boldsymbol{x}_1,\boldsymbol{x}_2,\ldots,\boldsymbol{x}_n$ 为来自

$$N_p(\boldsymbol{\mu},\boldsymbol{\Sigma})=N_p(\boldsymbol{\mu},\boldsymbol{QQ}^\top+\boldsymbol{\Psi})$$

的随机样本. 显然, 最大似然法可以得到估计 $\hat{\boldsymbol{Q}}$ 和 $\hat{\boldsymbol{\Psi}}$. 下面是解法梗概.

观测数据矩阵 $\boldsymbol{X}$ 的对数似然函数 ℓ 为

$$\begin{aligned}\ell(\boldsymbol{X};\boldsymbol{\mu},\boldsymbol{\Sigma})&=-\frac{n}{2}\log|2\pi\boldsymbol{\Sigma}|-\frac{1}{2}\sum_{i=1}^n(x_i-\mu)\boldsymbol{\Sigma}^{-1}(x_i-\mu)^\top\\&=-\frac{n}{2}\log|2\pi\boldsymbol{\Sigma}|-\frac{n}{2}\mathrm{tr}(\boldsymbol{\Sigma}^{-1}\boldsymbol{S})-\frac{n}{2}(\bar{x}-\mu)\boldsymbol{\Sigma}^{-1}(\bar{x}-\mu)^\top,\end{aligned}$$

用 $\hat{\boldsymbol{\mu}}=\bar{\boldsymbol{x}}$ 代替 $\boldsymbol{\mu}$, 则有

$$\ell(\boldsymbol{X};\hat{\boldsymbol{\mu}},\boldsymbol{\Sigma})=-\frac{n}{2}\{\log|2\pi\boldsymbol{\Sigma}|+\mathrm{tr}(\boldsymbol{\Sigma}^{-1}\boldsymbol{S})\}.$$

用 $\boldsymbol{QQ}^\top+\boldsymbol{\Psi}$ 代替 $\boldsymbol{\Sigma}$, 得到

$$\ell(\boldsymbol{X};\hat{\boldsymbol{\mu}},\boldsymbol{Q},\boldsymbol{\Psi})=-\frac{n}{2}\{\log|2\pi(\boldsymbol{QQ}^\top+\boldsymbol{\Psi})|+\mathrm{tr}((\boldsymbol{QQ}^\top+\boldsymbol{\Psi})^{-1}\boldsymbol{S})\},$$

由此可以求出需要的最大似然估计. 当然, 这个方程比较复杂, 必须用迭代算法.

因子个数的选择

有几种因子个数 m 的选择方法. 记 $\theta_j = \sum_{k=1}^{p} \hat{q}_{kj}^2$, 它代表了第 j 个因子对总样本方差的贡献. 因此, 特别是对主成分法估计, 选择 m 使得

$$\sum_{j=1}^{m} \theta_j/\text{trace}(\boldsymbol{S}) \quad 或者 \quad \sum_{j=1}^{m} \theta_j/\text{trace}(\boldsymbol{R})$$

大于某个认可的百分比 (诸如 80%、85%等).

另一种方法是把大于平均特征值的数目定为 m. 对于 $\boldsymbol{R}$, 平均特征值为 1, 而对于 $\boldsymbol{S}$, 平均特征值为 $\sum_{j=1}^{p} \theta_j/p$.

此外还有基于悬崖碎石图是否 " 陡峭 " 的几何检验和对 m 大小的检验 (下面的 $\boldsymbol{Q}$ 是 $p \times m$ 矩阵):

$$H_0 : \boldsymbol{\Sigma} = \boldsymbol{Q}\boldsymbol{Q}^\top + \boldsymbol{\Psi} \Leftrightarrow \boldsymbol{\Sigma} \neq \boldsymbol{Q}\boldsymbol{Q}^\top + \boldsymbol{\Psi}.$$

几何检验由于与直观较接近, 结果较好. 直接根据崖底碎石图来得到结论可能更有道理, 但遗憾的是, 有些人更相信 p 值及主观选择的显著性水平, 而不是直观的图形. 对 m 大小的检验往往提供 m 的一个上界, 因而其结果通常得到多于可以接受的 m 值.

旋转

根据假定、代数的知识及计算方法, 可以得到对 q_{ij} 的矩阵 $\boldsymbol{Q}$ 的解, 但这个解不唯一, 解之间相差一个正交变换或刚体旋转. 因此, 方差分析还需要在这些解中寻找一个最能够解释数据的解. 这意味着因子分析多了旋转这个步骤. 在正交变换 (刚体旋转) $\boldsymbol{T}$ 下可以得到不同的解 $\boldsymbol{Q}^* = \boldsymbol{Q}\boldsymbol{T}$. 因此, 在实践中使用的旋转大多是正交旋转.

在 $m = 2$ 时, 最常用的正交旋转是最大方差旋转, 它使得 $\hat{\boldsymbol{Q}}^*$ 的每一列的平方载荷的方差最大. 最大方差方法的思想就是寻求 $\boldsymbol{T}$, 使得载荷 $\hat{q}_{ij}^*$ 的方差和在 $\hat{\boldsymbol{Q}}^*$ 每一列中最大. 更确切地说, 定义 $\tilde{q}_{j\ell}^* = \hat{q}_{j\ell}^*/\hat{h}_j^*$, 方差最大准则选择 θ 使得

$$\boldsymbol{V} = \frac{1}{p}\sum_{\ell}^{k}\left\{\sum_{j=1}^{p}(\tilde{q}_{j\ell}^*)^4 - \left[\frac{1}{p}\sum_{j=1}^{p}(\tilde{q}_{j\ell}^*)^2\right]^2\right\}$$

最大.

因子得分

因子分析往往集中在估计载荷及共同度上. 逻辑上, 这是因为因子 $\boldsymbol{f}$ 被认为是信息的标准化随机源泉, 并且作为非特殊的共同因子被显示. 因子得分是对每个个体 $\boldsymbol{x}_i$ $(i = 1, 2, \dots, n)$ 的不可观测的随机向量 $\boldsymbol{f}_i$ 的估计. 实践上, 有结果非常类似的三个方法, 下面予以简单介绍.

(1) 普通最小二乘法.

$$\boldsymbol{x_i} - \boldsymbol{\mu} = \boldsymbol{Q}\boldsymbol{f}_i + \epsilon_i,\ i = 1, 2, \dots n,$$

使得 (这里用 $\bar{\boldsymbol{x}}$ 代替 $\boldsymbol{\mu}$)

$$(\boldsymbol{x_i} - \bar{\boldsymbol{x}} - \boldsymbol{Q}\boldsymbol{f}_i)^\top(\boldsymbol{x_i} - \bar{\boldsymbol{x}} - \boldsymbol{Q}\boldsymbol{f}_i)$$

最小, 得到

$$\hat{\boldsymbol{f}}_i = \left(\hat{\boldsymbol{Q}}^\top \hat{\boldsymbol{Q}}\right)^{-1} \hat{\boldsymbol{Q}}^\top (\boldsymbol{x}_i - \bar{\boldsymbol{x}}).$$

(2) 加权最小二乘法.

类似于通常最小二乘法, 只不过使得

$$(\boldsymbol{x_i} - \bar{\boldsymbol{x}} - \boldsymbol{Q}\boldsymbol{f}_i)^\top \boldsymbol{\Psi}^{-1} (\boldsymbol{x_i} - \bar{\boldsymbol{x}} - \boldsymbol{Q}\boldsymbol{f}_i)$$

最小, 得到

$$\hat{\boldsymbol{f}}_i = \left(\hat{\boldsymbol{Q}}^\top \boldsymbol{\Psi}^{-1} \hat{\boldsymbol{Q}}\right)^{-1} \hat{\boldsymbol{Q}}^\top \boldsymbol{\Psi}^{-1} (\boldsymbol{x}_i - \bar{\boldsymbol{x}}).$$

(3) 用最大似然估计来计算载荷时的回归方法.

令 $\boldsymbol{x}_i$ 和 $\boldsymbol{f}_i$ 的联合分布为:

$$\begin{bmatrix} \boldsymbol{x}_i \\ \boldsymbol{f}_i \end{bmatrix} \sim N\left(\begin{bmatrix} \boldsymbol{\mu} \\ \boldsymbol{0} \end{bmatrix}, \begin{bmatrix} \boldsymbol{Q}\boldsymbol{Q}^\top + \boldsymbol{\Psi} & \boldsymbol{Q} \\ \boldsymbol{Q}^\top & \boldsymbol{I} \end{bmatrix}\right),$$

由此, 条件期望 $E(\boldsymbol{f}_i|\boldsymbol{x}_i) = \boldsymbol{Q}^\top(\boldsymbol{Q}\boldsymbol{Q}^\top + \boldsymbol{\Psi})^{-1}(\boldsymbol{x}_i - \boldsymbol{\mu})$ 的形式导致估计

$$\hat{\boldsymbol{f}}_i = \hat{\boldsymbol{Q}}^\top (\hat{\boldsymbol{Q}}\hat{\boldsymbol{Q}}^\top + \hat{\boldsymbol{\Psi}})^{-1} (\boldsymbol{x}_i - \bar{\boldsymbol{x}}).$$

针对因子数 m 不一定合适的问题, 用 $\boldsymbol{S}$ 替代 $\hat{\boldsymbol{Q}}\hat{\boldsymbol{Q}}^\top + \hat{\boldsymbol{\Psi}}$ 会更稳定:

$$\hat{\boldsymbol{f}}_i = \hat{\boldsymbol{Q}}^\top \boldsymbol{S}^{-1} (\boldsymbol{x}_i - \bar{\boldsymbol{x}}).$$

如果因子被正交矩阵 $\boldsymbol{T}$ 所旋转, 因子得分也应做相应的旋转, 即

$$\hat{f}_i^* = \boldsymbol{T}^\top \hat{f}_i.$$

建议和评论

在实际因子分析模型的估计中, 由于可选择的太多, 而且没有一种可以说是绝对最优的, 因此, 可以根据具体问题和数据做探索, 以使数据的因子角度稳定. 下面是几点具体建议.

1. 基于数据的相关结构或者特征值的崖底碎石图来确定因子数目.
2. 实施几种 (包括旋转的) 现成方法, 比较各种方法得到的载荷、共同度以及因子得分.
3. 如果结果显著不同, 基于因子得分核对离群点, 并考虑改变因子数目.

根据数据驱动的思维方式, 可以把样本分成训练集和测试集来做交叉验证. 在训练集样本中用选择的方法估计因子模型, 并利用得到的参数针对测试集预测因子得分. 这个预测的因子得分应该和只用测试集得到的因子得分类似. 这个稳定性准则还可以包括载荷和共同度.

虽然因子分析和主成分分析使用类似的数学工具 (谱分解、投影等), 但它们有着根本的不同. 虽然在协方差阵的秩为 $m(\ll p)$ 时, 主成分分析可以类似于 m 个因子的因子分析, 但在实践中几乎不可能会有奇异的协方差阵. 主成分分析和因子分析之间最大的区别在于模型的哲学.

因子分析假定了固定数目的共同因子的严格结构, 而主成分分析按照重要性的递减方式来确定 p 个因子. 主成分分析的最重要的成分 (因子) 使得投影的方差最大. 因子分析的最重要因子是 (在旋转后) 给出最大解释的那一个, 其最重要因子的方向有时类似于第一主

成分的方向, 但通常不一样. 主成分分析按照方差下降的方式为变量做线性变换以减少数据集的维数, 而因子分析用有固定有限数量的隐变量 (因子) 对数据做线性变换. 因子分析的目标是找到载荷 $\boldsymbol{Q}$ 和特殊方差 $\boldsymbol{\Psi}$.

实践中, 主成分分析方法单一, 结果唯一且明确. 因子分析模型包含了各种数值方法, 其多样性产生了各种研究及结果, 也使得模型的识别与评价特别困难. 基于数据而不是模型的视角是应该提倡的. 模型的采用应该基于客观的数据, 而不是主观的假定.

4.3 自编码器降维 *

4.3.1 概念

自编码器 (autoencoders) 是一种人工神经网络，它使用有监督学习过程将数据压缩到较低的维度, 然后重建输入. 自编码器通过更多地关注去除噪声和冗余的重要特征来找到较低维度的数据表示. 在自编码器中, 输出单元的数量必须等于输入单元的数量, 因为我们试图重建输入数据. 因此基于编码器 – 解码器架构 (encoder-decoder architecture), 其中**编码器** (encoder) 将输入的高维数据编码为 (隐变量数目的) 低维数据, **解码器** (decoder) 将压缩的低维数据解码 (重建) 为原始高维数据. 图 4.3.1 显示了 8 个节点的输入和输出层及 3 个节点的隐变量层的自编码器.

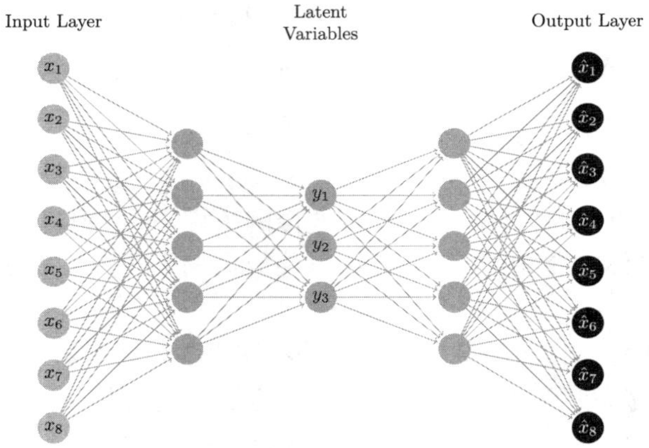

图 4.3.1　降维用自编码器示意图

编码器层中的神经元数量会随着层数的增加而减少, 而解码器层中的神经元数量会随着层数的增加而增加. 当使用自编码器进行降维时, 将提取隐变量并使用它来降维. 这个过程可以看作是特征提取.

形式上, 令输入层和输出层变量空间为维数 n 的 $\mathcal{X} = \mathbb{R}^p$, 而隐变量层的空间为维数 m 的 $\mathcal{Y} = \mathbb{R}^m$. 编码器为 (参数为 ϕ 的) 投影 $E_\phi : \mathcal{X} \mapsto \mathcal{Y}$, 解码器为 (参数为 θ 的) 投影 $D_\theta : \mathcal{Y} \mapsto \mathcal{X}$. 或者说:

1. 编码器: $\boldsymbol{y} = E_\phi(\boldsymbol{x}) \in \mathcal{Y},\ \forall \boldsymbol{x} \in \mathcal{X}$.
2. 解码器: $\hat{\boldsymbol{x}} = D_\theta(\boldsymbol{y}) \in \mathcal{X},\ \forall \boldsymbol{y} \in \mathcal{Y}$. 当然也可以写成 $\hat{\boldsymbol{x}} = D_\theta(E_\phi(\boldsymbol{x})),\ \forall \boldsymbol{x} \in \mathcal{X}$.

如果数据为 $\boldsymbol{x} = (\boldsymbol{x}_1, \boldsymbol{x}_2, \ldots, \boldsymbol{x}_n)$, 自编码器的目标是对于给定的损失函数 (或距离) (记为 $d()$), 寻找编码器和解码器 (参数 ϕ 和 θ), 使得 $d(\boldsymbol{x}, \hat{\boldsymbol{x}})$ 的平均 (或期望) 损失最小. 举例来说, 在 L2 损失情况下 ($d(\boldsymbol{x}, \hat{\boldsymbol{x}}) = \|\boldsymbol{x} - \hat{\boldsymbol{x}}\|^2$), 考虑经验分布的期望 (算术平均值), 则希望最小化

的损失为

$$L(\theta, \phi) = \frac{1}{n}\sum_{i=1}^{n} \|\boldsymbol{x}_i - D_\theta(E_\phi(\boldsymbol{x}_i))\|^2.$$

即寻找

$$(\hat{\theta}, \hat{\phi}) = \arg\min_{\theta,\phi} L(\theta, \phi).$$

自编码器有很多种, 图 4.3.1 显示的类型是深度自编码器 (deep autoencoder), 其中编码器和解码器是对称的.

4.3.2 使用 Python 的 Keras API 于例 3.3 欺诈竞标数据的自编码器降维

通常的自编码器降维使用深度学习神经网络, 特别是使用 Keras API [11], 这里的 Keras 是用 Python 编写的, 被深度学习平台 TensorFlow 使用. Keras 也有 R 语言版本, 但由于在 Python 中的安装和使用都比在 R 中方便, 我们这里使用 Python 代码.

首先读入数据.

```
w=pd.read_csv('bidding.csv').iloc[:,3:]
X=w.iloc[:,:-1]
y=w['Class'].astype('category')
```

定义自编码器网络

我们想要降到 2 维, 因此定义隐变量层只有 2 个节点的自编码器网络:

```
# Keras 程序包
from keras import layers
from keras.layers import Input, Dense
from keras.models import Model, Sequential
from keras import regularizers

# 输入层
input_layer = Input(shape = (X.shape[1], ))
# 编码器层
encoded = Dense(100, activation= 'tanh', activity_regularizer=regularizers.l1(10e-5))(input_layer)
encoded = Dense(50, activation='tanh', activity_regularizer=regularizers.l1(10e-5))(encoded)
encoded = Dense(25, activation='tanh', activity_regularizer=regularizers.l1(10e-5))(encoded)
encoded = Dense(12, activation = 'tanh', activity_regularizer=regularizers.l1(10e-5))(encoded)
# 隐变量层
encoded = Dense(2, activation='relu')(encoded)
# 解码器网络
decoded = Dense(12, activation='tanh')(encoded)
decoded = Dense(25, activation='tanh')(decoded)
decoded = Dense(50, activation='tanh')(decoded)
decoded = Dense(100, activation='tanh')(decoded)
output_layer = Dense(X.shape[1], activation='relu')(decoded)
# 定义网络模型
auto_encoder = Model(input_layer, output_layer)
```

[11] API (application programming interface) 可译为应用程序接口.

训练自编码器模型并定义隐模型

训练自编码器模型, 然后定义由自编码器网络直到瓶颈层为止的以隐变量作为输出的网络:

```
# 定义编译器
auto_encoder.compile(optimizer='adadelta', loss='mse')
# 训练自编码器
auto_encoder.fit(X, X, batch_size=32, epochs=20, shuffle=True,
                 validation_split=0.20, verbose=None)
```

用自编码器中的编码器网络各层定义隐变量的作为输出的网络, 在这里只使用前面已经训练出的结果.

```
latent_model = Sequential()
latent_model.add(auto_encoder.layers[0])
latent_model.add(auto_encoder.layers[1])
latent_model.add(auto_encoder.layers[2])
latent_model.add(auto_encoder.layers[3])
latent_model.add(auto_encoder.layers[4])
latent_model.add(auto_encoder.layers[5])
```

使用隐变量网络模型直接得到隐变量的值:

```
X_enc = latent_model.predict(X)
```

使用自编码器生成的结果隐变量做随机森林分类, 并且和随机森林降维的分类效果做对比

对比的是交叉验证精确度, 因此首先把数据分成训练集 (70%) 和测试集 (30%):

```
from sklearn.model_selection import train_test_split

XTT = train_test_split(X, y, test_size=0.3,random_state=1010)
X_train, X_test, y_train, y_test = XTT
XET =train_test_split(encoded_X, encoded_y, test_size=0.3,
                      random_state=1010)
X_enc_train, X_enc_test, y_enc_train, y_enc_test = XET
```

用随机森林分类, 做 3 个拟合:

1. 用所有变量拟合求精度.
2. 用所有变量拟合结果的 2 个最重要变量拟合 (随机森林降维) 求精度.
3. 用自编码器得到的 2 个隐变量拟合求精度.

代码为:

```
from sklearn.ensemble import RandomForestClassifier, BaggingClassifier
rf_clf = RandomForestClassifier(n_estimators=500,random_state=1010)
```

```
rf_clf.fit(X_train, y_train)
rf_pred = rf_clf.predict(X_test)
rf2_clf = RandomForestClassifier(n_estimators=500,random_state=1010)
rfi=dict(zip(X_test.columns,rf_clf.feature_importances_))
RFVR=sorted(rfi, key=rfi.get,reverse=True)[:2]
rf2_clf.fit(X_train[RFVR], y_train)
rf2_pred=rf2_clf.predict(X_test[RFVR])
rfen_clf = RandomForestClassifier(n_estimators=500,random_state=1010)
rfen_clf.fit(X_enc_train, y_enc_train)
rfe_pred = rfen_clf.predict(X_enc_test)
Accuracy={'RF_full':np.mean(y_test==rf_pred),
          'RF_2':np.mean(y_test==rf2_pred),
          'RF_encoder':np.mean(y_enc_test==rfe_pred)}
Accuracy
```

输出的 3 个精度依次为不降维、用随机森林最重要的 2 个变量、自编码器降维变量:

```
{'RF_full': 0.9947285187137586,
 'RF_2': 0.9773326304691619,
 'RF_encoder': 0.9398854961832062}
```

显然, 自编码器降维效果 (精确度 0.940) 不如不降维 (精度 0.995) 是必然的. 自编码器降维不如随机森林 2 个重要变量降维 (精度 0.977) 是可以理解的, 因为随机森林选择和因变量关系最重要的变量, 而自编码器降维是没有考虑因变量的一般降维, 当然不会优于随机森林.

4.4 习 题

1. 回答下面问题:
   (1) 主成分分析完全是数学推导和统计方法的结果吗? 有没有主观决策的成分?
   (2) 主成分分析变量的选择、成分个数的选择、距离度量的选择会对结果有什么影响? 请一一做出解释.
2. 请举例说明根据主成分分析得到的有关 " 政绩 " 的 " 综合指数 " 的荒诞之处.
3. 能够根据主成分分析做出确定性结论吗? 请说明.
4. 以例 4.1 教师数据的主成分得分为新的数据阵, 再做一次主成分分析,
   (1) 特征值是多少? 请画出载荷图.
   (2) 验证得分组成的新数据阵正交.
   (3) 你会得到什么结论? 请对你的结果做出解释.
5. 随便取一张图片, 利用主成分分析做图片的压缩 (分别采用不同数量的主成分), 并产生压缩后的图片.
6. 对例 4.5 WHO 数据做完整的主成分分析.
   (1) 求出特征值和特征向量.
   (2) 选择主成分的数目, 并作载荷图.
   (3) 尝试给各个主成分命名.

(4) 作观测值的主成分得分图.

7. 对例 4.6 豌豆数据做完整的主成分分析.
   (1) 求出特征值和特征向量.
   (2) 选择主成分的数目, 并作载荷图.
   (3) 尝试给各个主成分命名.
   (4) 作观测值的主成分得分图.
8. 隐变量是假定的不可观测变量 (不能用一个可观测变量描述), 但可以通过一些可观测变量来体现. 例如, 一个人被描述成 “有效率”, 可能是因为他总是按时完成任务, 及时回复他人的问询, 约会绝对准时, 能够尽早完成任务绝不拖后, 总是用最优的方式办事, 等等. 这个 “有效率” 就是一个隐变量, 是通过对许多有关现象的观测得到的.
   (1) 一个人 “是否幸福” 能够用回答 “是” 或 “不是” 反映吗? 试解释.
   (2) 一个人 “是否随和” 是隐变量吗? 试解释.
   (3) 一个孩子 “叛逆” 是隐变量吗? 试解释.
   (4) 很多情绪变量是隐变量, 试举一些例子, 并且设计度量这些隐变量的方法.
   (5) 举出一些不是隐变量的例子.
9. 和主成分分析比较, 因子分析在模型建立上使用了大量的主观假定.
   (1) 请列举出这些对数据结构的主观假定.
   (2) 在什么情况下, 这些假定会被违背?
   (3) 这些假定中的任何一条能够被证明吗?
10. 和主成分分析比较, 因子分析在计算方法和理念上有很多人为的选择.
   (1) 请列举出这些选择背后的考虑或隐含的假定.
   (2) 不同的选择可能造成计算结果的不同, 有没有什么准则可以说明哪种选择最好?
   (3) 因子个数的不同选择必定会使得不同的结果没有一致性. 比如, 在一种情况下得到的结果可能表明 m 应该是多少, 而在采取了这个结果的建议之后, 可能不会和前面的暗示一致. 你觉得这是数学问题或者工程问题吗? 是否应该以对实际问题本身的理解作为行动的出发点?
   (4) 是不是任何数据都可以做出合适的因子分析?
   (5) 是不是因子分析都可以得到合理的解释?
11. 用 Python 对例 4.5 WHO 数据做因子分析.
12. 用 Python 对例 4.6 豌豆数据做因子分析.
13. 对例 4.6 豌豆数据做主成分分析, 并且将其和该数据的因子分析做比较, 给出评论.

第 5 章 聚 类

5.1 聚类分析概述

5.1.1 聚类目的

通常，我们希望通过一些变量 (特征) 将观测值个体分组. 比如，根据学校的学生人数、师生比、教师工资、科研成果等将学校分组. 再比如，根据气候、纬度、地理环境、土壤条件等对土地进行分组. 有时，我们也需要通过观测值对变量 (特征) 分组. 如果数据的各个变量取值都是类似的数量变量 (quantitative variable)，那么从原理和方法上对观测值分组与对变量分组没有多少区别，它们可看作对数据矩阵的行分组或者列分组. 经典多元分析中的聚类大多讨论数量变量的情况 (往往假定服从多元正态分布)；但当数据的变量有多种变量形式，比如分类变量、定序变量及数量变量的混合，对观测值分组和对变量分组就很不同了.

上面一段所用的“分组”属于常用词，它在本章对应的术语为**聚类** (clustering)，当然也可以用“分类”这样的日常用词. 但在机器学习中，“分类”(classification) 作为术语实际上属于**有监督学习**的分类，而聚类属于**无监督学习**，下面具体说明.

1. **作为有监督学习的分类：**样本观测数据的某种类别区分为已知类别并且由目标变量 (称为因变量) 标示，利用这个因变量建立模型，并利用这个模型对未知类别的观测值进行分类，这称为**分类**，在机器学习中属于**有监督学习**. 分类和回归问题类似，仅有的不同是回归的因变量是数量变量，而分类的因变量是定性变量 (qualitative variable)[1].
2. **作为无监督学习的聚类：**观测值不属于事先确定的类 (没有标明类别的目标变量)，只能利用目前所有的特征或变量来分类，这种分类的过程称为**聚类**或**聚类分析** (cluster analysis)，聚类在机器学习中属于**无监督学习**. 聚类分析就是本章的内容.

在聚类分析中，每一**类** (cluster) 可以称为**集群**、**组**、**簇**或**群**. 聚类的基本思想是根据观测值之间的距离远近，把距离相近的观测值分为一类，而且每一类与其他类尽可能保持较远的距离.

5.1.2 聚类和分类方法没有必然联系

一定要注意属于有监督学习的分类和属于无监督学习的聚类的目的并不一定相同，它们各自涉及的类也不一定一样. 在分类中，作为定性变量的因变量受到各个变量的影响并不均匀，有些变量甚至可能和因变量无关；在聚类中，所有变量都被同等使用，但没有其他“因变量”来“指导”. 比如一组数据既有学生各科的学习成绩，又有学生的身高、体重等体检指标 (假定变量个数为 p)，每个变量都代表 p 维空间中的一维，每个观测值为 p 维空间中的一个点. 那么：

---

[1]定性变量也称名义变量 (nominal variable) 或分类 (属性) 变量 (categorical variable).

- 如果用这些变量来聚类, 则所有 p 个坐标都同等地度量 p 维空间中各点之间的距离. 最终得到的则是按照距离的远近来决定应该分多少类及哪些点属于一类的结果.
- 如果用这些变量来分类, 比如考虑关于学习成绩的分类, 那么该分类与身体指标关系不大; 如果考虑关于学生是否肥胖的分类, 则该分类和学习成绩关系不大. 一般来说, 分类一定有目的, 而且即使针对同一组数据, 不同目的所导致的最终分类结果也不会一样.

例 5.1 说明分类和聚类区别的人造例子 (classclust.csv) *此例的目的是说明分类和聚类的区别. 数据中的 V1, V2 为自变量, 也就是用于聚类的变量, 而 V3 是用于分类指导的因变量 (有 0 和 1 两个水平). 我们既用决策树 (见 3.6 节) 做分类 (10 折交叉验证误差为零, 这里未给出交叉验证程序), 也用本章后面要讲的 k 均值聚类方法 (见 5.3 节) 做聚类, 最后得到分类结果和聚类结果的两个图 (见图 5.1.1 的左右两图). 图 5.1.1 表示分类的类和由聚类得到的两类完全无关.*

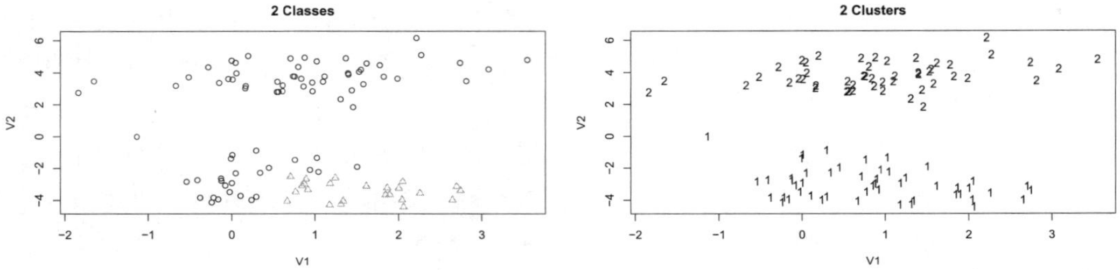

图 5.1.1 例 5.1 人造数据的分类 (左, 用圆圈和三角符号表示两类) 和聚类图 (右, 用 1 和 2 表示两类)

对例 5.1 读取数据、分类及计算距离、生成图 5.1.1 的 R 代码在 7.4.1 节.

5.1.3 点间距离

聚类分析的思想比较简单. 对于有 p 个变量的问题来说, 每个观测值都是 p 维空间的一个点. 因此, 如果的确存在若干不同的类别, 那么属于同一类的点在空间中的距离应该显著小于属于不同类的点之间的距离. 这就是聚类分析的基本思想.

距离或者不相似性 (dissimilarity) 在聚类中起着不可替代的作用. 没有距离就没有点或类的远近, 也就无从聚类. 但是, 针对距离有各种不同的定义 (和距离相反但作用相同的是相似性或亲密度). 下面介绍一些常用的关于连续的数量变量之间距离的概念.

连续变量的点间距离

在聚类之前, 首先需要定义两个点 $\boldsymbol{x} = (x_1, x_1, \ldots, x_n)^\top$ 与 $\boldsymbol{y} = (y_1, y_2, \ldots, y_n)^\top$ 之间的距离. 在连续变量之间, 有很多方式定义点间距离或者与其相反的度量亲密度 (或相似性), 常见的包括:

- **Minkowski 距离**:

$$\sum_{i=1}^{n}(|x_i - y_i|^q)^{1/q},$$

当 q 取不同值时, Minkowski 距离有下面常用的特例:

(1) $q = 2$, **欧氏距离**: $\|\boldsymbol{x} - \boldsymbol{y}\|_2 = \sqrt{\sum_{i=1}^{n}(x_i - y_i)^2}$. 其平方称为**平方欧氏距离**: $\|\boldsymbol{x} -$

$\boldsymbol{y}\|_2^2 = \sum_{i=1}^n (x_i - y_i)^2$.

(2) $q = 1$, **Manhattan 距离** (绝对距离): $\|\boldsymbol{x} - \boldsymbol{y}\|_1 = \sum_{i=1}^n |x_i - y_i|$.

(3) $q = \infty$, **Chebychev 距离** (最大距离): $\|\boldsymbol{x} - \boldsymbol{y}\|_\infty = \max_i |x_i - y_i|$.

- **Mahalanobis 距离**:

$$\sqrt{(\boldsymbol{x} - \boldsymbol{y})^\top \boldsymbol{\Sigma} (\boldsymbol{x} - \boldsymbol{y})},$$

这里的 $\boldsymbol{\Sigma}$ 是协方差矩阵.

- **Canberra 距离**:

$$\sum_{i=1}^n \frac{|x_i - y_i|}{|x_i| + |y_i|}.$$

- **Jaccard 距离** (或作为相似度的 **Jaccard 指数**, **Jaccard 系数**): 对于两个样本集合 A 和 B, 它们的相似度 Jaccard 指数和 Jaccard 距离分别定义为

$$J(A, B) = \frac{|A \cap B|}{|A \cup B|} = \frac{|A \cap B|}{|A| + |B| - |A \cap B|};$$

$$d_J(A, B) = 1 - J(A, B) = \frac{|A \cup B| - |A \cap B|}{|A \cup B|}.$$

一些具体情况为:

(1) 二元情况, 给定两个对象 A 和 B, 每个对象具有 n 个二元属性 (0 和 1). 如果 M_{ij} $(i, j = 0, 1)$ 代表 $A = i$ 而 $B = j$ 的元素个数, 可用矩阵 (这里 $\sum_{i=0}^1 \sum_{j=0}^1 M_{ij} = n$)

$$\begin{bmatrix} M_{00} & M_{01} \\ M_{10} & M_{11} \end{bmatrix}$$

表示, 则

$$J(A, B) = \frac{M_{11}}{M_{01} + M_{10} + M_{11}};\ d_J(A, B) = 1 - J(A, B) = \frac{M_{01} + M_{10}}{M_{01} + M_{10} + M_{11}}.$$

(2) 连续变量 (binary 情况的推广):$\boldsymbol{x}$ 和 $\boldsymbol{y}$ $(x_i, y_i \geqslant 0, \forall i)$ 情况:

$$J(\boldsymbol{x}, \boldsymbol{y}) = \frac{\sum_{i=1}^n \min(x_i, y_i)}{\max_i \min(x_i, y_i)};\ d_J(\boldsymbol{x}, \boldsymbol{y}) = 1 - J(\boldsymbol{x}, \boldsymbol{y}).$$

当然, 还有针对不同问题的各种不同版本的 Jaccard 指数.

此外, 还可以用**相似度** (**亲密度**) (similarity) 或**不相似度** (即**距离**)(dissimilarity) 来作为两个点之间的距离. 比如熟知的向量之间的夹角余弦、Pearson 线性相关系数、Kendall 秩相关系数 (也称为 Kendall τ)、Spearman 秩相关系数 (也称为 Spearman ρ) 都是在 $[0, 1]$ 区间的相似度, 而用 1 减去这些相似度, 则成为以相应名称命名的距离.

分类变量数据间的距离

前面引进的数量变量间的距离对于分类变量就不适用了. 比如 $\boldsymbol{x} = (B, B, A, C, A)$ 和 $\boldsymbol{y} = (B, A, C, C, A)$ 之间的距离如何计算呢? 最简单的就是看每一对同位置元素是否一样, 如果一样就记为 0, 不一样就记为 1. 如上面的 $\boldsymbol{x}$ 和 $\boldsymbol{y}$ 之间比较之后得到 $(0, 1, 1, 0, 0)$, 求和之后为 2, 这就可以成为距离了. 这种简单距离可以称为 **Hamming 距离** (Hamming distance),

记 $\boldsymbol{x}=(x_1,x_1,\ldots,x_n)^\top$ 与 $\boldsymbol{y}=(y_1,y_2,\ldots,y_n)^\top$, 则 Hamming 距离形式上定义为

$$d(\boldsymbol{x},\boldsymbol{y})=\sum_{i=1}^{n}\delta(x_i,y_i),\quad 这里\ \delta(x_i,y_i)=\begin{cases}0, & x_i=y_i,\\ 1, & x_i\neq y_i.\end{cases}$$

当然还有一些其他关于分类变量间的距离, 这里就不介绍了.

混合变量数据的点间距离

所谓混合变量数据就是数据向量的变量既包含数量变量也包含分类变量, 下面是简单的人造数据例子:

```
df=data.frame(n1=c(7,6,-4,9),
              n2=c(2.7,10.1,5.7,6.4),
              ca=c('A','B','B','A'))
df$ca=factor(df$ca)
df
```

输出的数据框显示头两个变量是数量变量, 最后一个是分类变量 (因子型):

```
  n1   n2 ca
1  7  2.7  A
2  6 10.1  B
3 -4  5.7  B
4  9  6.4  A
```

我们的目的是度量这 $n=4$ 个观测值 (每一行一个) 两两之间的距离 (一共 6 个距离). 具体的过程是单独计算每个变量的 6 个距离, 然后把这 $p=3$ 个变量的距离加权平均. 因此问题归结到每一个数量或分类数据距离的计算.

Gower 距离 (Gower, 1971) 可用于测量两个变量观测值 (记录) 的差异程度. 变量可以包含逻辑、分类、数字或文本数据的组合. 距离始终是在 0 (相同) 和 1 (最大不相似) 之间的数字. 这里记第 t 个变量的观测值为 $\boldsymbol{x}_t=(x_{1t},x_{2t},\ldots,x_{nt})$, 用于两种数据类型的指标如下所述:

- 定量变量: 范围标准化的 Manhattan 距离为

$$d_{ijt}=\sum_{i=1}^{n}|x_{it}-x_{jt}|/R_t.$$

  式中, $R_t=\max(\boldsymbol{x}_t)-\min(\boldsymbol{x}_t)$ 代表极差.

- 分类变量: x_i 和 x_j 的相似度 s_{ij} 和距离 $d_{ij}=1-s_{ij}$ 定义为 (1 − 相似度)

$$s_{ijt}=\begin{cases}1, & x_i=x_j,\\ 0, & x_i\neq x_j.\end{cases}\quad d_{ijt}=1-s_{ijt}=\begin{cases}0, & x_i=x_j,\\ 1, & x_i\neq x_j.\end{cases}$$

而对于 $t=1,2,\ldots,p$ 个变量数据组成的 n 个观测值中的第 i 个和第 j 个观测值之间的 Gower 距离为

$$d_{ij}=\frac{\sum_{t=1}^{p}\delta_{ijt}d_{ijt}}{\sum_{t=1}^{p}\delta_{ijt}},\tag{5.1.1}$$

式中,

$$\delta_{ijt}=\begin{cases}1, & \text{如果 } x_it \text{ 和 } x_jt \text{ 都不缺失},\\ 0, & \text{否则}.\end{cases}$$

显然, 如果我们处理的数据没有缺失, 所有的 δ_{ijt} 都等于 1, 那么, 式 (5.1.1) 就是各个变量 Gower 距离的简单平均.

以前面人造数据 ($t=3, n=4$) 为例 (下面每个矩阵为没有对角线的下三角矩阵, 行为 $i=2,3,4$, 列为 $j=1,2,3$), 三个变量 ($t=1,2,3$) 之间每两行观测值间的距离为:

$$\boldsymbol{d}_1=\{d_{ij1}\}=\begin{bmatrix}0.08 & & \\ 0.85 & 0.77 & \\ 0.15 & 0.23 & 1.00\end{bmatrix};\ \boldsymbol{d}_2=\{d_{ij2}\}=\begin{bmatrix}1.00 & & \\ 0.41 & 0.59 & \\ 0.50 & 0.50 & 0.09\end{bmatrix};\ \boldsymbol{d}_3=\{d_{ij3}\}=\begin{bmatrix}1 & & \\ 1 & 0 & \\ 0 & 1 & 1\end{bmatrix}$$

为显示上面 3 个三角矩阵的计算, 我们使用下面的 R 代码 (注意, 对于数量变量, 代码中选择了 `metric="manhattan"` 距离, 而对于分类变量用 `metric="gower"` 距离), 在这里使用了程序包 `cluster`[2]的函数 `daisy`:

```
library(cluster)
d=list()
for (i in 1:ncol(df)){
  if (i<3)
    d[[i]]=daisy(df[i], metric = "manhattan")/diff(range(df[[i]])) else
    d[[i]]=daisy(df[i], metric = "gower")
  }
```

而最终的整个数据各行间的 Gower 距离为

$$\{d_{ij}\}=(\boldsymbol{d}_1+\boldsymbol{d}_2+\boldsymbol{d}_3)/3=\begin{bmatrix}0.69 & & \\ 0.75 & 0.45 & \\ 0.22 & 0.58 & 0.70\end{bmatrix}.$$

上面矩阵 $\{d_{ij}\}$ 可以直接用代码 `(d[[1]]+d[[2]]+d[[3]])/3` 得到, 也可以不用分别计算 3 个 (为了说明而展示的) 下三角矩阵, 而直接用下面代码得到:

```
daisy(df, metric = "gower")
```

5.1.4 类间距离

除了点之间的距离之外, 聚类分析的某些方法还需要定义类间距离, 由一个点组成的类是最基本的类; 如果每一类都由一个点组成, 那么点间的距离就是类间距离. 但是, 如果某一类包含不止一个点, 就要定义类间距离, 类间距离是基于点间距离定义的. 比如, 你可以把两类间最近点 (或最远点) 之间的距离作为类间距离, 也可以把两类间各个点间的平均距离作为两类的类间距离, 或者把两类各自的重心 (或中心) 间的距离作为两类间的距离, 等等. 类间距离也称为联系准则 (linkage criteria), 在分层抽样中需要应用类间距离的概念.

[2]Maechler, M., Rousseeuw, P., Struyf, A., Hubert, M., Hornik, K.(2017). cluster: Cluster Analysis Basics and Extensions. R package version 2.0.6.

关于联系准则有一个简便的统一公式, 称为 Lance-Williams 公式 (Lance-Williams dissimilarity update formula). 下面我们把点也看成类, 统一把点 (类) i 与 j 之间的距离用 $D(i,j)$ 表示. 如果点 (或者类) i 与 j 聚合成一类 $i\cup j$, 记该类与类 (点) k 之间的距离为 $D(i\cup j,k)$. 该公式为:

$$D(i\cup j,k)=\alpha_iD(i,k)+\alpha_jD(j,k)+\beta D(i,j)+\gamma|D(i,k)-D(j,k)|,$$

这里, 参数 $\alpha_i,\alpha_j,\beta,\gamma$ 的不同取值的组合对应于不同的距离定义或联系准则, 再记 $|i|$ 为 i 中的元素数目, 记 $\boldsymbol{g}_i$(为一个 p 维向量) 为类 i 的中心或中心的初始值. 下面给出了这种公式及具体含义的对照:

- **最短距离法** (single-linkage). $\alpha_i=0.5,\beta=0,\gamma=-0.5$, 公式可化简为:
$$D(i\cup j,k)=\min(D(i,k),D(j,k)).$$
- **最长距离法** (complete-linkage). $\alpha_i=0.5,\beta=0,\gamma=0.5$, 公式可化简为
$$D(i\cup j,k)=\max(D(i,k),D(j,k)).$$
- **类平均法** (mean or average linkage, UPGMA). $\alpha_i=|i|/(|i|+|j|),\beta=0,\gamma=0$.
- **加权类平均法** (McQuitty 法, WPGMA). $\alpha_i=0.5,\beta=0,\gamma=0$.
- **中位数法** (WPGMC). $\alpha_i=0.5,\beta=-0.25,\gamma=0$; $\boldsymbol{g}_{i\cup j}=(\boldsymbol{g}_i+\boldsymbol{g}_j)/2$; $\boldsymbol{g}_i$ 和 $\boldsymbol{g}_j$ 的不相似度为 $\|\boldsymbol{g}_i-\boldsymbol{g}_j\|^2$.
- **中心法** (centroid linkage, UPGMC). $\alpha_i=|i|/(|i|+|j|),\beta=-|i||j|/(|i|+|j|)^2,\gamma=0$. $\boldsymbol{g}_{i\cup j}=(|i|\boldsymbol{g}_i+|j|\boldsymbol{g}_j)/(|i|+|j|)$; $\boldsymbol{g}_i$ 和 $\boldsymbol{g}_j$ 的不相似度为 $\|\boldsymbol{g}_i-\boldsymbol{g}_j\|^2$.
- **Ward 法** (minimum variance, error sum of squares). $\alpha_i=(|i|+|k|)/(|i|+|j|+|k|),\beta=-|k|/(|i|+|j|+|k|),\gamma=0$. $\boldsymbol{g}_{i\cup j}=(|i|\boldsymbol{g}_i+|j|\boldsymbol{g}_j)/(|i|+|j|)$; $\boldsymbol{g}_i$ 和 $\boldsymbol{g}_j$ 的不相似度为 $|i||j|\|\boldsymbol{g}_i-\boldsymbol{g}_j\|^2/(|i|+|j|)$.

Lance-Williams 公式在分层聚类的计算中使用起来很方便.

5.1.5 集群倾向的度量

一个关于数据是否有集群倾向的度量为 Hopkins 统计量 (Lawson and Jurs, 1990), 它度量已给数据属于均匀分布 (完全随机) 的概率. 计算过程如下: 首先选择一定百分比 (比如 5%) 的 n 个数据点, 做上标记, 然后计算这些标记过的点与最近数据点的距离 (记为 $\{W_i\}$), 在数据空间中均匀地随机产生 n 个模拟的人工点, 再度量它们到最近的数据点的距离 (记为 $\{U_i\}$), 然后计算 Hopkins 统计量

$$H=\frac{\sum\limits_{i=1}^{n}W_i}{\sum\limits_{i=1}^{n}U_i+\sum\limits_{i=1}^{n}W_i},\tag{5.1.2}$$

如果数据的确是均匀分布的, 也就是说没有集群倾向, 那么 $\sum_{i=1}^{n}U_i$ 和 $\sum_{i=1}^{n}W_i$ 应该差不多, 这样 H 就应该接近 0.5; 如果有集群倾向, $\sum_{i=1}^{n}U_i$ 应该比 $\sum_{i=1}^{n}W_i$ 大得多, 即和 0.5 相比, H 应该小得多.

如果 $H < 0.25$, 则说明在显著性水平为 10%时有集群倾向. 这里涉及的假设检验为:

H_0 : 数据集是均匀分布的 (没有集群) $\Leftrightarrow$ H_A : 数据集不是均匀分布的 (具有集群).

不过, 我们不必计算 p 值, 只要看 Hopkins 统计量是否足够小就行了.

注意: 目前的程序包 `clustertend`[3]中的函数 `hopkins()` 及程序包 `factoextra` 中的函数 `get_clust_tendency()` 在计算 Hopkins 统计量时是按照式 (5.1.2) 计算的, 但原始的 Lawson and Jurs (1990) 的 H 定义为:

$$H = \frac{\sum_{i=1}^{n} U_i}{\sum_{i=1}^{n} U_i + \sum_{i=1}^{n} W_i},$$

因此, 按照原始的定义, H 越接近 1, 则越有可能出现集群现象. 另外, 由于计算 Hopkins 统计量时的随机性, 如果使用不同的随机种子, 得到的统计量值也不尽相同 (如果使用函数 `get_clust_tendency()`, 则选项中有默认的随机种子, 可以更改; 而在函数 `hopkins()` 选项中没有随机种子, 必要的话自己通过函数 `set.seed()` 来设置).

考虑下面的例 5.2 美国各州数据.

例 5.2 美国各州数据 (statex77.csv) 这是 R 自带 (程序包 `datasets`) 的名为 `state.x77` 的数据, 它是关于美国 50 个州的 8 个变量的数据. 变量包括 Population (1975 年 7 月 1 日估计的人口)、Income (1974 年人均收入)、Illiteracy (1970 年的文盲率)、Life Exp (1969 年到 1971 年的预期寿命)、Murder (1976 年每 10 万人的谋杀和非疏忽杀人数)、HS Grad (1970 年高中毕业百分比)、Frost (首府或大城市 1931 年到 1960 年温度降至零下的平均天数)、Area (土地面积, 单位: 平方英里). 我们可以尝试用这组数据来看美国 50 个州的集群现象.

基于例 5.2 可以计算各种距离矩阵, 比如通过标准化的各种变量得到各州之间的欧氏距离, 并且用图 (见图 5.1.2) 表示出来 (代码在 7.4.3 节).

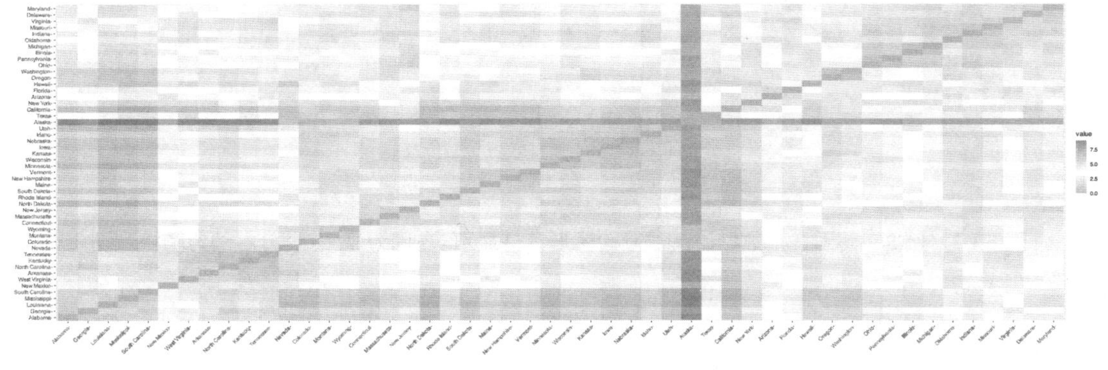

图 5.1.2　例 5.2 美国各州数据中各州在变量标准化之后的欧氏距离图

我们来看例 5.2 美国各州数据集群倾向, 首先计算 Hopkins 统计量:

---

[3]Luo YiLan and Zeng RuTong (2015). clustertend: Check the Clustering Tendency. R package version 1.4. `https://CRAN.R-project.org/package=clustertend`.

```
library(factoextra)
a=get_clust_tendency(scale(state.x77), nrow(state.x77)-1,
   graph = TRUE)
a$hopkins_stat;plot(a$plot)
```

得到 Hopkins 统计量的值为 0.2884082, 同时输出图形显示 (见图5.1.3的左图), 该图根据色谱显示出相似度 (similarity) 或不相似度 (dissimilarity).

作为对照, 我们生成与原数据范围有同样规模的均匀分布的数据, 并计算其 Hopkins 统计量:

```
rs=apply(state.x77, 2,function(x){runif(length(x), min(x), (max(x)))})
ra=get_clust_tendency(scale(rs), nrow(rs)-1, graph = TRUE)
ra$hopkins_stat;plot(ra$plot)
```

得到 Hopkins 统计量的值为 0.5169748, 同时输出图形显示 (见图 5.1.3 的右图), 该图显示出中间的色谱, 相对于 Hopkins 统计量在 0.5 附近.

无论从 Hopkins 统计量还是图 5.1.3 中, 都可以看出例 5.2 美国各州数据看来有集群倾向, 实行聚类分析可能会产生有意义的结果.

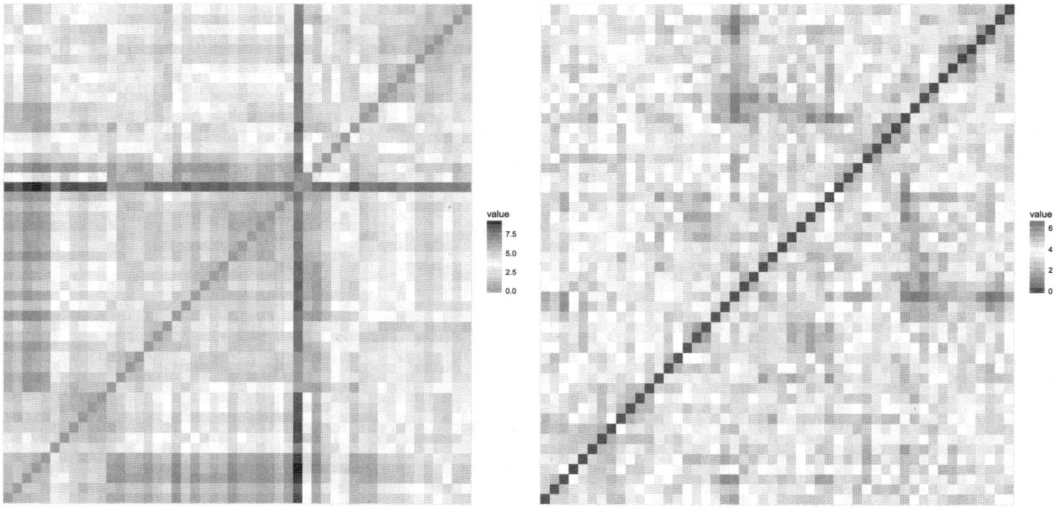

图 5.1.3　例 5.2 美国各州数据的集群倾向图形色谱显示 (左图为原始数据, 右图为随机数据)

5.2　分层聚类

一种思想比较简单的聚类是**分层聚类** (hierarchical clustering). 分层聚类有两种形式, 一种是聚合形式 (agglomerative), 其具体步骤如下:

1. 首先把每一个观测值看成一类, 如果有 n 个观测值, 就有 n 类.
2. 根据事先定义的点间距离, 把最近的两个点合并成一类, 这样就剩下 $n-1$ 类.
3. 根据 Lance-Williams 公式以及选定的联系准则, 计算各个类间的距离, 再把最近的两类合并成一类, 剩下 $n-2$ 类.

4. 如此下去, 每一步减少一类, 而且每次合并的两类之间的距离也比前一次更远.
5. 最终在第 $n-1$ 次合并结束时, 只剩下包括全部观测值的一类.
6. 一些软件可以针对上述合并过程 (包括类间距离) 画出树状图 (dendrogram), 人们可以根据直观或者某些准则来决定划分为几类.

聚合形式的分层聚类是我们将要讨论的. 和后面要介绍的 k 均值聚类相比, 它的计算速度较慢. 另一种分层聚类形式是拆分形式 (divisive). 它和聚合形式相反, 一开始把所有的观测值看成一类, 然后将其分裂. 这种方法的计算速度比聚合形式还要慢, 我们不讨论这种形式的分层聚类.

5.2.1 对连续型变量数据的分层聚类: 例 5.2 美国各州数据

下面我们对例 5.2 美国各州数据的观测值 (州) 做分层聚类. 下面是代码 (这里, 函数 `dist` 默认的距离为欧氏距离, 选项 `method` 取 8 种不同的类间距离), 这里产生了 8 个分层聚类的树状图 (见图 5.2.1). 我们在聚类之前对各个变量数据做了标准化 (利用函数 `scale`), 使标准化后的每个数量变量数据均值为 0, 标准差为 1. 标准化的作用是消除变量间量纲不同所造成的影响.

```
m=c("ward.D", "ward.D2", "single", "complete",
  "average", "mcquitty", "median","centroid")
h=list();par(mfrow=c(2,4))
for(i in 1:length(m)){
  h[[i]]=hclust(dist(scale(state.x77)), method=m[i])
  plot(h[[i]] ,labels=rownames(state.x77),cex=.4,
    main=paste("Method: ",m[i]))
}
```

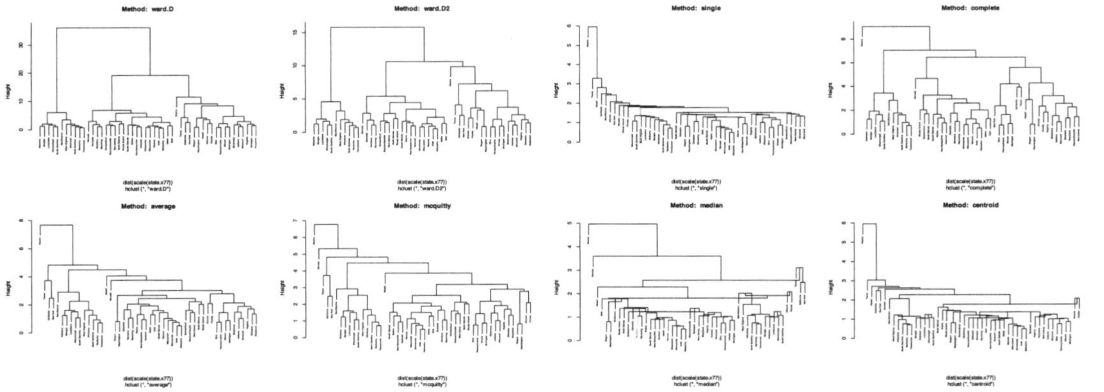

图 5.2.1 例 5.2 美国各州数据的对应于 8 种类间距离的分层聚类树状图

从图 5.2.1 可以看出, 根据 8 种不同类间距离所做的分层聚类的结果非常不同. 我们仅就第一种类间距离 (`ward.D`) 讨论, 使用该类间距离所产生的类比较均匀, 似乎分成 3 类比较合适, 如果分成 3 类, 则每一类的观测值名称 (州名) 及树状图 (见图 5.2.2) 可以用下面代

码得到 (利用前面计算输出的结果):

```
hc=hclust(dist(scale(state.x77)), method="ward.D")
plot(hc,cex=.8,main="Method: ward.D")
memb=identify(hc, N=3)
```

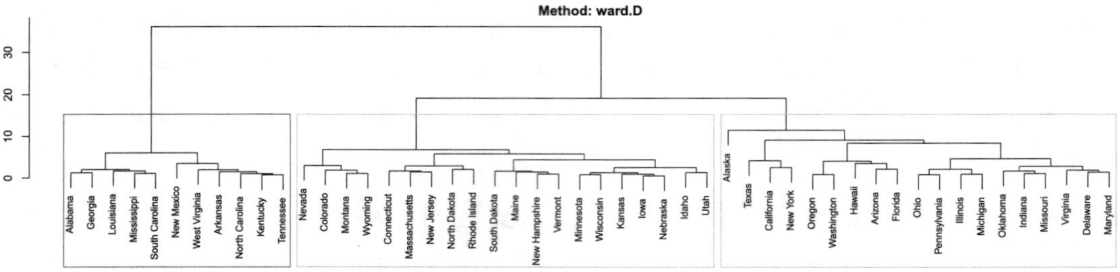

图 5.2.2　例 5.2 美国各州数据的对应于 1 种类间距离的分层聚类树状图及划分 3 类的结果

3 类州名的打印输出为:

```
> for(i in 1:3)
+   {print(paste("Class ", i));print(names(memb[[i]]))}
[1] "Class  1"
[1] "Alabama"        "Arkansas"       "Georgia"        "Kentucky"
[5] "Louisiana"      "Mississippi"    "New Mexico"  "North Carolina"
[9] "South Carolina" "Tennessee"      "West Virginia"
[1] "Class  2"
[1] "Colorado"       "Connecticut"   "Idaho"          "Iowa"
[5] "Kansas"         "Maine"          "Massachusetts" "Minnesota"
[9] "Montana"        "Nebraska"       "Nevada"         "New Hampshire"
[13] "New Jersey"     "North Dakota"  "Rhode Island"  "South Dakota"
[17] "Utah"           "Vermont"        "Wisconsin"      "Wyoming"
[1] "Class  3"
[1] "Alaska"        "Arizona"        "California"   "Delaware"    "Florida"
[6] "Hawaii"        "Illinois"       "Indiana"      "Maryland"   "Michigan"
[11] "Missouri"      "New York"       "Ohio"         "Oklahoma"       "Oregon"
[16] "Pennsylvania" "Texas"          "Virginia"      "Washington"
```

看来只有了解美国国情的人才说得清楚这个聚类结果有没有道理.

通过重抽样来度量分层抽样中群体的重要性 *

R 中有一个程序包 pvclust [4], 用于评估分层聚类分析中的不确定性. 对于分层聚类中的每个分叉, 通过多尺度自助法重抽样来计算一个 “p 值” (避免和传统统计显著性相关的 p 值混淆). 一个集群的 p 值大小 ($0 < p < 1$) 表示数据支持集群的强弱.

为了确定分层抽样聚类方法的类数, 程序包 pvclust 提供了关于集群重要性的两种类型的度量:

[4] Suzuki, R., and Shimodaira, H., (2015). pvclust: Hierarchical Clustering with P-Values via Multiscale Bootstrap Resampling. R package version 2.0-0. https://CRAN.R-project.org/package=pvclust.

1. AU (approximately unbiased, 近似无偏) p 值.
2. BP (bootstrap probability, 自助法概率) 值.

通过多尺度自助法重抽样来计算的 AU p 值比通过正态自助法重抽样计算的 BP 值的近似度更好. 具体细节参看 Sebastiani and Perls (2016).[5]

用下面代码中程序包 `pvclust`[6]的函数 `pvclust` 做和前面 `hclust` 函数类似的聚类, 并且计算 AU p 值和 BP 值, 这些结果由函数 `plot.pvclust` (对于 `pvclust` 对象, 简写成 `plot`) 生成树状图. 函数 `pvrect` 找到具有相对较高/较低 p 值的集群, 在现有的树状图中显示这样的集群 (见图 5.2.3). 如果觉得图 5.2.3 下面的字太小, 可尝试自己生成.

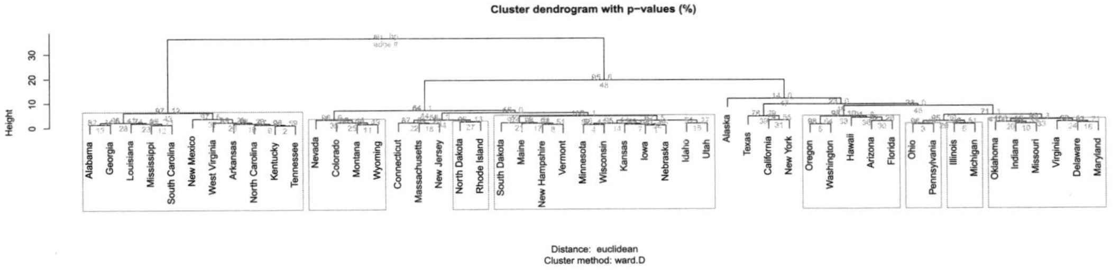

图 5.2.3　例 5.2 的包含 AU p 值和 BP 值的分层聚类树状图

下面是生成图 5.2.3 的代码, 最后一行代码的作用是在 `plot` 函数画图之后, 在图上框出 AU p 值大于 0.95 的群体.

```
library(pvclust)
fit <- pvclust((t(scale(state.x77))), method.hclust="ward.D",
    method.dist="euclidean")
plot(fit,labels=row.names(state.x77))
pvrect(fit, alpha=.95) #选择AU p值大于0.95的群体
```

5.2.2 对混合变量数据的观测值分层聚类: 例 5.3 花卉数据

例 5.3 花卉数据 (flower.csv) 这组数据由 Struyf et al. (1996) 提供, 由于其变量有数量变量、分类变量及定序变量, 所以被广泛引用, 包含并使用于诸如 `ClustOfVar`、`cluster` 及 `PCAmixdata` 的各程序包中 (因此在 R 中可直接使用 `flower` 来加载该数据集). 该数据有 18 个观测值和 8 个变量, 这 8 个变量为: V1 表明植物冬天是否可以留在花园中 (分类变量, 哑元水平: “0” “1”), V2 表明植物是否需要处于阴影中 (分类变量, 哑元水平: “0” “1”), V3 表明是否为块茎 (分类变量, 哑元水平: “0” “1”), V4 表明颜色 (分类变量, 哑元水平: “1”= 白色, “2”= 黄色, “3”= 粉红色, “4”= 红色, “5”= 蓝色), V5 表明土壤情况 (有序变量: “1”<“2”<“3”, 代表 “干旱”<“正常”<“潮湿”), V6 表明偏好排名 (有序变量: “1”<“2”<· · ·<“18”), V7 表明高度 (数量变量, 单位: 厘米), V8 表明植株间距 (数量变量, 单位: 厘米).

在该例中, 我们把数量变量 V7 和 V8 先标准化, 其他 6 个变量均作为分类变量看待. 由

[5]网页链接: https://www.ncbi.nlm.nih.gov/pmc/articles/PMC4976109/.

[6]Suzuki, R., Terada, Y., Shimodaira, H. (2019). pvclust: Hierarchical Clustering with P-Values via Multiscale Bootstrap Resampling. R package version 2.2-0. https://CRAN.R-project.org/package=pvclust.

于是混合变量的数据, 在程序包 `cluster` 的距离函数 `daisy` 中使用 `gower` 距离. 做分层聚类并生成图 5.2.4 的代码如下:

```
library(cluster)
w=flower
for (i in 1:6) w[,i]=factor(w[,i])
w[,7:8]=scale(w[,7:8])
hc=hclust(daisy(w, metric = "gower"), method="ward.D")
plot(hc,main="Hierarchical Clustering")
```

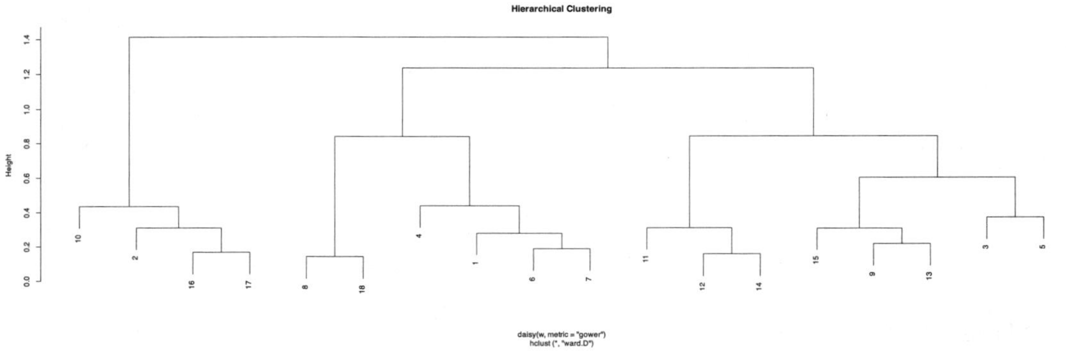

图 5.2.4　例 5.3 花卉数据的分层聚类

5.3　k 均值聚类、k 众数聚类、k 原型聚类

本节的各种聚类方法有类似的思想, 主要区别为: k 均值聚类用于数量变量数据, k 众数聚类用于分类变量数据, 而 k 原型聚类可用于数量型、分类型和不同类型混合的数据.

5.3.1 k 均值聚类的基本思想

k 均值聚类是最简单的对于数量变量的无监督学习方法, 计算速度很快, 也称为快速聚类. 和分层聚类不同, k 均值聚类事先要根据先验经验确定需要的聚类数目. 假定要聚成 k 类, 那么根据下面步骤来进行:

1. 在观测值空间中为每个类选定一个临时中心, 一共 k 个中心, 这些中心离得较远比较好. 注意, 这里的**中心**或**质心** (centroid) 的每个坐标元素是所有涉及点的每个坐标的均值.[7]
2. 计算每个点到这 k 个中心的距离, 然后把这个点划分为距其最近的那个中心所定义的类, 这样, 所有的点全部分成 k 类, 没有点剩下.
3. 再在这 k 类中各自计算各类的中心, 产生 k 个新的临时中心.
4. 重复上面的第 2 步和第 3 步, 直到这 k 个临时中心的位置收敛 (或达到迭代次数限度).

[7]如果有 n 个 m 维点 $\boldsymbol{x}_k = (x_{k1}, x_{k1}, \ldots, x_{km})$ $(k = 1, 2, \ldots, n)$, 那么其中心的坐标为

$$\left(\frac{1}{n}\sum_{i=1}^{n} x_{i1}, \frac{1}{n}\sum_{i=1}^{n} x_{i2}, \ldots, \frac{1}{n}\sum_{i=1}^{n} x_{im}\right).$$

更具体一些, 例如, 把第 q 类标记为 G_q ($q = 1, 2, \ldots, k$), 记 G_q 的样本量为 n_q, 如果有 p 个变量, 总样本量为 $n = \sum_{q=1}^{k} n_q$, 观测值为 $n \times p$ 矩阵 (元素为 $\{x_{ij}\}$), 可以重新记属于 G_q 的观测值为 $x_{ij}^{(q)}$($i = 1, 2, \ldots, n_q$; $j = 1, 2, \ldots, p$). 这时, 第 q 类的中心坐标可以取均值 $\bar{\boldsymbol{x}}^{(q)} = (\bar{x}_1^{(q)}, \bar{x}_2^{(q)}, \ldots, \bar{x}_p^{(q)})^\top$, 这里 $\bar{x}_j^{(q)} = \frac{1}{n_q}\sum_{i=1}^{n_q} x_{ij}^{(q)}$, 再选择诸如平方欧氏距离, 则上述的 k 均值聚类可以在每个 G_q 中使得

$$\sum_{i=1}^{n_q}\sum_{j=1}^{p}(x_{ij}^{(q)} - \bar{x}_j^{(q)})^2$$

最小. 显然, k 个中心 (或临时中心) 都是 $k \times p$ 矩阵. 在软件中, 确定 k 之后, 初始的临时中心可以自己输入, 也可以由计算机生成.

问题与思考

注意, k 均值聚类只能用于数量变量. 显然, 如果我们不考虑基于均值的中心, 而考虑中位数, 这样就可以得到 ***k* 中位数聚类** (k median clustering), 其过程和 k 均值聚类一样, 在 R 和 Python 中都有相应的程序包, 希望读者可以和 k 均值聚类做比较, 这里不做过多的说明.

下面用一个二维可视人造例子直观说明 k 均值聚类的过程.

例 5.4 人造二维数据 (kmeansFig.csv) 该原始数据展示在图5.3.1的左上图中. 我们一开始随意设立三个中心 c_1、c_2、c_3, 然后根据上面的步骤进行迭代计算, 不断变化 c_1、c_2、c_3 的位置, 经过几次迭代, 划分的三类已经不再变化, 而且三个中心点也不再改变 (收敛). 可以看出, 在这个例子中, 一开始选的三个中心的位置实际上最终都属于同一类范围, 也就是说, 在这个例子中, 初始中心点的选择并不是重要的.

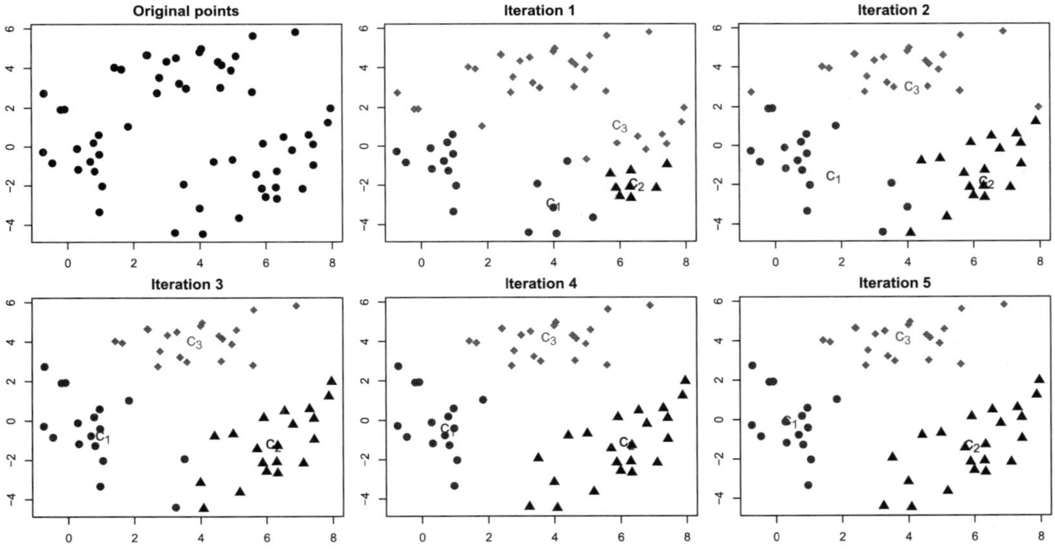

图 5.3.1　例 5.4 人造数据的 k 均值聚类 5 次迭代示意图 (每次用实心圆、菱形和三角形代表划分的三类点)

用函数 `kmeans` 计算例 5.4 人造数据的聚类. 读数据、使用 k 均值聚类 (取 $k = 3$, 选项是 `centers=3`, 这时自动选取中心, 如果给选项 `centers` 以若干行坐标, 则其是若干初始中心的坐标). 在图中画出三类点及中心位置 c_1、c_2、c_3 的代码如下 (这里不再给出图形, 因

为会和图 5.3.1 的最后一个类似, 请读者自己生成). 代码中的 a$cluster 对每个观测值给出了类别标记 (这里是 1、2、3), 而代码 a$center 给出了三个中心 ($c_1$、$c_2$、$c_3$) 的坐标.

```
w=read.csv("kmeansFig.csv")
a=kmeans(w,3) #确定分成三类
plot(w,pch=a$cluster)
text(a$center,expression(c[1],c[2],c[3]),col=2)
```

例 5.2 的 k 均值聚类实践

下面是例 5.2 美国各州数据的 k 均值聚类 R 代码, 可输出三类中的州名 (这里不显示).

```
res=kmeans(scale(state.x77),3) #确定分成三类
for (i in 1:3) {
  print(paste('Class',i))
  print(row.names(state.x77)[res$cluster==i])}
```

分层 k 均值聚类

由于 k 均值聚类的结果有时对聚类中心的初始随机选择非常敏感. 有人提出**分层 k 均值聚类** (hierarchical k-means clustering), 它是分层聚类方法和 k 均值方法的混合方法解决方案. 其步骤为:

1. 计算分层聚类.
2. 通过分层聚类结果分成 k 类.
3. 计算每一类的中心.
4. 用上面得到的中心作为 k 均值聚类的初始值, 实行 k 均值聚类.

分层 k 均值聚类方法很简单, 结果有时很好 (参看 5.7.1 节对例 5.6 种子数据进行分层 k 均值聚类的实践).

5.3.2 k 均值聚类中类别数目的确定

前面之所以把例 5.4 人造数据分成三类, 是因为数据简单, 只有二维, 从散点图中可以明显看见有三个集群 (有如我们偷看答案). 在一般情况下, k 应该取多少呢? 下面我们对此进行讨论.

通过类内平方和的变化判断类别数目. 假定数据有 i 个观测值及 p 个变量, 如果划分为 k 类, 第 q 类 ($q=1,2,\cdots,k$) 的数据记为 $x_{ij}^{(q)}(i=1,2,\ldots,n_q;\ j=1,2,\ldots,p)$, 这里 $\sum_{q=1}^k n_q=n$. 这时, 第 q 类的平方和 (关于均值的均方误差) 为

$$SS^{(q)}=\sum_{i=1}^{n_q}\sum_{j=1}^{p}\left(x_{ij}^{(q)}-\bar{x}_j^{(q)}\right)^2,$$

这里 $\bar{x}_j^{(q)}=\frac{1}{n_q}\sum_{i=1}^{n_q}x_{ij}^q$. 于是类内总平方和为

$$WSS_k=\sum_{q=1}^{k}SS^{(q)}=\sum_{q=1}^{k}\sum_{i=1}^{n_q}\sum_{j=1}^{p}\left(x_{ij}^{(q)}-\bar{x}_j^{(q)}\right)^2.$$

一般来说, 如果类数增加, WSS_k 会逐渐减少, 如果类数增加到和观测值一样多, 每个点

就是一类, TSS_k 就等于 0. 因此, 人们希望逐步增加 k, 看 WSS_k 的减少趋势, 如果减少到一定数量, WSS_k 减少变慢, 那么就停止增加 k. 这有些像在主成分分析的崖底碎石图中寻找 L (如同胳膊肘) 形状的"拐弯点", 因此也被称为肘方法或弯头法 (elbow method).

图 5.3.2 就是关于例 5.4 人造数据的 WSS_k 图, 这里 $k = 1, 2, \ldots, 10$. 从图5.3.2可以看出, 在 $k = 3$ 处对应拐弯点 (肘), 之后的 WSS_k 变化显著放缓. 按照这个图, 应该选择三类.

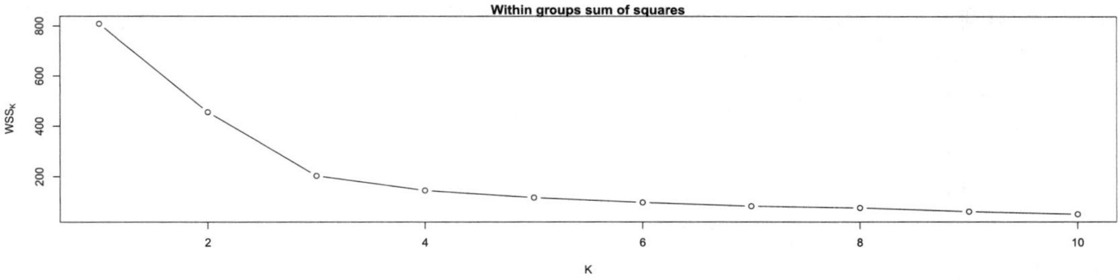

图 5.3.2　例 5.4 人造数据用不同的 k 所得到的类内平方和

产生图 5.3.2 的代码如下:

```
w=read.csv("kmeansFig.csv")
wss=vector()
for (i in 1:10) wss[i] = kmeans(w,centers=i)$tot.withinss
plot(1:10, wss, type="b", xlab="K",
ylab=expression(WSS[K]),main="Within groups sum of squares")
```

也可以用程序包 `factoextra` 的函数 `fviz_nbclust` 来画出与图 5.3.2 类似的图形, 只不过它给出的类别数目为 4, 代码为 (请读者自己实现):

```
w=read.csv("kmeansFig.csv")
library(factoextra)
fviz_nbclust(w, kmeans, method = "wss") +
geom_vline(xintercept = 4, linetype = 2)+
labs(subtitle = "Elbow method")
```

5.3.3 k 众数聚类

k 均值聚类可处理数量变量的距离, 而对于分类变量情况, 可以用这里介绍的**k 众数聚类** (k-mode clustering), 它是 k 均值聚类的扩展, 基本思想和方法是类似的, 只是距离使用 Hamming 距离而已.

例 2.2 数据是纯分类变量数据, 对于除了因变量之外的变量数据做 k 众数聚类. 这里使用 R 程序包 `klaR`[8], 代码为:

[8]Weihs, C., Ligges, U., Luebke, K., and Raabe, N. (2005). klaR Analyzing German Business Cycles. In Baier, D., Decker, R. and Schmidt-Thieme, L. (eds.). *Data Analysis and Decision Support*. Berlin: Springer-Verlag, pp. 335-343.

```
library(klaR)
w=read.csv('mushroom.csv',stringsAsFactors = TRUE)
set.seed(1010)
clu <- kmodes(w[,-1], 2,iter.max=150)
table(clu$cluster,w[,1])
```

输出的类和例 2.2 中的因变量 type 做比较, 由于是无监督学习的聚类而不是有监督学习的分类问题, 可戏称为 "伪混淆矩阵":

```
      e    p
  1 4162  840
  2   46 3076
```

作为对照, 做有监督学习的随机森林分类:

```
library(randomForest)
(a=randomForest(type~.,w))
```

得到 OOB 交叉验证的误判率为 0, 并输出真的混淆矩阵:

```
        OOB estimate of  error rate: 0%
Confusion matrix:
     e    p class.error
e 4208    0           0
p    0 3916           0
```

我们在后面还将介绍多种聚类数目的选择方法.

5.3.4 k 原型聚类——混合变量数据的聚类

k **原型聚类** (k-prototypes clustering) 是基于分割的聚类方法之一, 是 Huang(1997) 开发的算法, 用于处理数量和分类混合变量数据的聚类. 该方法保持了 k 均值算法处理大数据的效率, 并扩展到数量和分类混合变量数据. k 原型聚类是基于测量对象与其质心原型 (centroid prototype) 之间的相似度. k 原型聚类算法的迭代计算过程和 k 均值聚类非常类似:

1. 确定 k 个类的质心, $C_1, C_2, \ldots, C_k$, 这些质心代表了 k 个原型.
2. 计算数据集上的数据点相对于簇质心的距离或相似度, 根据距离把每个数据点划分到离某质心距离最近的类. 记每个观测值有 p 个元素, 其中前面 q 个来自数量变量, 而后面 $p-q$ 个来自分类变量. 这里的距离是如下定义的:
$$d(\boldsymbol{x},\boldsymbol{y})=\sum_{j=1}^{q}(x_j-y_j)^2+\gamma\sum_{j=q+1}^{p}\delta(x_j,y_j),$$
式中, 第一项是数量变量的欧氏距离; 第二项是分类变量的不匹配数目 (Hamming 距离度量的), 第二项因子 γ 是平衡两项的参数. 如 γ 很大, 则分类变量影响就大, 如果 $\gamma=0$, 则只剩数量变量, 就等价于 k 均值聚类.
3. 在所有对象被分组之后, 计算各个原型的新质心, 然后将所有对象基于新的质心重新分组.

4. 如果质心没有改变, 或者已经收敛, 则过程将停止.

在软件中, γ 是自动选取的, 收敛的目标是类内误差最小化.

前面 5.2.2 节使用例 5.3 花卉数据利用 Gower 距离做过分层聚类, 下面通过 R 程序包 clustMixType [9] 的 kproto 函数来做 k 原型聚类 (这里也可以选用 Gower 距离, 但不是默认的距离), 并且使用程序包 wesanderson [10] 的 clprofiles 函数来作图 (见图 5.3.3):

```
normalize <- function(x, na.rm = TRUE) {
  return((x- min(x)) /(max(x)-min(x)))}
library(cluster)
w=flower
library(clustMixType)
for (i in 1:6) w[,i]=factor(w[,i])
w[,7:8]=sapply(w[,7:8],function(x) normalize(x))
(kp = kproto(x = w, k = 3))
summary(kp)
library(wesanderson)
par(mfrow=c(2,4))
clprofiles(kp, w, col = wes_palette("Royal1", 3, type = "continuous"))
```

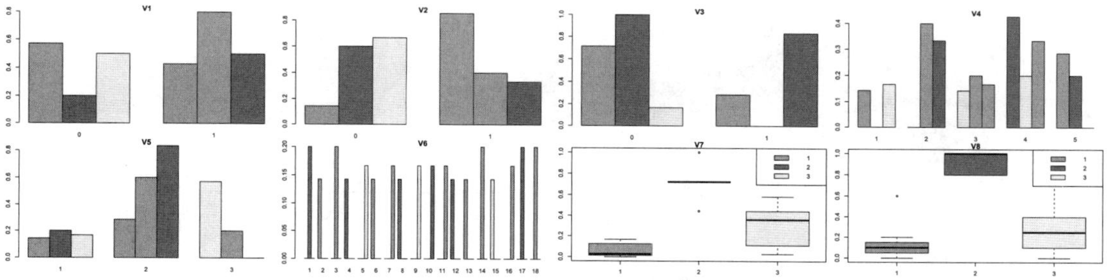

图 5.3.3 例 5.3 花卉数据的 k 原型聚类

图 5.3.3 中展示了每一个分类变量各水平在三类中的条形图及每个数量变量在三类中的盒子图. 下面是部分输出, 此外还打印出很多聚类细节, 在形式为 list 的结果对象 (sp) 中, 还有很多结果供使用者选取.

```
Distance type: standard

Numeric predictors: 2
Categorical predictors: 6
Lambda: 0.195902
```

[9]Szepannek, G. (2018). clustMixType: User-Friendly Clustering of Mixed-Type Data in R. *The R Journal*, 200-208. doi:10.32614/RJ-2018-048. https://doi.org/10.32614/RJ-2018-048.

[10]Ram, K., Wickham, H. (2023). wesanderson: A Wes Anderson Palette Generator. R package version 0.3.7. https://CRAN.R-project.org/package=wesanderson.

```
Number of Clusters: 3
Cluster sizes: 7 5 6
Within cluster error: 4.008382 2.553145 3.753054

Cluster prototypes:
  V1 V2 V3 V4 V5 V6          V7         V8
1  0  1  0  4  3  2 0.06746032 0.1571429
2  1  0  0  2  2  1 0.72222222 0.9200000
3  0  0  1  2  2  5 0.31481481 0.3000000
```

5.4 基于密度聚类的思想 *

k 均值聚类适用于各类聚集于若干椭球 (椭圆) 形状的凸形区域中的数据, 而对于其他情况, 则可能失效. 请看下面一个演示性人工例子.

例 5.5 基于密度聚类的人造二维数据 (3g1.csv) 这组二维数据显示在图 5.4.1 (左) 中 (生成该图的 R 代码在 7.4.9 节), 看上去可以分成三类: 左下同心椭圆的心为一类, 外面的 (椭) 圆环为一类, 右上边的点云为一类. 通过类内平方和的变化判断类别数目的图显示在图 5.4.1 (右) 中, 该图显示分成两类比较合适.

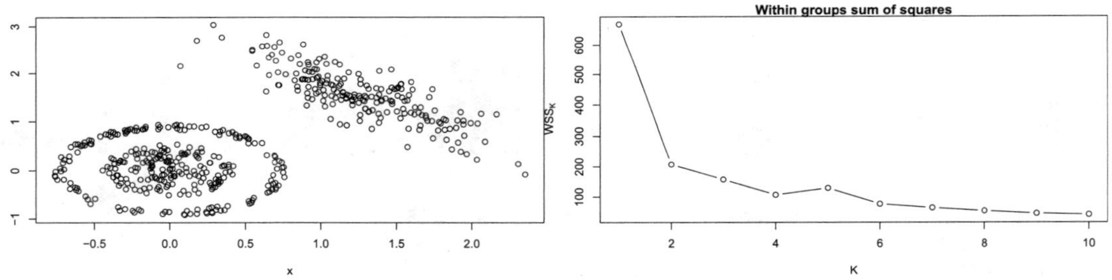

图 5.4.1 例 5.5 数据点图

基于密度的聚类 (density-based spatial clustering), 也称为 DBSCAN (density-based spatial clustering and application with noise, 基于密度的聚类算法) (Ester et al., 1996), 可以用于识别包含噪声和异常值的数据集中的任何形状的聚类.

基于密度的聚类不仅考察数据空间中的密集集群区域, 也考察不同群之间的低密度空隙 (包括其中的 " 离群点 " 或 " 噪声 "). DBSCAN 要确定一个集群的每个点在其给定半径的邻域内所必须包含的最少点数.

诸如 k 均值聚类以及将要介绍的 pam 聚类方法和分层聚类只适用于寻找椭球形或凸形集群. 也就是说, 它们只适用于结构紧凑、分离良好的集群. 当然, 所有聚类都会受到数据中存在的噪声和异常值的严重影响.

DBSCAN 必须理解若干个术语, 假定数据集 $D \in \mathbb{R}^p$ 有 n 个观测值, p 和 q 两点之间距离为 $d(p,q)$, 则有如下定义:

1. 点 p 的ϵ **邻域**定义为: $\text{NEps}(p) = \{q \in D | d(p,q) \leqslant \epsilon\}$.
2. 关于 ϵ 和 $Minpts$(参数: 可到达的最少点数), 点 p 可以从点 q **直接密度可达** (directly

density-reachable), 即 $p \in$ NEps(q) 以及|NEps(q)| $\geqslant Minpts$.

3. 关于 ϵ 和 $Minpts$, 点 p 可以从点 q **密度可达** (density-reachable) 定义为: 如果存在一列点 $p_1, p_2, \ldots, p_n, p_1 = q, p_n = p$, 使得 p_{i+1} 为从 p_i 直接密度可达.
4. 关于 ϵ 和 $Minpts$, 点 p 可以从点 q **密度连接** (density-connected) 定义为: 如果存在一个点 o, 使得 p 和 q 两点均为关于 ϵ 和 $Minpts$ 从点 o 密度可达.
5. 关于 ϵ 和 $Minpts$, 集群 C 是 D 的一个非空子集, 满足下面两个条件:
   (a) 对于任意 p 和 q, 如果 $p \in C$ 且 q 是从 p 密度可达的 (关于 ϵ 和 $Minpts$), 那么 $q \in C$, 称为**最大性**.
   (b) 对于任意 $p, q \in C$, 点 p 可以从点 q **密度连接** (关于 ϵ 和 $Minpts$), 称为**连接性**.
6. 如果 $G_1, G_2, \ldots, G_k$ 为数据 D 关于 ϵ 和 $Minpts_i (i = 1, 2, \ldots, k)$ 的类. **噪声** (noise) 定义为数据 D 中不属于任何 G_i 的点集 ($\{p \in D | p \notin G_i, \forall i\}$).
7. 如果 $d(p, q) \leqslant \epsilon$ 且 q 是核心点 (核心点指聚类的初始点) 以及 |NEps(p)| $< Minpts$, 则 p 是一个边界点.

基于密度的聚类被定义为一组密度连接的点. DBSCAN 的工作原理为:

- 对于每个点 p, 计算 p 和其他点之间的距离. 在起点 p 的 ϵ 邻域内找到所有相邻点. 邻居数大于或等于 $Minpts$ 的每个点被标记为核心点或被访问过.
- 对于每个核心点, 如果尚未分配给群集, 则创建一个新的群集. 递归地查找所有密度连接点, 并将它们分配到与核心点相同的群集.
- 迭代数据集中剩余的未访问点.

那些不属于任何聚类的点被视为离群值或噪声.

下面对例 5.5 使用 DBSCAN 做聚类. 我们用程序包 `fpc`[11]中的函数 `dbscan` 生成图 5.4.2, 所用代码在 7.4.9 节. 图 5.4.2 的左边三个图是不同 k 值 ($k = 2, 3, 4$) 的 k 均值聚类, 而右边三个图是不同 $Minpts$ 值 ($Minpts = 1, 5, 7$) 的 DBSCAN 聚类结果.

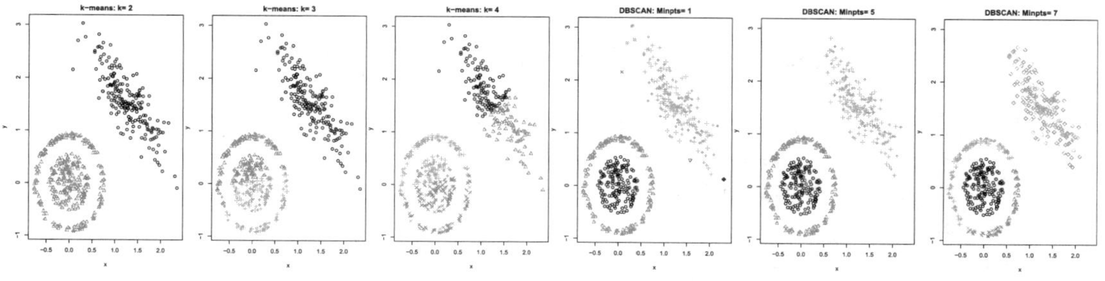

图 5.4.2 例 5.5 数据聚类: 对于不同 k 值 ($k = 2, 3, 4$) 的 k 均值聚类及不同 $Minpts$ 值 ($Minpts = 1, 5, 7$) 的 DBSCAN 聚类结果, 不同的类用不同的符号表示

从图 5.4.2 左边三个图可以看出, k 均值聚类最好分成 2 类, 把图中左下的 " 靶形 " 图形组合分成一类, 图中右上的椭圆点云分为另一类; k 均值聚类分 3 类和 4 类的结果都没有什么意义.

在图 5.4.2 右边的三个图中, 当 $Minpts = 1$ 时, 预想的三类基本都识别了, 但在图中右上角的点云周围有太多的 (大约 7 个)" 异常点 "; 当 $Minpts = 5$ 时, 聚类比较理想 (刚好分

[11]Hennig (2015). fpc: Flexible Procedures for Clustering. R package version 2.1-10. `https://CRAN.R-project.org/package=fpc`.

成 3 类); 而当 $Minpts = 7$ 时, 分成 5 类, 把椭圆环分成了 3 类. 因此, 在使用 DBSCAN 时, 参数的选择是很重要的, 对于简单的例 5.5 二维数据, 参数选择比较简单, 但对于多维的复杂数据, 问题就没有这么简单了. 当然, DBSCAN 聚类有很多推广, 比如, 参见 Liu et al. (2007)、Tsai and Liu (2006).

5.5 基于模型的聚类 *

上面介绍的几种聚类分析对分布没有非常强的假定, 最多希望各个类的点云是凸集, 因此可以说是基于直观和比较随意的方法. 这里介绍的**基于模型的聚类** (model-based clustering) 则对数据的分布有数学假定.

基于模型的聚类假定数据分布为两个或更多的分量的混合, 用分布密度的加权组合来描述. 通常假定为若干个正态分布的混合, 也就是说, 数据满足多元正态分布. 混合中的每个分量为一个集群.

5.5.1 直观描述

现直观地查看例 5.4 人造二维数据, 图 5.5.1 显示了例 5.4 人造数据点云的非参数密度估计示意图. 图中显示了大约 3 个分量, 因此可以大致看成 3 个分量的分布组合.

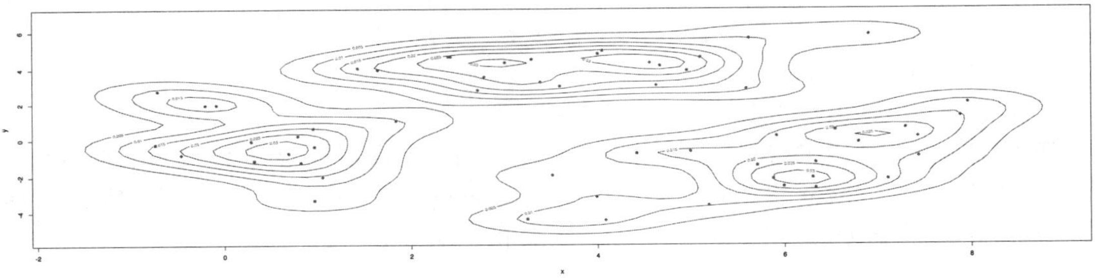

图 5.5.1 例 5.4 人造数据点云的非参数密度估计示意图

利用程序包 KernSmooth[12], 产生图 5.5.1 的代码为:

```
w=read.csv("kmeansFig.csv")
library(KernSmooth)
est=bkde2D(w, bandwidth=rep(1,2)*.6)
contour(est$x1, est$x2, est$fhat, col = "blue",xlab="x",ylab="y")
points(w, col = "red", pch = 16)
```

当然, 图 5.5.1 并没有显示出二元正态分布的形态, 而且没有理由假定任何数据属于多元正态分布. 但由于估计多元正态分布的各个参数比估计其他分布的参数在数学及计算上要容易, 因此, 为方便起见, 人们喜欢用正态分布来近似数据的分布. 在基于模型的聚类方法中, 参数的估计很重要. 下面介绍参数估计的 E-M 算法及计算机实现.

[12]Wand, M. (2021). KernSmooth: Functions for Kernel Smoothing Supporting Wand & Jones (1995). R package version 2.23-20. https://CRAN.R-project.org/package=KernSmooth.

5.5.2 E-M 算法

记 p 维观测值为 $\boldsymbol{x}=(\boldsymbol{x}_1,\boldsymbol{x}_2,\ldots,\boldsymbol{x}_n)^\top$. 假定联合分布为 K 个分量的混合, 而且它们的密度函数分别记为 $f_k(x,|\boldsymbol{\mu}_k,\boldsymbol{\Sigma}_k)$ (均值为 $\boldsymbol{\mu}_k$, 协方差矩阵为 $\boldsymbol{\Sigma}_k$ $(k=1,2,\ldots,K)$), 在正态分布的假定下, 混合模型的分布为:

$$\begin{aligned}f(x|\boldsymbol{\pi},\boldsymbol{\mu},\boldsymbol{\Sigma})&=\prod_{i=1}^{n}\sum_{k=1}^{K}\pi_k f_k(x,|\boldsymbol{\mu}_k,\boldsymbol{\Sigma}_k)\\&\propto\prod_{i=1}^{n}\sum_{k=1}^{K}\pi_k\,|\boldsymbol{\Sigma}_k|^{-\frac{1}{2}}\exp\left\{-\frac{1}{2}(\boldsymbol{x}_i-\boldsymbol{\mu}_k)^\top\boldsymbol{\Sigma}_k^{-1}(\boldsymbol{x}_i-\boldsymbol{\mu}_k)\right\}f_k(x,|\boldsymbol{\mu}_k,\boldsymbol{\Sigma}_k),\end{aligned}$$

式中的 π_k 定义如下:

$$\pi_k=P(\boldsymbol{x}_i\in\text{第 }k\text{ 个分量}),\ 0<\pi_k<1,\ \sum_{k=1}^{K}\pi_k=1.$$

还定义

$$\zeta_{ik}=\begin{cases}1, & \text{当第 } i \text{ 个观测值 } \boldsymbol{x}_k \text{ 属于第 } k \text{ 个分量;}\\0, & \text{当第 } i \text{ 个观测值 } \boldsymbol{x}_k \text{ 不属于第 } k \text{ 个分量.}\end{cases}$$

由于我们并不知道 ζ_{ik}, 所以把其视为缺失值. 下面考虑使用 E-M 算法来估计未知参数. 可以计算完全的似然函数 (complete loglikelihood) 以及完全的似然函数的期望 (expected complete log-likelihood), 它也称为 Q 函数:

$$\begin{aligned}\ell(\boldsymbol{\vartheta};\boldsymbol{x})=&-\frac{1}{2}\sum_{i=1}^{n}\sum_{k=1}^{K}\zeta_{ik}\left\{\log|\boldsymbol{\Sigma}_k|+(\boldsymbol{x}_i-\boldsymbol{\mu}_k)^\top\boldsymbol{\Sigma}^{-1}(\boldsymbol{x}_i-\boldsymbol{\mu}_k)\right\}\\&+\sum_{i=1}^{n}\sum_{k=1}^{K}\zeta_{ik}\log\boldsymbol{\pi}_k-\frac{pn}{2}\log 2\pi,\\Q(\boldsymbol{\vartheta};\boldsymbol{x})=&-\frac{1}{2}\sum_{i=1}^{n}\sum_{k=1}^{K}\pi_{ik}\left\{\log|\boldsymbol{\Sigma}_k|+(\boldsymbol{x}_i-\boldsymbol{\mu}_k)^\top\boldsymbol{\Sigma}^{-1}(\boldsymbol{x}_i-\boldsymbol{\mu}_k)\right\}\\&+\sum_{i=1}^{n}\sum_{k=1}^{K}\pi_{ik}\log\boldsymbol{\pi}_k-\frac{pn}{2}\log 2\pi,\end{aligned}$$

式中, $\pi_{ik}=E(\zeta_{ik}|\boldsymbol{x}_i)$, 在 E 步骤中计算. 下面是 E 步骤和 M 步骤的迭代公式, 从认真选择的初始值开始, 不断交替重复进行下面两个步骤直到收敛为止.

E 步骤: 第 s 步的迭代:

$$\pi_{ik}^{(s)}=\frac{\pi_k^{(s-1)}\phi\left(\boldsymbol{x}_i;\boldsymbol{\mu}_k^{(s-1)},\boldsymbol{\Sigma}_k^{(s-1)}\right)}{\sum_{k'=1}^{K}\pi_{k'}^{(s-1)}\phi\left(\boldsymbol{x}_i;\boldsymbol{\mu}_{k'}^{(s-1)},\boldsymbol{\Sigma}_{k'}^{(s-1)}\right)}.$$

M 步骤: 第 s 步的迭代:

$$\pi_{k'}^{(s)}=\frac{1}{n}\sum_{i=1}^{n}\pi_{ik}^{(s)},\ \boldsymbol{\mu}_{k'}^{(s)}=\frac{\sum_{i=1}^{n}\pi_{ik}^{(s)}\boldsymbol{x}_k}{\sum_{i=1}^{n}\pi_{ik}^{(s)}},\ \boldsymbol{\Sigma}_{k'}^{(s)}=\frac{\sum_{i=1}^{n}\pi_{ik}^{(s)}(\boldsymbol{x}_i-\boldsymbol{\mu}_k^{(s)})(\boldsymbol{x}_i-\boldsymbol{\mu}_k^{(s)})^\top}{\sum_{i=1}^{n}\pi_{ik}^{(s)}}.$$

每一个分量都是以 $\boldsymbol{\mu}_k$ 为中心、以 $\boldsymbol{\Sigma}_k$ 为协方差的椭球体, 但 $\boldsymbol{\Sigma}_k$ 不相同, 可把 $\boldsymbol{\Sigma}_k$ 写成:

$$\boldsymbol{\Sigma}_k = \lambda_k \boldsymbol{D}_k \boldsymbol{A}_k \boldsymbol{D}_k^\top,$$

这里的 λ_k 为一个标量, $\boldsymbol{D}_k$ 为 $\boldsymbol{\Sigma}_k$ 的特征向量组成的正交矩阵, $\boldsymbol{A}_k$ 为对角矩阵, 对角线元素和 $\boldsymbol{\Sigma}_k$ 的特征向量成比例.

$\boldsymbol{D}_k$ 确定了 $\boldsymbol{\Sigma}_k$ 的主成分方向, $\boldsymbol{A}_k$ 决定了密度的形状, λ_k 反映了椭球的大小 (与 $\lambda_k^p|\boldsymbol{A}_k|$ 成比例).

5.5.3 基于模型聚类的计算实现

在 R 中, 我们使用程序包 `mclust`[13]中的函数, 主要是函数 `Mclust`. `Mclust` 对协方差矩阵的各种参数化的识别使用三个字母 “E” (equal, 相等)、“V” (variable, 可变的)、“I” (coordinate axes, 坐标轴) 的有次序组合, 组合中的第一个字母表示大小, 第二个字母代表形状, 第三个字母显示在 p 维空间中的方向. 由这三个字母可以形成许多种有意义的组合. 比如 EII、VII、EEI、VEI、EVI、VVI、EEE、EVE、VEE、VVE、EEV、VEV、EVV、VVV 等. 比如, EEE 表示这 k 个集群有同样的大小、同样的形状和同样的方向; VEI 表示这 k 个集群有变化的大小、相同的形状及等于坐标轴的方向; VVV 表示这 k 个集群有变化的大小、变化的形状和变化的方向.

对于给定的 k, `Mclust` 对模型的选择使用 BIC (Bayesian Information Criterion, 贝叶斯信息准则):

$$\text{BIC} = -2\log(L) + m\log(n),$$

式中, L 为似然函数, m 是自由参数个数. 按照 BIC, 使得 BIC 最小的模型为首选的模型.

下面用程序包 `mclust` 的 `Mclust` 函数来处理例 5.4 人造数据:

```
library(mclust)
w=read.csv("kmeansFig.csv")
res = Mclust(w)
summary(res)
layout(t(1:2))
plot(res,  what='BIC')
plot(res,  what = "classification")
```

得到下面的汇总输出及 BIC 图 (见图 5.5.2 (左)) 和聚类图 (见图 5.5.2 (右)). 输出结果和图 5.5.2 显示, 最适合聚类数目为 $k=3$ 的 EEV 模型, 这并不奇怪, 因为我们的数据就是这样人为造出来的.

```
----------------------------------------------------
Gaussian finite mixture model fitted by EM algorithm
----------------------------------------------------
Mclust EEV (ellipsoidal, equal volume and shape) model with 3 components:
```

[13] Scrucca, L., Fraley, C., Murphy, T. B., Raftery, A. E. (2023). *Model-Based Clustering, Classification, and Density Estimation Using mclust in R*. Chapman and Hall/CRC. ISBN 978-1032234953. doi:10.1201/9781003277965. https://doi.org/10.1201/9781003277965. https://mclust-org.github.io/book/.

```
log.likelihood  n df       BIC     ICL
     -239.3084 57 13 -531.1766 -532.03
Clustering table:
 1  2  3
15 20 22
```

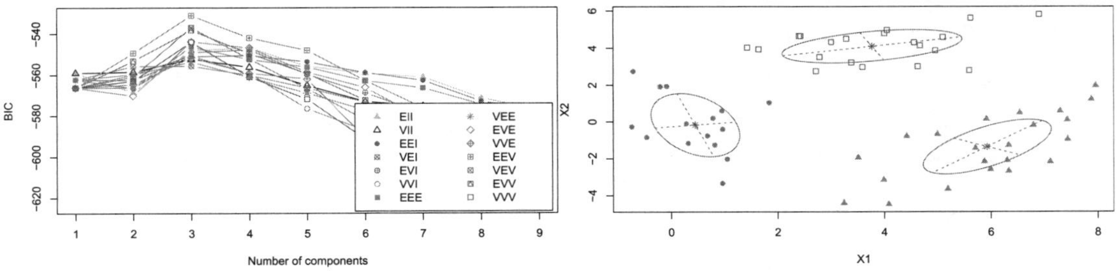

图 5.5.2 例 5.4 人造数据的基于模型聚类的 BIC 图 (左) 和聚类的结果示意图 (右)

使用下面代码对例 4.5 WHO 数据来做基于模型的聚类:

```
w=read.csv("who1.csv")
res = Mclust(scale(w[,-1]))
summary(res)
plot(res,  what = c("BIC", "classification"))
```

得到下面的输出结果及 BIC 图 (见图 5.5.3).

```
----------------------------------------------------
Gaussian finite mixture model fitted by EM algorithm
----------------------------------------------------
Mclust VEV (ellipsoidal, equal shape) model with 2 components:
log.likelihood   n  df       BIC       ICL
     -1315.981 185 842 -7027.502 -7027.556
Clustering table:
 1   2
77 108
```

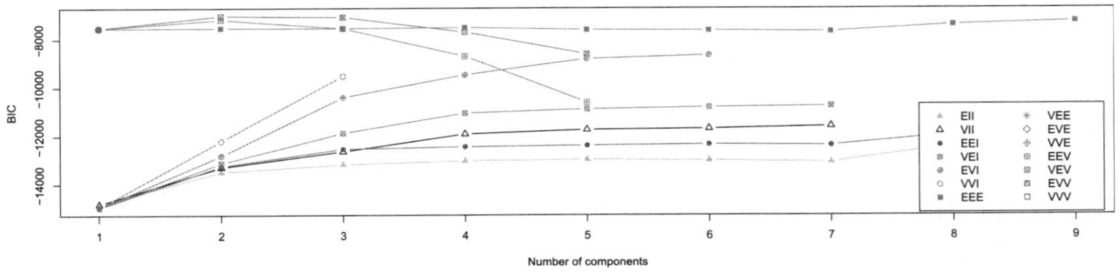

图 5.5.3 例 4.5 的基于模型聚类的 BIC 图

输出结果和图 5.5.3 显示, 最适合的聚类数目似乎为 $k=2$ 的 VEV 模型, 但 $k=3$ 时似乎也差不多. 我们还可以利用下面的代码来看输出的两类各包含多少国家 (这里不输出结果):

```
w[res$classification==1,1]; w[res$classification==2,1]
```

结果显示, 这种分类很没有说服力, 其中, 美国、中国和大部分较贫穷国家如朝鲜等分成一类, 而大部分欧洲国家和日本分成另一类. 多分几类可能更有道理, 如果很难得到满意的结果, 则可能需要改换其他聚类方法. 读者可用代码 `res=Mclust(scale(w[,-1]),G=3)` 来做实验, 分成 3 类也不一定合适. 这说明该数据不是很符合基于模型的聚类假定.

由于基于混合正态分布模型的假定较强, 而这些假定不易验证, 所以使用基于模型的聚类方法时一定要对相关应用领域的知识有所了解, 并且要结合其他聚类方法做综合分析, 互相验证.

5.6 聚类数目的选择

前面 k 均值聚类一节介绍了通过类内平方和的变化判断类别数目的肘方法, 下面介绍一些其他方法.

5.6.1 Gap 方法 *

Gap 方法可以计算聚类度量的一个拟合优度度量, 即 Gap 统计量. 下面是其基本思想, 细节请看 Tibshirani, et al. (2001). 假定数据有 n 个观测值及 p 个变量, 记为 $\{x_{ij}\}$ $(i=1,2,...,n;\ j=1,2,\dots,p)$. 用 $d_{ii'}$ 表示第 i 个观测值和第 i' 个观测值之间的距离, 如果选择常用的欧氏距离, 则 $d_{ii'}=\sum_j(x_{ij}-x_{i'j})^2$. 如果把数据的观测值聚成 k 类, 各类的下标集合记为 $C_1,C_2,\dots,C_k$, 而第 r 类的观测值有 n_r 个. 记在 C_r 中的所有点对的距离和为:

$$D_r=\sum_{i,i'\in C_r}d_{ii'},$$

设

$$W_k=\sum_{r=1}^{k}\frac{1}{n_r}D_r,$$

我们的目的是希望知道对于不同的 k, $\log(W_k)$ 相应于参照曲线 $E_n^*[\log(W_k)]$ 的距离有多远 (越远越好), 这里的 E^* 是对样本量 n 的参照分布的期望. 我们希望选择 k 来最大化下面定义的 Gap 统计量:

$$Gap_n(k)=E_n^*[\log(W_k)]-\log(W_k),$$

这里关于参照分布及如何选取使得 Gap 统计量最大的 k, 请参看 Tibshirani et al. (2001), 我们将使用程序包 `cluster` 的函数 `clusGap` 来确定聚类的个数. 在选项中可以选择聚类的方法、尝试类数、确定选取 k 所用的方法 (默认是 `firstSEmax`, 还有其他 4 个选项) 等. 对例 5.4 人造数据通过函数 `clusGap` 使用 Gap 方法 (使用默认的 `firstSEmax` 方法), 画图 (见图 5.6.1) 的代码为:

```
w=read.csv('kmeansFig.csv')
library(cluster)
(z=clusGap(w, FUN=kmeans, 5))
plot(z, main = "Gap statistic")
```

上面代码的输出为:

```
Clustering k = 1,2,..., K.max (= 5): .. done
Bootstrapping, b = 1,2,..., B (= 100)  [one "." per sample]:
.................................................. 50
.................................................. 100
Clustering Gap statistic ["clusGap"] from call:
clusGap(x = w, FUNcluster = kmeans, K.max = 5)
B=100 simulated reference sets, k = 1..5; spaceH0="scaledPCA"
--> Number of clusters (method 'firstSEmax', SE.factor=1): 3
         logW   E.logW          gap     SE.sim
[1,] 4.222013 4.215519 -0.006493606 0.04586778
[2,] 3.871177 3.905040  0.033862614 0.05456160
[3,] 3.472781 3.649537  0.176755594 0.06080989
[4,] 3.365399 3.451649  0.086249697 0.04932806
[5,] 3.197999 3.321451  0.123451853 0.05078347
```

输出表明, 该程序选择了 $k = 3$. 在图 5.6.1 中选择 k 时, **需要找到曲线的最大值, 而且在其一个标准差之内没有其他的点**, 显然 $k = 3$ 符合这个条件.

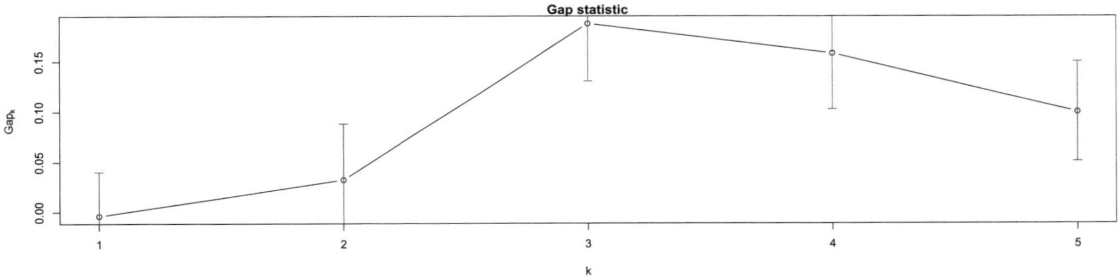

图 5.6.1　对例 5.4 人造数据使用 Gap 统计量来确定聚类数目

5.6.2 轮廓法 *

轮廓 (silhouette) 法 (Rousseeuw, 1987) 可以产生每个对象在集群内位置的概要图形, 用以解释和验证集群内部一致性, 轮廓值是衡量一个对象相对于其他类来说与本类的相似度. 轮廓值的范围从 -1 到 $+1$, **轮廓值中较高的值表示该对象与自己的集群很好地匹配, 但不与相邻集群相似. 如果大多数对象具有较高的值, 那么集群的配置是适当的. 如果许多点具有低值或负值, 则聚类个数可能不合适.** 计算轮廓值可以用任何距离, 常用的是欧氏距离或曼哈顿距离.

令 $a(i)$ 为第 i 个观测值与本类的所有观测值的平均不相似度 (距离), 如果该类只有第 i 个观测值本身, 则 $a(i)$ 定义为 0. 对于任何其他集群 C, 令 $d(i, C)$ 为第 i 个观测值与 C 的所有观测值的平均不相似度. 令 $b(i) = \min_C d(i, C)$, 这是第 i 个观测值和其不相属的最近集群的距离. 于是, 轮廓宽度 $s(i)$ 定义为:

$$s(i) = \frac{b(i) - a(i)}{\max(a(i), b(i))}.$$

下面用例 5.4 人造数据, 使用程序包 cluster 的函数 pam 来做聚类 (聚类数目为 3), 并且用函数 silhouette 计算轮廓宽度 $s(i)$, 最后逐点画出轮廓宽度图 (见图 5.6.2). 具体代码为:

```
w=read.csv('kmeansFig.csv')
library(cluster)
pr3 <- pam(w, 3)
si <- silhouette(pr3)
plot(si,col=c("red","green","blue"))
```

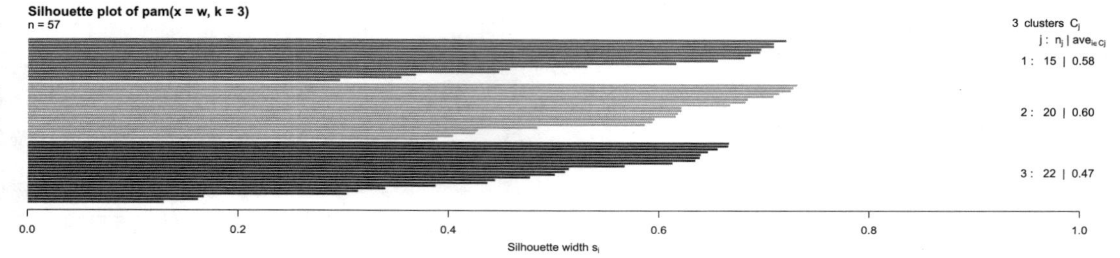

图 5.6.2　对例 5.4 人造数据显示每个观测值的轮廓宽度

由于例 5.4 的数据是人造的, 这个结果应该比较令人满意. 但如果用其他数据或变换不同的聚类个数, 则结果可能不好.

轮廓法可以用来确定聚类个数, 仍以例 5.4 为例, 我们可以用程序包 factoextra 中的函数 fviz_nbclust 来画出针对不同聚类个数的平均轮廓宽度图 (见图 5.6.3), 代码为:

```
library(factoextra)
fviz_nbclust(w, kmeans, method = "silhouette")+
labs(subtitle = "Silhouette method")
```

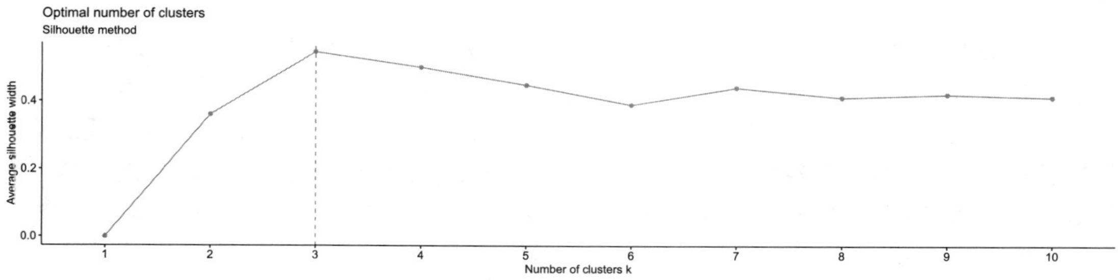

图 5.6.3　对例 5.4 人造数据利用不同聚类数目的平均轮廓宽度选择最优聚类个数

下面确定例 4.5 聚类个数并生成图 5.6.4. 代码如下 (选项 hcut 是分层聚类法):

```
library(factoextra)
w=read.csv("who1.csv")
fviz_nbclust(scale(w[,-1]), hcut, method = "silhouette")+
labs(subtitle = "Silhouette method")
```

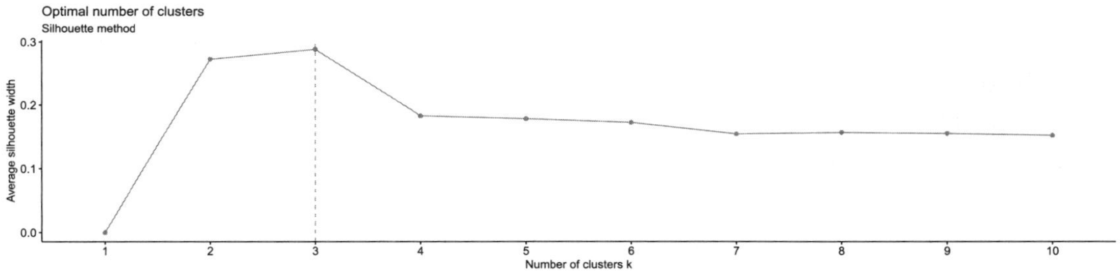

图 5.6.4 对例 4.5 利用不同聚类数目的平均轮廓宽度选择最优聚类个数 (3 个)

根据图 5.6.4, 确定最优聚类个数为 3 做分层聚类, 这里全部使用程序包 factoextra 的函数. 在代码中, 函数 hcut 用来做分层聚类 (3 类), 函数 fviz_dend 用来画出树状图 (见图 5.6.5 (左)), 函数 fviz_silhouette 用来画出轮廓宽度图 (见图 5.6.5 (中)), 而函数 fviz_cluster 则在数据第一、第二主成分的得分图上画出聚类结果 (见图 5.6.5 (右)).

```
w=read.csv("who1.csv")
w1=data.frame(w[,-1],row.names = w[,1])
res=hcut(scale(w1), k = 3, stand = TRUE)
fviz_dend(res, rect = TRUE,cex=.3,horiz = T)
fviz_silhouette(res)
fviz_cluster(res)
```

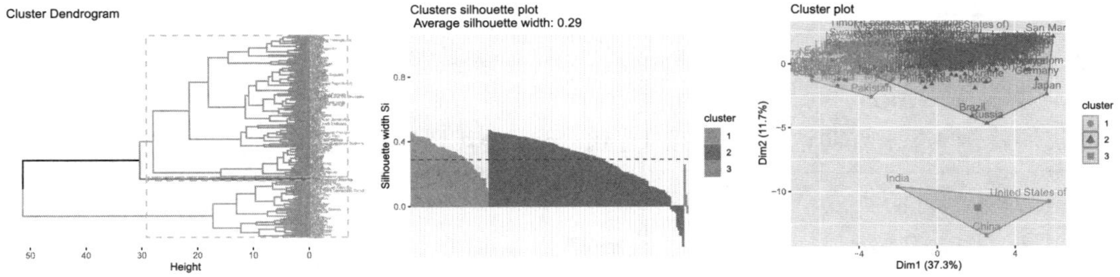

图 5.6.5 对例 4.5 做分层聚类的树状图 (左)、轮廓宽度图 (中)、在数据第一和第二主成分的得分图上画出聚类结果 (右)

聚类结果把所有国家分成 3 类, 一类大体上是一些最穷困的国家, 另一类大体上是较富裕的国家, 还有一类只有三个国家: 中国、美国、印度. 具体国家名字可以用下面代码输出:

```
for(i in 1:3) print(w[res$cluster==i,-1])
```

请读者分析这样聚类是否合理. 按照图 5.6.5 (中), 轮廓宽度连 0.5 都不到, 有些是负值, 这个指标并不好. 图5.6.5(右) 显示, 两个大类的区间好像重合得较多. 但聚类是否合理, 最终还得以内行专家的观点为准.

5.6.3 其他选择聚类数目的方法

程序包 `NbClust` 包含的方法

这里介绍的聚类数目的选择实际上不是一种方法, 而是集合在一个程序包中的一系列方法, 也包括前面的 Gap 统计量. 该程序包为 `NbClust` [14], 它提供了 30 个指数用于确定在数据集中的最优聚类数目, 并根据不同的结果为用户提供最佳的聚类方案. 它不仅确定聚类数目, 而且根据选项进行具体的聚类, 包括前面的 k 均值聚类.

`NbClust` 提供的聚类基于的距离选择选项 `distance` 有:

```
"euclidean", "maximum", "manhattan", "canberra", "binary",
"minkowski", "NULL".
```

`distance` 的默认值为 `euclidean` (欧氏距离), 如果选了 `NULL`, 则必须在 `diss` 选择不相似矩阵 (`diss` 默认值为 `NULL`). `NbClust` 提供的方法有:

```
"ward.D", "ward.D2", "single", "complete", "average",
"mcquitty", "median", "centroid", "kmeans".
```

而判别数目的判别指标选项包括:

```
"kl", "ch", "hartigan", "ccc", "scott", "marriot",
"trcovw", "tracew", "friedman", "rubin", "cindex", "db",
"silhouette", "duda", "pseudot2", "beale", "ratkowsky",
"ball", "ptbiserial", "gap", "frey", "mcclain", "gamma",
"gplus", "tau", "dunn", "hubert", "sdindex", "dindex",
"sdbw", "all", "alllong".
```

其中, `all` 指标包括除 `gap`、`gamma`、`gplus`、`tau` 之外的所有指数, 而 `alllong` 指标包括 `all` 所没有包括的所有指标.

我们就例 4.5 来说明这个程序包的应用. 下面是代码 (这里选了指标 `all`):

```
w=read.csv("who1.csv")
w1=data.frame(w[,-1],row.names = w[,1])
library(NbClust)
a<-NbClust(scale(w1), distance = "euclidean", min.nc=2,
max.nc=8,  method = "complete", index = "all")
```

输出为:

[14] Charrad, N., Ghazzali, N., Boiteau, V., Niknafs, A. (2014). NbClust: An R Package for Determining the Relevant Number of Clusters in a Data Set. *Journal of Statistical Software*, 61(6), 1-36. http://www.jstatsoft.org/v61/i06/.

```
************************************************************
* Among all indices:
* 7 proposed 2 as the best number of clusters
* 2 proposed 3 as the best number of clusters
* 5 proposed 4 as the best number of clusters
* 6 proposed 5 as the best number of clusters
* 1 proposed 7 as the best number of clusters
* 3 proposed 8 as the best number of clusters

***** Conclusion *****

* According to the majority rule, the best number of clusters is  2
```

结果表明, 有 7 个方法认为聚类数目应该为 2, 有 6 个方法认为应该分成 5 类, 有 5 个方法建议聚成 4 类, 还有 3 个方法认为类数应该为 8.

程序包 `fpc` 的函数 `pamk` 包含的方法

程序包 `fpc` 的函数 `pamk` 通过程序包 `cluster` 的函数 `pam` 或 `clara` 围绕中心点 (meoid) 的聚类利用轮廓法来确定聚类数目. 这里的聚类方法主要是 k 中心点法 (k-medioids), 中心点类似于几何中位数 (geometric median) 但却是一个真实的观测值 (几何中位数不一定是真实值). 判别聚类数目的方法是通过前面介绍的平均轮廓宽度, 使用 Calinski-Harabasz 指数 (Calinski-Harabasz index, `calinhara`) 来确定. 另外, 关于聚类数目是否应该多于 1 的检验为 Duda-Hart 检验 (`dudahart2`), 细节请参看 Hennig and Liao (2013).

对于例 4.5, 可使用下面代码来实现:

```
w=read.csv("who1.csv")
w1=data.frame(w[,-1],row.names = w[,1])
library(fpc)
pamk.best <- pamk(scale(w1))
cat("estimated number of clusters:", pamk.best$nc, "\n")
plot(pam(w1, pamk.best$nc))
```

输出的最优聚类个数的估计数目为 2. 同时, 还输出了前两个主成分的观测值得分的分类图和轮廓宽度图, 在这里就不显示了, 显然分成两类不那么合适.

INCA 指数

另一种方法利用所谓的 INCA 指数, 具体方法参见 Arenas and Cuadras (2002) 与 Irigoien and Arenas (2008). 我们所用的程序包为 `ICGE` [15], 其主要思想是: 首先, 估计数据集中的实际集群的数量, 然后, 确定新观测值是否属于这些先前识别的集群之一, 或者属于"异常的"或"非典型"的范畴. 该方法基于任何一对观测值之间的距离或不相似度, 可以应用于任何类型的多变量数据 (包括连续、二元或多属性数据). INCA 指数基于的距离或相似度的概念就是前面介绍的 Gover(1971) 所定义的.

[15] Irigoien, I., Arenas, C. (2022). ICGE: Estimation of Number of Clusters and Identification of Atypical Units. `doi:10.32614/CRAN.package.ICGE`. `https://doi.org/10.32614/CRAN.package.ICGE`.

对于例 4.5 数据, 使用下面代码计算并作图 (见图 5.6.6):

```
w=read.csv("who1.csv")
library(ICGE)
d=dist(scale(w[,-1]))
T=vector()
for (i in 2:10)
{part=pam(d, i)$clustering
T[i]=INCAindex(d, part)$Total}
plot(T,  type="b", xlab="Number of clusters",
    ylab="INCA",  xlim=c(1.5,  10.5))
title("Percentage of objects well classified in the partition")
```

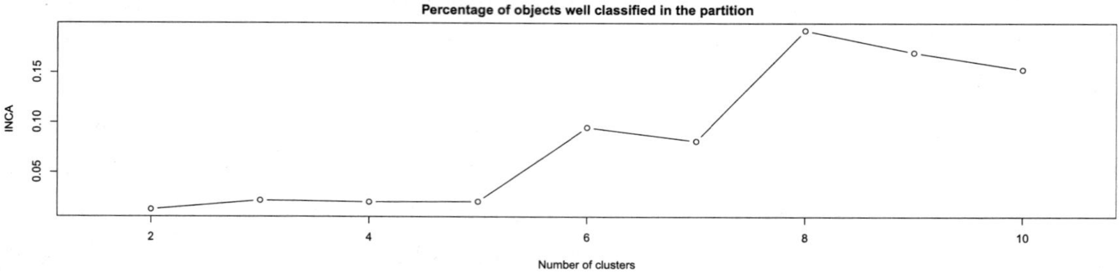

图 5.6.6　例 4.5 数据的 INCA 指数

图 5.6.6 显示, 最大值点在类数上取 8, 也就是说, 应该分成 8 类. 因此, 对例 4.5 数据做分层聚类 (选取 8 类), 使用下面代码可得到图 5.6.7.

```
library("factoextra")
w=read.csv("who1.csv")
w1=data.frame(w[,-1],row.names = w[,1])
res=hcut(scale(w1), k = 8, stand = TRUE)
fviz_dend(res, rect = TRUE,cex=.3,horiz = T)
fviz_silhouette(res)
fviz_cluster(res)
```

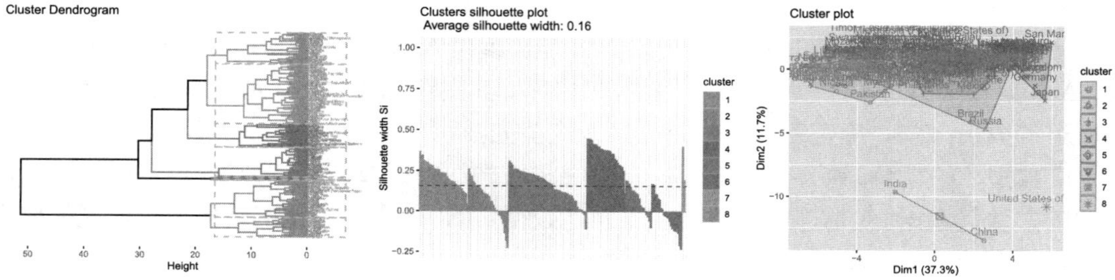

图 5.6.7　例 4.5 数据的分层聚类 (8 类) 树状图 (左)、轮廓宽度图 (中) 及前两个主成分得分聚类图 (右)

下面输出各类国家的名字. 其中第 1 类是一些亚洲和非洲的中上等水平发展中国家, 第 2 类大都是东欧国家和苏联解体后分化出去的国家, 第 3 类大都是中南美洲国家和阿拉伯国家, 第 4 类是美国之外的发达国家 (包括卫生发达的古巴), 第 5 类大都是非洲南部国家, 第 6 类有一些岛国和其他国家 (包括土耳其), 第 7 类是中国和印度, 第 8 类是美国. 这种分法似乎比分成 2 类或 3 类更好. 但人们也可以说, 每个国家都具有独特性, 还是一个国家为一类最好. 这个例子可以说明, 无论分成多少类, 都不能由统计学家来决定, 更重要的是, 一切结论都应该以人们所关心的问题为导向.

```
> for(i in 1:8) print(as.character(w[res$cluster==i,1]))
#以下是第1类 (34个)
[1] "Afghanistan" "Bangladesh" "Benin" "Burundi" "Cambodia"
[6] "Cameroon" "Central African Republic" "Chad" "Comoros"
[10] "Congo, Dem. Rep." "Congo, Rep." "Cote d'Ivoire"
[13] "Equatorial Guinea" "Eritrea" "Gabon" "Ghana" "Guinea"
[18] "Guinea-Bissau" "Iraq" "Kenya"
[20] "Lao People's Democratic Republic" "Mali" "Mauritania"
[24] "Myanmar" "Nepal" "Niger" "Nigeria" "Pakistan" "Senegal"
[30] "Somalia" "Sudan" "Togo" "Uganda" "Yemen"
#以下是第2类 (28个)
[1] "Albania" "Armenia" "Azerbaijan" "Belarus"
[5] "Bosnia and Herzegovina" "Brazil" "Bulgaria" "Croatia"
[9] "Czech Republic" "Egypt" "Estonia" "Georgia" "Grenada" "Hungary"
[15] "Kazakhstan" "Kyrgyzstan" "Latvia" "Lithuania" "Macedonia"
[20] "Moldova" "Poland" "Romania" "Russia" "Slovakia" "Tajikistan"
[26] "Turkmenistan" "Ukraine" "Uzbekistan"
#以下是第3类 (54个)
[1] "Algeria" "Antigua and Barbuda" "Argentina" "Bahamas" "Bahrain"
[6] "Barbados" "Belize" "Chile" "Colombia" "Cook Islands" "Costa Rica"
[12] "Cyprus" "Dominica" "Dominican Republic" "Ecuador" "El Salvador"
[17] "Guatemala" "Honduras" "Indonesia" "Iran (Islamic Republic of)"
[21] "Israel" "Jamaica" "Jordan" "Korea, Rep." "Kuwait" "Lebanon"
[27] "Libyan Arab Jamahiriya" "Malaysia" "Mauritius" "Mexico"
[31] "Morocco" "Nicaragua" "Oman" "Panama" "Paraguay" "Peru"
[37] "Philippines" "Qatar" "Saint Kitts and Nevis" "Saint Lucia"
[41] "Saint Vincent and the Grenadines" "Saudi Arabia" "Seychelles"
[44] "Singapore" "Sri Lanka" "Suriname" "Syria" "Thailand" "Tonga"
[50] "Trinidad and Tobago" "Tunisia" "United Arab Emirates" "Uruguay"
[54] "Venezuela"
#以下是第4类 (27个)
[1] "Andorra" "Australia" "Austria" "Belgium" "Canada" "Cuba" "Denmark"
[8] "Finland" "France" "Germany" "Iceland" "Ireland" "Italy" "Japan"
[15] "Luxembourg" "Malta" "Monaco" "Netherlands" "New Zealand" "Norway"
[21] "Portugal" "San Marino" "Slovenia" "Spain" "Sweden" "Switzerland"
[27] "United Kingdom"
```

```
#以下是第5类 (18个)
[1] "Angola" "Botswana" "Burkina Faso" "Djibouti" "Ethiopia" "Gambia"
[7] "Lesotho" "Liberia" "Madagascar" "Mozambique" "Namibia" "Rwanda"
[13] "Sierra Leone" "South Africa" "Swaziland" "Tanzania" "Zambia"
[18] "Zimbabwe"
#以下是第6类 (21个)
[1] "Bhutan" "Bolivia" "Cape Verde" "Fiji" "Guyana" "Haiti" "Kiribati"
[8] "Korea, Dem. Rep." "Maldives" "Marshall Islands"
[11] "Micronesia (Federated States of)" "Mongolia" "Nauru" "Palau"
[15] "Papua New Guinea" "Samoa" "Sao Tome and Principe" "Solomon Islands"
[19] "Timor-Leste" "Turkey" "Tuvalu"
#以下是第7类 (2个)
[1] "China" "India"
#以下是第8类 (1个)
[1] "United States of America"
```

5.7 更多的聚类实例计算

5.7.1 例 5.6 种子数据聚类

例 5.6 种子数据 (seeds.csv) 该数据[16]包含了来自 3 个不同品种 (Kama、Rosa、Canadian) 的小麦种子, 这 3 个品种的代码由哑元 1、2、3 代表, 形成第 8 个变量 ID. 每一个品种里有随机选择的 70 个样本个体, 共计 210 个观测值. 除了 ID 之外, 其他 7 个变量均为关于种子度量的实质连续型数量变量. 它们分别为 area(面积)、perimeter(周长)、compactness (紧密度, 等于 4π面积/周长^2)、length of kernel(核长)、width of kernel(核宽)、asymmetry coefficient (非对称系数)、length of kernel groove (内核槽长度). 该数据可以从网上下载.[17]

例 5.6 既可以做有监督学习的分类, 又可以做无监督学习的聚类. 本章当然考虑聚类, 我们不使用第 8 个变量 ID (已经知道的种类), 而希望通过其他 7 个变量把种子分成若干类.

例 5.6 种子数据的集群倾向并判断聚类个数

先看集群倾向, 首先得到 Hopkins 统计量的值为 0.1972587, 说明其有集群倾向, 并且作出热量图 (见图 5.7.1).

```
library(factoextra)
w=read.csv("seeds.csv")
a=get_clust_tendency(scale(w[,-8]), nrow(w)-1, graph = TRUE)
a$hopkins_stat
w1=scale(w[,-8])
library("gplots")
```

[16]该数据提供者来自波兰卢布林若望・保禄二世天主教大学的数学及计算机科学学院 (Institute of Mathematics and Computer Science, The John Paul II Catholic University of Lublin), 而且得到波兰卢布林科学院农业物理学研究所 (Institute of Agrophysics of the Polish Academy of Sciences in Lublin) 的支持.

[17]网址: https://archive.ics.uci.edu/ml/datasets/seeds.

```
heatmap.2(as.matrix(t(w1)), scale = "none", col = bluered(100),
        trace = "none", density.info = "none")
```

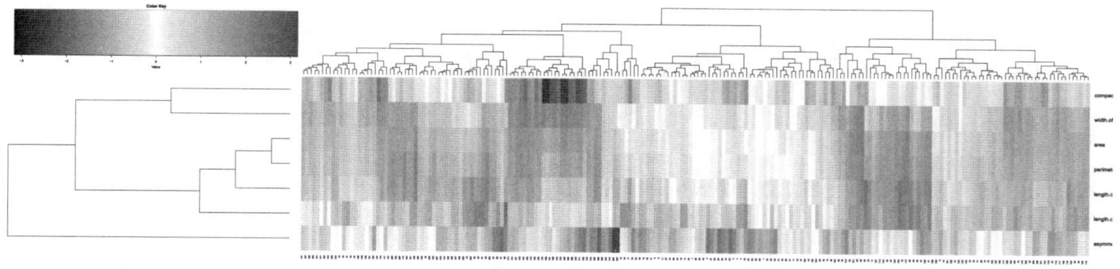

图 5.7.1 例 5.6 种子数据的热量图

我们用 NbClust 函数来判断聚为几类.

```
library(NbClust)
a<-NbClust(scale(w[,-8]), distance = "euclidean", min.nc=2,
max.nc=8,  method = "complete", index = "all")
```

输出为:

```
* Among all indices:
* 7 proposed 2 as the best number of clusters
* 16 proposed 3 as the best number of clusters
* 1 proposed 8 as the best number of clusters

***** Conclusion *****

* According to the majority rule, the best number of clusters is  3
```

如此看来争议不大, 再用 INCA 指数, 结果也表明 3 类最合适 (请读者自己实现).

例 5.6 种子数据的分层聚类

分层聚类的计算很简单, 输入数据、实施对观测值分层聚类并画出树状图 (见图5.7.2) 的 R 代码如下:

```
w=read.csv("seeds.csv")
hh=hclust(dist(scale(w[,-8])), "complete")
plot(hh,labels=w[,8],cex=.6)
id=identify(hh)#手工分成3份
```

在计算时用了标准化的没有第 8 个变量的数据并使用欧氏距离 (代码第二行). 在图 5.7.2 中, 我们用已知的 ID 哑元变量 (1、2、3) 来标记观测值 (代码第三行的 labels=w[,8]), 这样就可以知道我们得到的聚类和已知的类别的异同. 上面第四行代码 identify(hh) 使得我们可以人为决定选择结果的类别, 并且记录在 id 中.

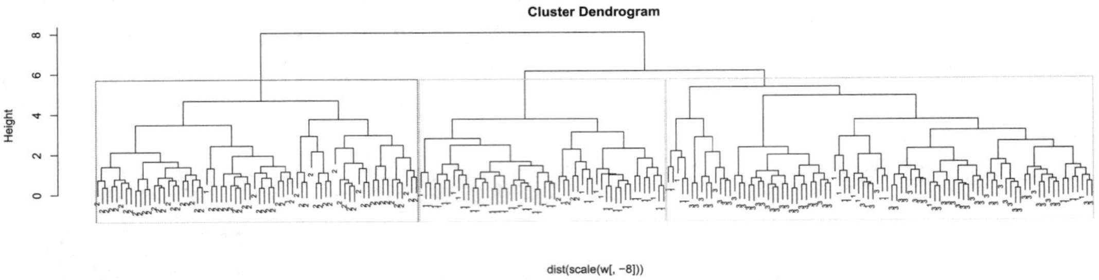

图 5.7.2 例 5.6 种子数据对观测值分层聚类的树状图

图 5.7.2 显示, 越靠上 (后) 的叉越长, 这表明在分层聚类中距离远的类后合并. 可以从图 5.7.2 看到人为选择得到的三个类 (先选的中间 “1” 多的类, 后选左右以 “2” 和 “3” 为主的类). 得到的第 1 个聚类中原来属于第 1 类的占 92.3%; 第 2 个聚类中, 原来属于第 2 类的占 97.1%; 而第 3 个聚类中, 原来属于第 3 类的占 77.8%. 在这个问题上, 用聚类代替分类总的 “准确率 ” 达到 0.8761905, 一共有 26 个观测值分到了错误的聚类.

这个结果是不是说明聚类和分类有类似的意义? 完全不是. 这一特殊问题, 即关于种子种类的分类和聚类结果类似的问题, 不能推广. 聚类和分类结果是否相似与我们的目标变量有关. 正如前面提到过的, **同样一组变量观测值的分类可能有很多种结果, 其依因变量 (即问题) 的性质而定, 但聚类结果仅仅依赖于聚类方法和聚类个数的选择. 毫无疑问的是, 用分类结果来 “验证” 聚类结果会产生误导.**

利用下面代码, 可得到前两个主成分的观测值得分的聚类情况 (见图5.7.3):

```
res=hcut(scale(w[,-8]), k = 3, stand = TRUE)
fviz_cluster(res)
```

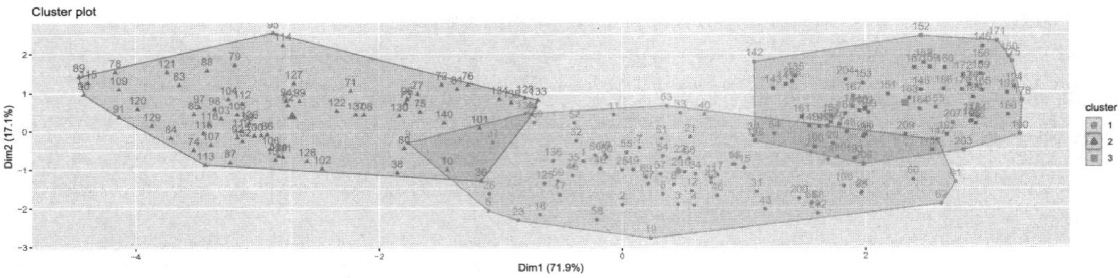

图 5.7.3 例 5.6 种子数据前两个主成分的观测值得分的分层聚类情况

我们还可以使用下面代码对变量进行聚类, 产生树状图 (见图 5.7.4):

```
wt=t(w[,-8])
ht=hclust(dist(scale(wt)), "complete")
plot(as.dendrogram(ht),horiz=TRUE)
```

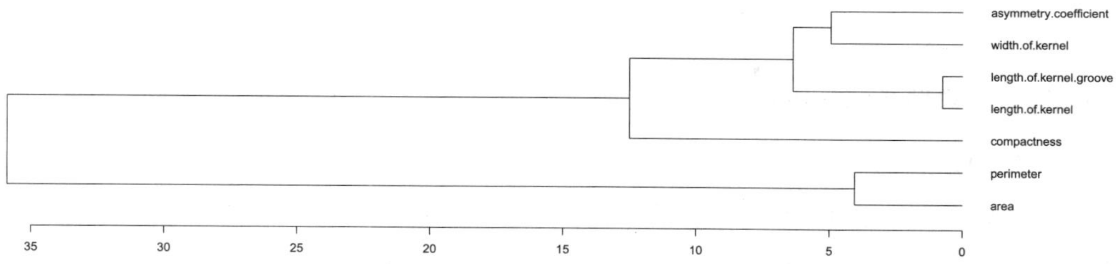

图 5.7.4 例 5.6 种子数据对变量分层聚类的树状图

例 5.6 种子数据的 k 均值聚类

关于例 5.6 的 k 均值聚类, 利用前面的结果, 我们选择聚类个数为 $k=3$, 用 R 自带的函数做聚类 (因为初始中心的选择是随机的, 我们使用随机种子以使得结果可重复), 并得到前两个主成分的观测值得分的聚类情况 (见图 5.7.5):

```
set.seed(1010)
a=kmeans(scale(w[,-8]),3)
fviz_cluster(a, w[, -8], ellipse.type = "norm")
```

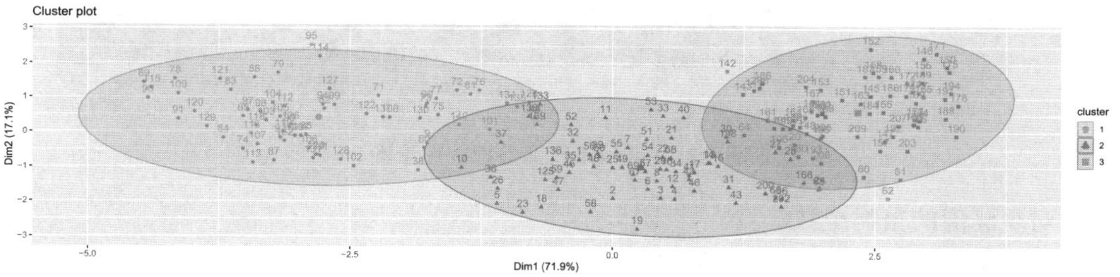

图 5.7.5 例 5.6 种子数据前两个主成分的观测值得分的 k 均值聚类情况

例 5.6 种子数据的分层 k 均值聚类

用分层 k 均值聚类方法, 得到前两个主成分的观测值得分的聚类情况 (见图 5.7.6).

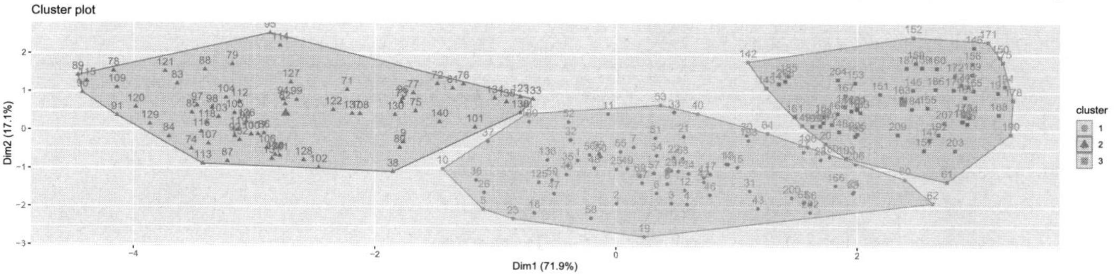

图 5.7.6 例 5.6 种子数据前两个主成分的观测值得分的分层 k 均值聚类情况

产生图 5.7.6 的代码为:

```
res.hk <-hkmeans(scale(w[,-8]), 3)
fviz_cluster(res.hk)
```

把图 5.7.6 和前面的单独分层聚类的图 5.7.3 及单独 k 均值聚类图 5.7.5 做比较, 似乎分层 k 均值聚类结果更好 (显然和有监督学习的分类结果无关).

5.7.2 例 4.1 教师数据的聚类

例 4.1 的热量图

下面考虑例 4.1 教师数据的聚类问题. 我们先利用程序包 gplots [18]的函数产生热量图 (见图 5.7.7), 它包括了对观测值及变量做分层聚类的树状图.

```
w=read.csv("full.aaup.csv")
w1=w[,-(1:4)]
library("gplots")
heatmap.2(as.matrix(t(w1)), scale = "none", col = bluered(100),
          trace = "none", density.info = "none")
```

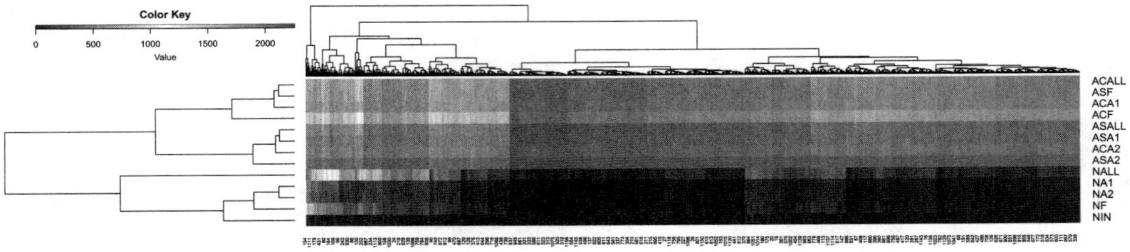

图 5.7.7 例 4.1 教师数据的热量图

例 4.1 对观测值的聚类个数

利用各种方法来判断对观测值的聚类个数:

```
library(NbClust)
res<-NbClust(scale(w1), distance = "euclidean", min.nc=2,
   max.nc=8,  method = "complete", index = "all")
```

得到的输出如下, 多数方法支持聚 3 类.

```
*******************************************************************
* Among all indices:
* 6 proposed 2 as the best number of clusters
* 7 proposed 3 as the best number of clusters
* 2 proposed 4 as the best number of clusters
* 5 proposed 7 as the best number of clusters
* 2 proposed 8 as the best number of clusters
***** Conclusion *****
```

[18]Warnes, G., Bolker, B., Bonebakker, L., Gentleman, R., Huber, W., Liaw, A., Lumley, T., Maechler, M., Magnusson, A., Moeller, S., Schwartz, M., Venables, B., Galili, T. (2024). gplots: Various R Programming Tools for Plotting Data. doi:10.32614/CRAN.package.gplots. https://doi.org/10.32614/CRAN.package.gplots. R package version 3.2.0, https://CRAN.R-project.org/package=gplots.

```
* According to the majority rule, the best number of clusters is  3
```

例 4.1 对观测值的分层聚类

用分层聚类把例 4.1 教师数据的观测值分 3 类时的前两个主成分得分 (见图 5.7.8) 的画图代码为:

```
library(factoextra)
ds=hcut(w1, k = 3, stand = TRUE)
fviz_cluster(ds)
```

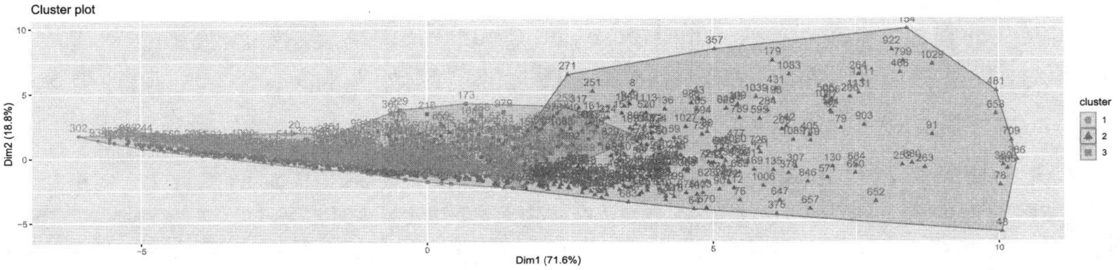

图 5.7.8 例 4.1 教师数据对观测值分层聚类 (3 类) 的前两个主成分得分图

用代码 `for(i in 1:3) print(w[ds$cluster==i,2])` 可以得到分成 3 类后每一类有什么学校的结果, 请读者自己实现, 并且进行讨论.

例 4.1 对变量的分层聚类

用分层聚类把例 4.1 教师数据的变量分 2 类时的前两个主成分得分及树状图的画图 (见图 5.7.9)、输出各类变量名字的代码为:

```
dv=hcut(t(w1), k = 2, stand = TRUE)
fviz_cluster(dv)
for(i in 1:2) print(names(w1)[dv$cluster==i])
fviz_dend(dv, k = 2, k_colors = c("#1B9E77", "#D95F02"))
```

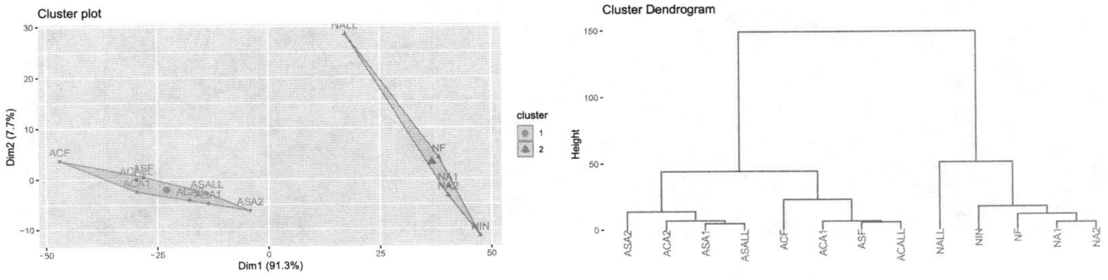

图 5.7.9 例 4.1 教师数据对变量分层聚类 (3 类) 的前两个主成分得分图 (左) 及树状图 (右)

两类变量名字的输出为:

```
#第1类
[1] "ASF"    "ASA1"   "ASA2"   "ASALL"
[5] "ACF"    "ACA1"   "ACA2"   "ACALL"
#第2类
[1] "NF"    "NA1"   "NA2"   "NIN"   "NALL"
```

从图 5.7.9 的左图可以看出, 把变量分成两类是很合适的.

5.7.3 图像色彩的聚类

对图像色彩聚类的例子

下面我们用画家凡 · 高 (Vincent Willem van Gogh, 1853—1890) 在 1889 年画的油画《有房舍和农夫的景色》(Landscape with House and Ploughman) 来展示在颜色上做 k 均值聚类的效果. 原图是彩色的, 在这里用印刷的黑白图片的展示效果可能不会令人满意, 但读者可以用自己选择的图片来再现这里的聚类.

例 5.7 凡 · 高油画 (VG.jpg) 这是凡·高油画《有房舍和农夫的景色》的图片 (见图5.7.10).

图 5.7.10 凡 · 高《有房舍和农夫的景色》原图

对颜色进行 k 均值聚类就是把一些相似的颜色组合起来 (调和起来), 形成 k 种颜色, 然后用这 k 种颜色来形成图像. 如果只有两种颜色, 就有黑白画的效果 (这两种颜色不太可能是"黑"和"白", 而是由原图像聚出来的两种颜色), 在图中不会出现这 k 种颜色之外的颜色.

这里对颜色进行 k 均值聚类所取的 k 分别等于 2, 4, 16, 32. 显然, 当 $k=2$ 时, 只有两种颜色, 如水墨画一样, 随着 k 的增加, 画面趋于原画的色彩 (见图 5.7.11) (注意: 本书为黑白印刷, 彩色无法显示).

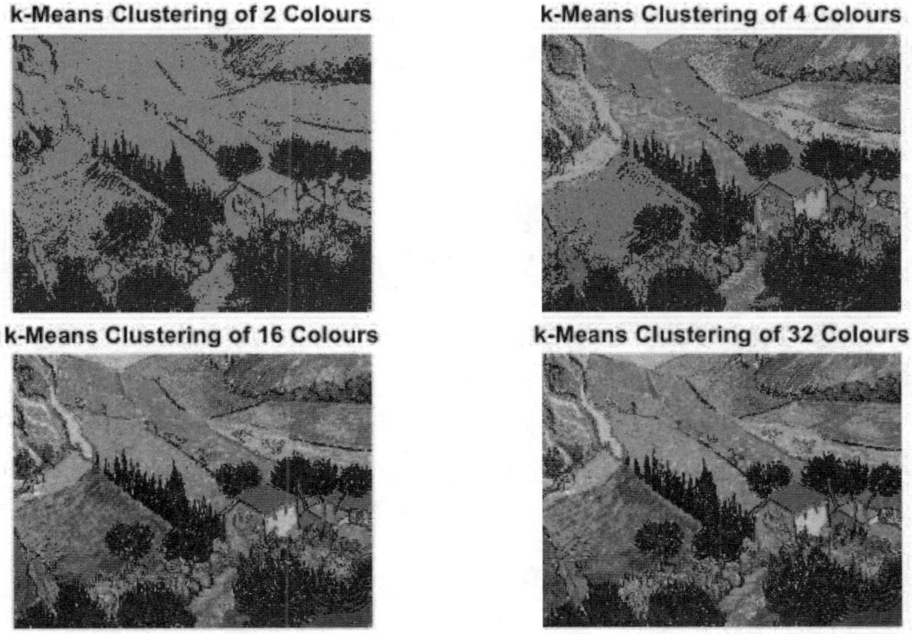

图 5.7.11　凡 · 高《有房舍和农夫的景色》油画关于颜色的 k 均值聚类 ($k=2$、4、16、32, 按照左上、右上、左下、右下的次序)

产生图 5.7.11 的代码为:

```
library(jpeg)
VG=readJPEG("VG.jpg")
imgDm=dim(VG)
VG_rgb <- data.frame(
x = rep(1:imgDm[2], each = imgDm[1]),
y = rep(imgDm[1]:1, imgDm[2]),
R = as.vector(VG[,,1]),
G = as.vector(VG[,,2]),
B = as.vector(VG[,,3]))

par(mfrow=c(2,2))
for (k in c(2,4,16,32)){
VG_km=kmeans(VG_rgb[, 3:5], centers = k)
kc=rgb(VG_km$centers[VG_km$cluster,])
plot(y~x, data=VG_rgb, col=kc,asp=1,pch = ".",
axes=F,xlab="",ylab="",
```

```
main=paste("k-Means Clustering of", k, "Colours"))
}
```

原画颜色聚类后的这 4 幅图画分别用了 2、4、16 和 32 种颜色组合 (也称为调色板), 这些颜色是什么呢? 图 5.7.12 展示了这 4 个调色板, 图中每种颜色上面的数字为相应颜色的十六进制表示形式 (hex triplet 或 hexadecimal representation of the colours)(注意: 本书为黑白印刷, 彩色无法显示). 在这里我们用了程序包 `scales`[19], 相应的代码为:

```
library(scales)
par(mfrow=c(2,2))
for (k in c(2,4,16,32)){
  VG_km = kmeans(VG_rgb[, 3:5], centers = k)
  show_col(rgb(VG_km$centers))
}
```

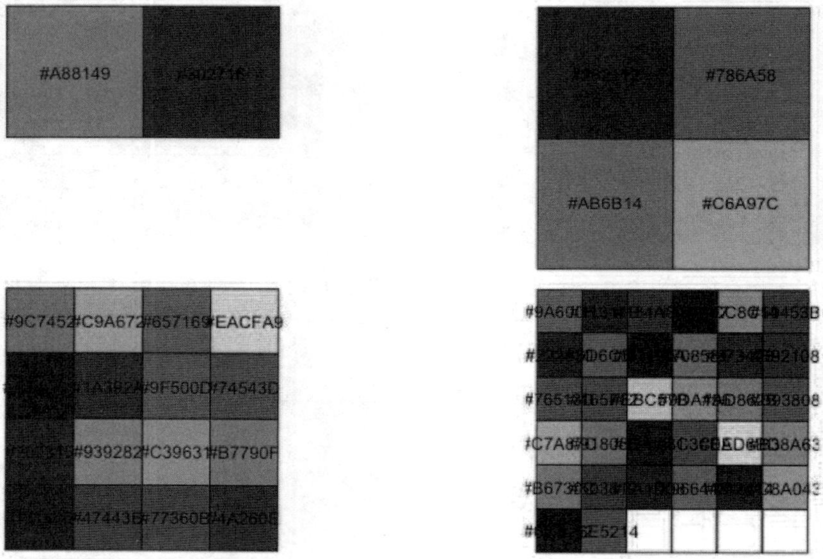

图 5.7.12 凡 · 高《有房舍和农夫的景色》油画聚类后的 4 个画面的调色板 (分别有 2、4、16、32 种颜色, 按照左上、右上、左下、右下次序)

颜色的十六进制表示形式 *

各种颜色可以用 R(红)、G(绿)、B(蓝) 三种颜色调成 (注意, 这里的绿色实际上是柠檬色). 目前, 有很多种颜色标识系统, 主要有:

- RGB 或 RGBA 在 $[0,1]$ 中的浮点数组系统 (比如 (0.1, 0.2, 0.5) 或 (0.1, 0.2, 0.5, 0.3)), 表示各种颜色的比例).
- 十六位进制 RGB 或 RGBA 字符串 (如 `'#0F0F0F'` 或 `'#0F0F0F0F'`).

[19] Wickham, H., Pedersen, T., Seidel, D. (2025). scales: Scale Functions for Visualization. doi:10.32614/CRAN.package.scales. https://doi.org/10.32614/CRAN.package.scales. R package version 1.4.0, https://CRAN.R-project.org/package=scales.

- 在 [0, 1] 中包括灰度级 (例如 “0.5”) 的浮点值的字符串.
- 代表不同颜色的字符表 {'b', 'g', 'r', 'c', 'm', 'y', 'k', 'w'}.
- X11/CSS4 颜色标识.
- 来自 xkcd 色彩调查的名字, 以 'xkcd' 为前缀 (例如 'xkcd: sky blue').
- 代表不同颜色的字符表:

```
'tab:blue', 'tab:orange', 'tab:green', 'tab:red', tab:purple',
'tab:brown', 'tab:pink', 'tab:gray', 'tab:olive', 'tab:cyan'
```

其中之一是 “T10” 类别调色板中的 Tableau 颜色 (默认的颜色循环).

上面的各种形式均在各种计算机程序中使用, 其中第二种为十六进制表示形式, 用 “#” 后面加上 6 个字符的形式表示各种颜色. 其中, 前 2 位数表示红色的强度, 中间 2 位表示绿色的强度, 最后 2 位表示蓝色的强度. 强度由十六进制的两位数字表示 (见表 5.7.1).

表 5.7.1 十六进制和十进制的 16 个数字对照

十六进制	0	1	2	3	4	5	6	7	8	9	A	B	C	D	E	F
十进制	0	1	2	3	4	5	6	7	8	9	10	11	12	13	14	15

在十六进制的两位数中, 最大的是 FF, 最小的是 00. 因此, 最强的白色为 #FFFFFF, 最弱的黑色为 #000000, 红色为 #FF0000, 柠檬色为 #00FF00, 绿色为 #008000, 蓝色为 #0000FF, 黄色为 #FFFF00, 等等. 显然, 一共有 $16^6 = 16777216$ 种颜色.

例 5.8 拉斐尔画 (Greek.jpg) 这是拉斐尔 (Raphael) 画的《雅典学院》(图 5.7.13 左上图).

图 5.7.13 左上图为《雅典学院》原图, 右上图为把颜色聚两类的结果, 左下图把两类颜色换成黑白, 右下图为左下图黑白颜色的反转

图 5.7.13 对图片《雅典学院》(左上是原图[20]) 做 $k = 2$ 的 k 均值聚类, 形成由两种颜色 (具体到这个图像是 #5B432B 和 #BEAB86) 组成的图 (右上), 然后把一种颜色转换成白色 (

[20]该图为意大利文艺复兴时期的画家拉斐尔 (Raphael) 在 1509—1511 年间创作的, 名为《雅典学院》, 英文为 “The School of Athens”(意大利文为: *“Scuola di Atene”*). 该画在梵蒂冈的使徒宫殿里名为 *Stanze di Raffaello* 的房间中被当作装饰画.

#FFFFFF), 另一种转换成黑色 (#000000), 形成下面左右两个黑白反转图片 (一个类似于另一个的底片)(注意: 本书为黑白印刷, 彩色无法显示).

产生图 5.7.13 (除左上原图之外) 的三个图的代码为:

```
img=readJPEG("Greek.jpg")
imgDm <- dim(img);imgDm
img_rgb <- data.frame(
  x = rep(1:imgDm[2], each = imgDm[1]),
  y = rep(imgDm[1]:1, imgDm[2]),
  R = as.vector(img[,,1]),
  G = as.vector(img[,,2]),
  B = as.vector(img[,,3]))
  img_km = kmeans(img_rgb[, 3:5], centers = 2)
kc = rgb(img_km$centers[img_km$cluster,])
ukc=unique(kc)
kc1=kc;kc1[kc1==ukc[1]]="#000000";kc1[kc1==ukc[2]]="#ffffff"
kc2=kc;kc2[kc2==ukc[1]]="#ffffff";kc2[kc2==ukc[2]]="#000000"
plot(y~x,img_rgb,col=kc,asp=1,pch=".",axes=F,xlab="",ylab="")
plot(y~x,img_rgb,col=kc1,asp=1,pch=".",axes=F,xlab="",ylab="")
plot(y~x,img_rgb,col=kc2,asp=1,pch=".",axes=F,xlab="",ylab="")
```

5.8 习 题

1. 聚类中的点间距离和类间距离有很多种不同的选择, 考虑下面的问题:
   (1) 这些选择是数学推导的结果, 还是主观创造的结果?
   (2) 能不能说点间距离和类间距离的不同搭配有的好, 有的不好? 应该怎样叙述和解释这个问题?
2. 对于不同类型变量 (比如, 定性、定量、定序等变量) 混合的数据, 距离定义繁多且复杂, 你觉得有可能创造出新的度量方法吗? 试着做一做.
3. 本章介绍了许多聚类方法, 其中很多是通过构造某些奇特的低维 (可视) 范例想出来的, 你认为这些基于低维数据创造出来的方法可以推广到高维数据情况吗?
4. 在分层聚类中, 不同的选项会得到不同的聚类结果; 同一个分层聚类可以通过选择不同的聚类数目来产生不同的结果. 考虑下面的问题:
   (1) 你能说这些不同的结果有的合适, 有的不合适吗? 你能够证明吗?
   (2) 是不是不同的聚类结果体现了数据的不同特征?
   (3) 不同的聚类结果依赖于不同的变量选择, 变量选择是数学问题, 还是人的主观意志?
5. 没有因变量的 (属于无指导学习或无监督学习) 聚类分析和有因变量的 (属于有指导学习) 分类变量有什么区别? 请举几个例子说明.
6. 如果某个物种的类别是用聚类分析确定的, 那么关于该物种的数据就会有因变量 (类别), 之后再对这类数据做分类, 结果是不是和聚类结果相似呢?
7. 请使用 R 和其他软件自带的鸢尾花 (iris) 数据. 该数据有 150 个观测值及 5 个变量,

其中 4 个表示鸢尾花物理尺寸: Sepal.Length、Sepal.Width、Petal.Length、Petal.Width (萼片长度、萼片宽度、花瓣长度、花瓣宽度), 它们在分类中作为自变量; 另一个是种类 (Species), 它作为因变量 (有三个水平: setosa、versicolor、virginica, 各有 50 个观测值).

(1) 用全部 4 个自变量 (除了因变量 Species 的其他变量) 做分层聚类和 k 均值聚类, 解释结果.

(2) 交替使用 3 个自变量 ($\binom{4}{3} = 4$ 种可能搭配) 做分层聚类和 k 均值聚类, 解释结果.

(3) 交替使用 2 个自变量 ($\binom{4}{2} = 6$ 种可能搭配) 做分层聚类和 k 均值聚类, 解释结果.

(4) 想一想人们喜欢用鸢尾花数据将聚类和分类做比较的原因.

8. 回答下面问题:

(1) 聚类分析是数学吗? 请解释.

(2) 聚类分析可能有标准答案吗? 请解释.

(3) 聚类分析是统计推断吗? 请解释.

(4) 聚类分析的结果是具有确定性的吗?

(5) 聚类分析的结果究竟应该用于什么目的?

9. 对例 4.5 WHO 数据做各种分层聚类 (选择不同的点间距离和类间距离组合, 并选择不同的聚类数目), 对各种结果做出你的解释.

10. 利用颜色聚类的方法把彩色图片转换成有两种颜色的图片 (比如, 黑白图片及其负片). 实际上, 你可以试着利用聚类把一幅彩色图片转换成有 k 个颜色的图片, 并把聚出来的 k 个颜色改成其他颜色以得到一些意想不到的效果.

第 6 章　相关和关联

6.1　典型相关分析

6.1.1 问题的描述和例子

典型相关分析 (canonical correlation analysis, CCA) 用于识别和测量两组变量之间的关联. 当谈到两组变量之间的关系, 人们会想到多因变量的多元回归, 但是, 在因变量相关且自变量是数量变量的情况下, 典型相关性就是更合适的选择.

通常, 相关分析依赖于描述变量的坐标系. 这意味着, 即使两组多元变量之间有很强的线性关系, 也有可能在一个坐标系中看不到其相关性, 而它们在另一个坐标系中会显得很相关. 典型相关分析试图寻找对于相关分析最优的坐标系 (或者基向量).

典型相关分析的具体目标为确定一组**典型变量** (canonical variates), 这组变量是成对出现的, 各对变量正交; 每一对中的两个变量分别为两个变量集合的线性组合, 分别代表两个变量集合, 而且与其他线性组合相比, 这两个线性组合最相关. 典型相关分析解释了集合内部和集合之间的变化和关系.

典型相关分析和主成分分析之间的异同

典型相关分析是与主成分分析类似的多元探索性统计方法. 两种方法有相同的数学工具和背景 (矩阵代数和特征值分析), 均可以通过类似的图形表示来说明结果. 典型相关分析的主要目的是探索在相同实验单元上观察到的**两组**定量变量之间的样本相关性, 而主成分分析仅仅处理一个数据集以通过原始变量的线性组合来降低维度.

典型相关分析和因子分析之间的异同

典型相关分析所得到的各典型变量对是不可观测的, 勉强可以称为隐变量或潜变量, 但没有任何数学结构来描述它们, 这和主成分分析较接近. 因子分析的因子也是不可观测的隐变量, 但因子分析只考虑一组变量的代表 (即因子), 并以此降维; 典型相关分析则涉及两组变量的代表, 并研究它们之间的相关性, 这里也涉及对降维的考虑.

为了说明典型相关分析的基本概念, 首先引入下面数据.

例 6.1　橄榄油数据 (oliveoil.csv)　*该数据由从一组传感器中获得的关于 16 种橄榄油的 5 个属性以及 6 个物理化学性质的 11 个变量组成, 这 16 种橄榄油中的前 5 种产自希腊, 中间 5 种产自意大利, 最后 6 种产自西班牙. 该数据来自 Massart et al. (1998).[1] 该数据包括由传感器获得的 5 个属性变量 Acidity、Peroxide、K232、K270、DK, 以及 6 个物理化学性质变量 yellow、green、brown、glossy、transp、syrup.*

图 6.1.1 展示的是例 6.1 橄榄油数据的相关系数及两两散点图. 这里的相关是两组变量

[1]该数据为 R 程序包 `pls` 所带, 可以通过该程序包得到.

中单个变量之间通常的相关,而典型相关可以揭示这些简单相关不能反映的很多信息. 下面通过例 6.1 橄榄油数据引入典型相关分析的各种概念. 这里使用了程序包 `GGally`[2]的函数. 产生图 6.1.1 的代码为:

```
w=read.csv("oliveoil.csv")
GGally::ggpairs(w)
```

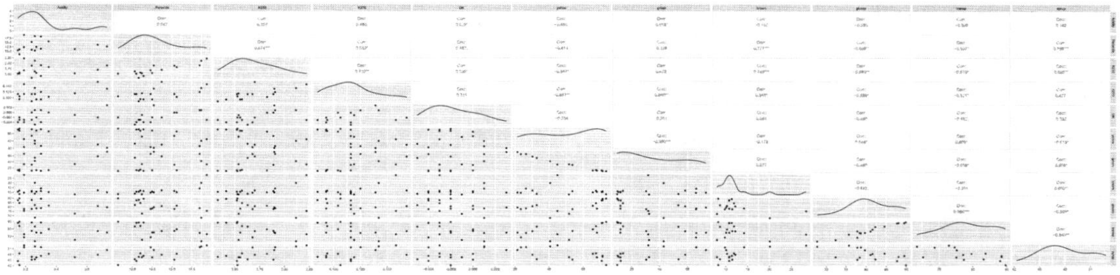

图 6.1.1 例 6.1 橄榄油数据变量的相关系数及两两散点图

考虑例 6.1 数据. 研究人员可能对橄榄油由传感器得到的一组变量与由物理化学性质组成的另一组变量如何相关感兴趣. 此外, 还要考虑需要几维的典型变量来理解这两组变量的关系才合适 (这和主成分分析选择主成分的个数类似).

如果用 $\boldsymbol{X} = (X_1, X_2, \ldots, X_5)^\top$ 及 $\boldsymbol{Y} = (Y_1, Y_2, \ldots, Y_6)^\top$ 表示例 6.1 数据的两组随机变量的向量, 那么作为隐变量的典型变量 V_i 和 W_i $(i = 1, 2, \ldots, 5)$(图中只选择了 $i = 1, 2$ 的情况) 与这两组变量的关系可以用图 6.1.2 表示.

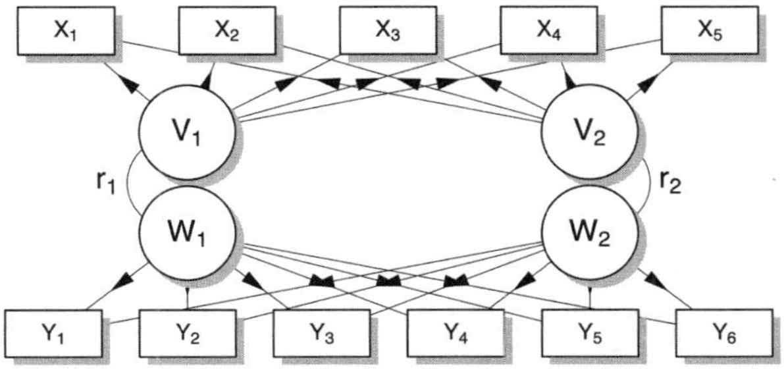

图 6.1.2 典型相关分析示意图

下面通过图 6.1.2 来认识典型相关分析的一些概念. 按照典型相关分析, 隐变量 V_i 和 W_i 分别是各自的可观察变量 $\boldsymbol{X}$ 和 $\boldsymbol{Y}$ 的线性组合, 它们之间的直线箭头所代表的关系称为**典型函数系数** (canonical function coefficients), 这些系数可以标准化或非标准化形式出现. $\boldsymbol{X}$ 的每个变量和每个 V (或者 $\boldsymbol{Y}$ 的每个变量和每个 W) 之间的相关系数称为**典型结构系数** (canonical structure coefficient) 或**典型载荷** (canonical loading); 每个可观察变量与对立的典型变量之间, 即 $\boldsymbol{X}$ 的每个变量和每个 W (或者 $\boldsymbol{Y}$ 的每个变量和每个 V) 之间的相关系数

[2]Schloerke, B., Cook, D., Larmarange, J., Briatte, F., Marbach, M., Thoen, E., Elberg, A., Crowley, J. (2024). GGally: Extension to ‘ggplot2’. `doi:10.32614/CRAN.package.GGally`. `https://doi.org/10.32614/CRAN.package.GGally`. R package version 2.2.1, `https://CRAN.R-project.org/package=GGally`.

称为**典型交叉载荷** (canonical cross-loading). V_i 和 W_i 的相关系数 $r_i(i=1,2)$ 为**典型相关系数**; (V_i,W_i) 称为第 i **典型变量对** (canonical variate pair), 比如 (V_1,W_1) 为第一典型变量对, (V_2,W_2) 为第二典型变量对, 等等. 典型变量对的个数和两组变量中少的变量数目一样, 对于例 6.1 橄榄油数据, 最多只有 5 对.

6.1.2 典型相关及特征值问题

标准数理统计教科书涉及单独两个变量之间的线性相关, 而这里的**典型相关分析**则是研究两组变量之间的相关问题. 典型相关分析针对每组变量找到一组基, 而这两组基关于相关最优. 也就是说, 在这两组基上, 变量间的相关阵是对角线型的, 而且对角线上的相关是最大化的.

典型相关分析在变量的仿射变换下是不变的, 而通常的相关分析则依赖于基. 下面按照 Hotelling (1936) 的思路来介绍这个概念.

假定两组随机变量的向量形式为: $\boldsymbol{X}=(X_1,X_2,\ldots,X_p)^\top$ 及 $\boldsymbol{Y}=(Y_1,Y_2,\ldots,Y_q)^\top$, 它们的均值都为 0. 再把矩阵 $[\boldsymbol{X}^\top,\boldsymbol{Y}^\top]^\top$ 的协方差矩阵划分为下面的子矩阵块:

$$\boldsymbol{\Sigma}=\begin{bmatrix}\boldsymbol{\Sigma}_{XX} & \boldsymbol{\Sigma}_{XY}\\ \boldsymbol{\Sigma}_{YX} & \boldsymbol{\Sigma}_{YY}\end{bmatrix},$$

这里子矩阵 $\boldsymbol{\Sigma}_{XX}\equiv\text{Cov}(\boldsymbol{X},\boldsymbol{X})$ 是 $p\times p$ 维, $\boldsymbol{\Sigma}_{YY}\equiv\text{Cov}(\boldsymbol{Y},\boldsymbol{Y})$ 是 $q\times q$ 维, $\boldsymbol{\Sigma}_{XY}=\boldsymbol{\Sigma}_{YX}^\top\equiv\text{Cov}(\boldsymbol{X},\boldsymbol{Y})$ 是 $p\times q$ 维.

我们的目的是寻找基 (系数或权重) $\boldsymbol{a}=(a_1,a_2,\ldots,a_p)^\top$ 及 $\boldsymbol{b}=(b_1,b_2,\ldots,b_q)^\top$, 得到新的综合变量, 即典型变量

$$V=\boldsymbol{X}^\top\boldsymbol{a}\text{ 及 }W=\boldsymbol{Y}^\top\boldsymbol{b},\tag{6.1.1}$$

使得 V 和 W 的相关系数最大化:

$$\rho(\boldsymbol{a},\boldsymbol{b})=\frac{\boldsymbol{a}^\top\boldsymbol{\Sigma}_{XY}\boldsymbol{b}}{\sqrt{\boldsymbol{a}^\top\boldsymbol{\Sigma}_{XX}\boldsymbol{a}}\sqrt{\boldsymbol{b}^\top\boldsymbol{\Sigma}_{YY}\boldsymbol{b}}}.$$

显然, 这里有尺度不变性, 即对于任意 $c>0$, $\rho(c\boldsymbol{a},\boldsymbol{b})=\rho(\boldsymbol{a},c\boldsymbol{b})=\rho(\boldsymbol{a},\boldsymbol{b})$. 式 (6.1.1) 的典型变量 V 和 W 就是图 6.1.2 中的隐变量, 它们是各自代表的变量组的线性组合; 这里要寻找的基 $\boldsymbol{a}$ 和 $\boldsymbol{b}$ 就是使得 V 和 W 最相关的线性组合系数.

注意

这里假定各个变量的均值等于 0, 对中心化的数据都能满足. 所列的协方差阵及其子矩阵都是随机变量的理论协方差阵, 在实际应用中, 这些理论协方差阵或相关阵往往都用样本协方差阵及样本相关阵代替 (在不会混淆的情况下, 一般免去 “样本” 二字) 以得到标准化的结果. 标准化数据的协方差矩阵等于 (无论是否标准化) 数据的相关矩阵. 对于例 6.1 橄榄油数据, $\boldsymbol{\Sigma}_{XX}$ 是 5×5 维, $\boldsymbol{\Sigma}_{YY}$ 是 6×6 维, $\boldsymbol{\Sigma}_{XY}=\boldsymbol{\Sigma}_{YX}^\top$ 是 5×6 维.

有关的特征值问题解的推导

由于对数据做典型相关分析时的软件都使用和特征值问题相关的方法, 下面是针对该方法合理性的数学推导. 下面的推导过程请不要死记硬背, 要弄清楚结论是什么. 后面 6.1.5 节还介绍了许多看似不同的推导过程, 但它们的基本思想没有多少区别, 而且会得出完全一样的结论.

假定矩阵 $\boldsymbol{\Sigma}_{xy}$ 的秩为 k. 相关的特征值问题除了求出最大特征值 (记为 λ_1 个) 及相应的特征向量 (目标记为 $\boldsymbol{a}$, 实际结果为 $\boldsymbol{a}_1$) 之外, 会有另外的 $r-1$ 个特征值解 $(2 \leqslant r \leqslant k)$, 所有这些特征向量称为典型特征向量. 由于尺度不变性, 可以加上下面的约束:

$$\boldsymbol{a}^\top \boldsymbol{\Sigma}_{XX} \boldsymbol{a} = 1, \;\; \boldsymbol{b}^\top \boldsymbol{\Sigma}_{YY} \boldsymbol{b} = 1,$$

以及不同的特征列向量在下面意义下 (加权) 正交:

$$\boldsymbol{a}_i^\top \boldsymbol{\Sigma}_{XX} \boldsymbol{a}_j = 0, \; \boldsymbol{b}_i^\top \boldsymbol{\Sigma}_{XX} \boldsymbol{b}_j = 0 \; (2 < i \neq j \leqslant r \leqslant k),$$

在这种约束下, $\rho(\boldsymbol{a}, \boldsymbol{b}) = \boldsymbol{a}^\top \boldsymbol{\Sigma}_{XY} \boldsymbol{b}$, 我们可以求解

$$(\boldsymbol{a}, \boldsymbol{b}) = \arg\max_{\boldsymbol{a},\boldsymbol{b}} \rho(\boldsymbol{a}, \boldsymbol{b}) = \arg\max_{\boldsymbol{a},\boldsymbol{b}} \boldsymbol{a}^\top \boldsymbol{\Sigma}_{XY} \boldsymbol{b}. \tag{6.1.2}$$

满足这个条件的 $\boldsymbol{a}$ 和 $\boldsymbol{b}$ 为下面 Lagrange 乘数法的解:

$$\phi = \boldsymbol{a}^\top \boldsymbol{\Sigma}_{\boldsymbol{XY}} \boldsymbol{b} - \frac{\lambda}{2}(\boldsymbol{a}^\top \boldsymbol{\Sigma}_{\boldsymbol{XX}} \boldsymbol{a} - 1) - \frac{\nu}{2}(\boldsymbol{b}^\top \boldsymbol{\Sigma}_{\boldsymbol{YY}} \boldsymbol{b} - 1),$$

式中, λ 和 ν 为 Lagrange 乘数. 对 ϕ 求偏导数并令其等于 0:

$$\frac{\partial \phi}{\partial \boldsymbol{a}} = \boldsymbol{\Sigma}_{XY} \boldsymbol{b} - \lambda \boldsymbol{\Sigma}_{XX} \boldsymbol{a} = 0, \tag{6.1.3}$$

$$\frac{\partial \phi}{\partial \boldsymbol{b}} = \boldsymbol{\Sigma}_{XY}^\top \boldsymbol{a} - \nu \boldsymbol{\Sigma}_{YY} \boldsymbol{b} = 0, \tag{6.1.4}$$

上面两式分别左乘 $\boldsymbol{a}^\top$ 和 $\boldsymbol{b}^\top$, 利用条件 $\boldsymbol{a}^\top \boldsymbol{\Sigma}_{XX} \boldsymbol{a} = 1$ 及 $\boldsymbol{b}^\top \boldsymbol{\Sigma}_{YY} \boldsymbol{b} = 1$ 得到 $\lambda = \nu = \boldsymbol{a}^\top \boldsymbol{\Sigma}_{XY} \boldsymbol{b}$. 这时, 式 (6.1.3) 和式 (6.1.4) 可以写成:

$$\begin{bmatrix} -\lambda \boldsymbol{\Sigma}_{XX} & \boldsymbol{\Sigma}_{XY} \\ \boldsymbol{\Sigma}_{YX} & -\lambda \boldsymbol{\Sigma}_{YY} \end{bmatrix} \begin{bmatrix} \boldsymbol{a} \\ \boldsymbol{b} \end{bmatrix} = \boldsymbol{0}, \tag{6.1.5}$$

因为 $\lambda = \mathrm{Cor}(W, Y) > 0$ 是方程 (6.1.5) 的一个解, 因此式 (6.1.5) 左边矩阵的行列式必须等于 0:

$$\begin{vmatrix} -\lambda \boldsymbol{\Sigma}_{XX} & \boldsymbol{\Sigma}_{XY} \\ \boldsymbol{\Sigma}_{YX} & -\lambda \boldsymbol{\Sigma}_{YY} \end{vmatrix} = 0. \tag{6.1.6}$$

此外, 式 (6.1.5) 左边的矩阵可以写成:

$$\begin{bmatrix} -\lambda \boldsymbol{\Sigma}_{XX} & \boldsymbol{\Sigma}_{XY} \\ \boldsymbol{\Sigma}_{YX} & -\lambda \boldsymbol{\Sigma}_{YY} \end{bmatrix} = \begin{bmatrix} \boldsymbol{\Sigma}_{XX} & \boldsymbol{0} \\ \boldsymbol{0} & \boldsymbol{1} \end{bmatrix} \begin{bmatrix} -\lambda \boldsymbol{I} & \boldsymbol{\Sigma}_{XX}^{-1} \boldsymbol{\Sigma}_{XY} \boldsymbol{\Sigma}_{YY}^{-1} \\ \boldsymbol{\Sigma}_{YX} & -\lambda \boldsymbol{I} \end{bmatrix} \begin{bmatrix} \boldsymbol{1} & \boldsymbol{0} \\ \boldsymbol{0} & \boldsymbol{\Sigma}_{YY} \end{bmatrix}.$$

记 $\boldsymbol{A} = \boldsymbol{\Sigma}_{XX}^{-1} \boldsymbol{\Sigma}_{XY} \boldsymbol{\Sigma}_{YY}^{-1} \boldsymbol{\Sigma}_{YX}$, 于是行列式方程 (6.1.6) 成为

$$|\lambda^2 \boldsymbol{I} - \boldsymbol{A}| = 0. \tag{6.1.7}$$

对称地, 如果记 $\boldsymbol{B} = \boldsymbol{\Sigma}_{YY}^{-1} \boldsymbol{\Sigma}_{YX} \boldsymbol{\Sigma}_{XX}^{-1} \boldsymbol{\Sigma}_{XY}$, 有类似的方程

$$|\lambda^2 \boldsymbol{I} - \boldsymbol{B}| = 0. \tag{6.1.8}$$

但是, 必须注意到有约束条件 $\boldsymbol{a}^\top \boldsymbol{\Sigma}_{XX} \boldsymbol{a} = 1$ 及 $\boldsymbol{b}^\top \boldsymbol{\Sigma}_{YY} \boldsymbol{b} = 1$. 做变换 $\boldsymbol{a} = \boldsymbol{\Sigma}_{XX}^{-1/2} \boldsymbol{c}$ 及 $\boldsymbol{b} = \boldsymbol{\Sigma}_{YY}^{-1/2} \boldsymbol{d}$ (关于实对称矩阵的指数幂请参看2.2.1节), 得到新的约束条件

$$\boldsymbol{c}^\top \boldsymbol{c} = \boldsymbol{d}^\top \boldsymbol{d} = 1,$$

满足正交性, 即

$$\boldsymbol{c}_i^\top \boldsymbol{c}_j = 0, \; \boldsymbol{d}_i^\top \boldsymbol{d}_j = 0 \; (2 < i \neq j \leqslant r \leqslant k).$$

这里的 $\boldsymbol{c}$ 和 $\boldsymbol{d}$ 都是单位向量. 这样变换之后, 式 (6.1.6) 变成

$$\begin{vmatrix} -\lambda\boldsymbol{\Sigma}_{XX}\boldsymbol{\Sigma}_{XX}^{-1/2} & \boldsymbol{\Sigma}_{XY}\boldsymbol{\Sigma}_{YY}^{-1/2} \\ \boldsymbol{\Sigma}_{YX}\boldsymbol{\Sigma}_{XX}^{-1/2} & -\lambda\boldsymbol{\Sigma}_{YY}\boldsymbol{\Sigma}_{YY}^{-1/2} \end{vmatrix} = 0. \tag{6.1.9}$$

于是, 类似于 $\boldsymbol{A}$ 和 $\boldsymbol{B}$ 导致式 (6.1.7) 和式 (6.1.8) 的过程, 可以定义 (如前面定义 $\boldsymbol{A}$ 和 $\boldsymbol{B}$):

$$\boldsymbol{N}_1 \equiv \boldsymbol{\Sigma}_{XX}^{-1/2}\boldsymbol{\Sigma}_{XY}\boldsymbol{\Sigma}_{YY}^{-1}\boldsymbol{\Sigma}_{YX}\boldsymbol{\Sigma}_{XX}^{-1/2},$$
$$\boldsymbol{N}_2 \equiv \boldsymbol{\Sigma}_{YY}^{-1/2}\boldsymbol{\Sigma}_{YX}\boldsymbol{\Sigma}_{XX}^{-1}\boldsymbol{\Sigma}_{XY}\boldsymbol{\Sigma}_{YY}^{-1/2};$$

这样就有特征方程

$$|\lambda^2\boldsymbol{I} - \boldsymbol{N}_1| = 0,\ |\lambda^2\boldsymbol{I} - \boldsymbol{N}_2| = 0;$$

问题于是归结为解特征值问题

$$\boldsymbol{N}_1\boldsymbol{c} = \lambda^2\boldsymbol{c},\ \boldsymbol{N}_2\boldsymbol{d} = \lambda^2\boldsymbol{d},$$

而且两个问题各自不同的单位特征向量 ($\boldsymbol{c}$ 或 $\boldsymbol{d}$) 正交. 可以直接解矩阵 $\boldsymbol{N}_1, \boldsymbol{N}_2$ 的特征值问题, 这很容易. 另一种方法是做奇异值分解. 令 $\boldsymbol{K} = \boldsymbol{\Sigma}_{XX}^{-1/2}\boldsymbol{\Sigma}_{XY}\boldsymbol{\Sigma}_{YY}^{-1/2}$, 由于 $\boldsymbol{N}_1 = \boldsymbol{K}\boldsymbol{K}^\top$ ($\boldsymbol{N}_2 = \boldsymbol{K}^\top\boldsymbol{K}$), 根据2.2.2节, 矩阵 $\boldsymbol{K}$ 的奇异值分解为:

$$\boldsymbol{K} = \boldsymbol{U}\boldsymbol{\Lambda}\boldsymbol{V}^\top,$$

$\boldsymbol{U}$ 的列向量为 $\boldsymbol{N}_1$ 的特征向量 $\boldsymbol{c}_1, \boldsymbol{c}_2, \ldots, \boldsymbol{c}_k$, 而 $\boldsymbol{V}$ 的列向量为 $\boldsymbol{N}_2$ 的特征向量 $\boldsymbol{d}_1, \boldsymbol{d}_2, \ldots, \boldsymbol{d}_k$, $\boldsymbol{\Lambda}$ 为对角矩阵, 其对角线元素为 $\lambda_1, \lambda_2, \ldots, \lambda_k$.

原问题式 (6.1.2) 的解向量矩阵于是为 $\boldsymbol{a} = \boldsymbol{\Sigma}_{XX}^{-1/2}\boldsymbol{c}, \boldsymbol{b} = \boldsymbol{\Sigma}_{YY}^{-1/2}\boldsymbol{d}$. 假定 $k = p < q$, 记 $p \times p$ 矩阵 $\boldsymbol{a} = (\boldsymbol{a}_1, \boldsymbol{a}_2, \ldots, \boldsymbol{a}_k)$ 以及 $q \times p$ 矩阵 $\boldsymbol{b} = (\boldsymbol{b}_1, \boldsymbol{b}_2, \ldots, \boldsymbol{b}_k)$(注意, 只有 k 个非零特征值). 对于 $i = 1, 2, \ldots, k$, 向量 $\boldsymbol{a}_i, \boldsymbol{b}_i$ 分别称为变量 $\boldsymbol{X}$ 和 $\boldsymbol{Y}$ 的**第 i 个典型相关向量**; 变量 $\boldsymbol{a}_i^\top\boldsymbol{X}$ 和 $\boldsymbol{b}_i^\top\boldsymbol{Y}$ 称为**第 i 个典型相关变量**, 也可称为X **记分**和Y **记分** (score); λ_i 称为**第 i 个典型相关系数**.

有关的特征值问题解的计算

注意软件输出的符号: 在多数软件输出的代码符号中, 是用 X 而不是我们前面所用的 V 来代表与 $\boldsymbol{X}$ 变量相联系的典型变量, 用 Y 而不是我们前面所用的 W 来代表与 $\boldsymbol{Y}$ 变量相联系的典型变量.

对于例 6.1 橄榄油数据, 求前面公式中的 $\boldsymbol{\Sigma}$, $\boldsymbol{\Sigma}_{YY}$, $\boldsymbol{\Sigma}_{XY}$, $\boldsymbol{\Sigma}_{YX}$, $\boldsymbol{\Sigma}_{XX}^{-1/2}$, $\boldsymbol{\Sigma}_{YY}^{-1/2}$ 以及 $\boldsymbol{K}$, 并且对 $\boldsymbol{K}$ 做奇异值分解得到典型相关向量 (即典型相关变量的系数) 矩阵 $\boldsymbol{a}, \boldsymbol{b}$ 及典型相关系数 λ_i 的 R 计算代码为:

```
w=read.csv("oliveoil.csv")
S=cor(w)
Sxx=S[1:5,1:5];Syy=S[6:11,6:11]
Sxy=S[1:5,6:11];Syx=t(Sxy)
"%^%" <- function(x, n)
  with(eigen(x), vectors %*% (values^n * t(vectors)))
Sxx12=Sxx%^%(-1/2)
Syy12=Syy%^%(-1/2)
```

```
K=Sxx12%*%Sxy%*%Syy12
svd.k=svd(K)
c=svd.k$u;d=svd.k$v;lambda=svd.k$d
a=Sxx12%*%c;b=Syy12%*%d
print(list(xcoef=a,ycoef=b, cor=lambda))
```

得到典型相关矩阵 $\boldsymbol{a}$ (`$xcoef`)、$\boldsymbol{b}$ (`$ycoef`) 及典型相关系数 (`$cor`):

```
$xcoef
            [,1]       [,2]       [,3]       [,4]       [,5]
[1,]  0.40422238  1.2062037  0.3233250  1.4151168  0.2696271
[2,]  0.23004392  0.2914776 -0.8815697 -0.4727886  1.8081386
[3,]  1.07359187  1.5212306  0.4148186  1.2822569 -2.2022848
[4,] -0.05856915 -1.9739419  0.3809729 -0.9721128  0.5958676
[5,] -0.89532037 -1.4242593 -0.7713769 -0.3412694 -0.1440288

$ycoef
            [,1]       [,2]       [,3]       [,4]       [,5]
[1,] -4.80823821 -7.5691575 -5.9136126 -1.9686540  1.1970795
[2,] -4.16218282 -8.0906438 -5.0134632 -1.4478035  0.8366659
[3,]  0.51861972 -1.4950580  0.3315819 -1.1868987  0.3585611
[4,]  0.22875263 -0.9121876  2.9026630 -1.0259242  3.7252937
[5,] -0.04323115  1.5784883 -2.3258187  0.8384109 -3.6881515
[6,] -0.20249924  1.3325465 -1.3210546  0.5505988  0.3559670

$cor
[1] 0.9764811 0.8397163 0.8231290 0.5730970 0.2858563
```

这里的 5 个典型相关系数分别为 0.9765、0.8397、0.8231、0.5731、0.2859, 而 $\boldsymbol{X}$ 和 $\boldsymbol{Y}$ 之间的两两相关系数最大的只有 0.7774 (代码 `max(abs(Sxy))`). 这说明了典型相关分析的基本含义.

注意

对于例 6.1 橄榄油数据, 由于我们用 R 函数 `cor`, 这等同于先用 `scale` 函数把变量标准化了, 再用函数 `cov`, 得到的系数也称为标准化典型系数 (standardized canonical coefficients). 如果我们不对数据标准化, 而且用 R 函数 `cov`, 而不是 `cor`, 那么得到的就是一般的典型相关系数. 这种系数由于量纲不同而变化较大 (标准差很不同), 但只要非标准化典型系数矩阵的列乘以相应变量的标准差, 这种系数就可以转换成标准化典型系数; 反之, 如果标准化系数矩阵的列除以相应变量的标准差, 这种系数就可以转换成非标准化典型系数. 当然, 非标准化典型系数大小的意义不大.

对于 $i=1,2,\ldots,k$, $\boldsymbol{a}_i^\top\boldsymbol{X}$ 和 $\boldsymbol{b}_i^\top\boldsymbol{Y}$ 称为第 i 个典型相关变量, 它们也称为记分 (score). 它们形成两个 $n\times k$ 矩阵, 即 $\boldsymbol{X}\boldsymbol{a}$ 和 $\boldsymbol{Y}\boldsymbol{b}$. 对于例 6.1 橄榄油数据, 这是两个 16×5 矩阵. 计算两个记分矩阵的代码为:

```
X=scale(w[,1:5]);Y=scale(w[,6:11])
X.score=X%*%a; Y.score=Y%*%b
```

载荷

各个原始变量和典型相关变量之间的相关系数称为**典型载荷** (canonical loading), 也就是对记分 $\boldsymbol{Xa}$ 和 $\boldsymbol{Yb}$ 与原始变量 $\boldsymbol{X}$ 和 $\boldsymbol{Y}$ 两两做相关, 一共得到 4 个相关矩阵. 对例 6.1 橄榄油数据的载荷计算代码如下:

```
corr.X.x=cor(X,X.score); corr.Y.x=cor(Y,X.score)
corr.X.y=cor(X,Y.score); corr.Y.y=cor(Y,Y.score)
print(list(corr.X.x=corr.X.x,corr.Y.x=corr.Y.x,
corr.X.y=corr.X.y,corr.Y.y=corr.Y.y))
```

得到 corr.X.x ($\boldsymbol{X}$ 和 $\boldsymbol{Xa}$ 相关阵)、corr.Y.x ($\boldsymbol{Y}$ 和 $\boldsymbol{Xa}$ 相关阵)、corr.X.y ($\boldsymbol{X}$ 和 $\boldsymbol{Yb}$ 相关阵)、corr.Y.y ($\boldsymbol{Y}$ 和 $\boldsymbol{Yb}$ 相关阵):

```
$corr.X.x
                [,1]       [,2]       [,3]        [,4]       [,5]
Acidity   0.02815200 -0.3174072  0.1012506 0.883538243  0.3279766
Peroxide  0.71917203 -0.1081867 -0.6683947 0.009837019  0.1556889
K232      0.79678169 -0.2600853 -0.4635335 0.147059513 -0.2469915
K270      0.74670584 -0.5966497  0.1027786 0.249583283  0.1165516
DK       -0.01283871 -0.4439427 -0.6885779 0.561444723 -0.1157168

$corr.Y.x
             [,1]        [,2]        [,3]       [,4]        [,5]
yellow -0.5392768  0.29315313 -0.02304563 -0.4108508 -0.03592752
green   0.4312430 -0.34135525  0.02807317  0.4263194  0.03949126
brown   0.7911537 -0.08004001 -0.29626072 -0.2530374  0.02732249
glossy -0.5346421  0.18992806  0.39512267 -0.2300659  0.01229651
transp -0.4782324  0.20384845  0.32937189 -0.2796669 -0.05197383
syrup   0.6432597  0.02151368 -0.41253091  0.1445997  0.13633609

$corr.X.y
                [,1]        [,2]        [,3]        [,4]        [,5]
Acidity   0.02748989 -0.26653198  0.08334232 0.506353079  0.09375418
Peroxide  0.70225787 -0.09084613 -0.55017501 0.005637566  0.04450466
K232      0.77804223 -0.21839784 -0.38154785 0.084279360 -0.07060407
K270      0.72914411 -0.50101650  0.08460002 0.143035420  0.03331702
DK       -0.01253676 -0.37278592 -0.56678841 0.321762263 -0.03307837

$corr.Y.y
             [,1]        [,2]        [,3]       [,4]        [,5]
```

```
yellow -0.5522655  0.34910971 -0.02799760 -0.7168958 -0.12568383
green   0.4416296 -0.40651257  0.03410543  0.7438870  0.13815073
brown   0.8102090 -0.09531791 -0.35992017 -0.4415263  0.09558122
glossy -0.5475192  0.22618121  0.48002522 -0.4014432  0.04301642
transp -0.4897508  0.24275871  0.40014616 -0.4879922 -0.18181802
syrup   0.6587529  0.02562017 -0.50117409  0.2523128  0.47693925
```

从这些输出中可以看出: 在 X 变量中, 与第一个 X.score 最相关的就是 X.score 主要代表的 Peroxide、K232、K270; 在 Y 变量中, 与第一个 Y.score 最相关的是 brown (仅有的一个), 而其他变量之间的相关程度都不太大. 如果不做典型相关分析, 单凭变量之间的两两相关矩阵是不大容易得到这个结论的, 这体现了典型相关分析的重要意义.

6.1.3 典型变量的选择

崖底碎石图

通过解特征值问题可以得到 k ($\leqslant \min p, q$) 对典型变量, 它们都是隐变量. 但是, 和因子分析中的因子类似, 这些典型变量并不一定都显著. 对于到底哪些显著这个问题, 可以用不同的方式展示, 首先可以利用前面得到的 lambda 来画崖底碎石图 (见图 6.1.3). 从崖底碎石图来看, 前三个特征值之后才下降, 似乎降维并不明显. 生成图 6.1.3 的代码为:

```
plot(lambda,type = "o",main="Scree Plot")
```

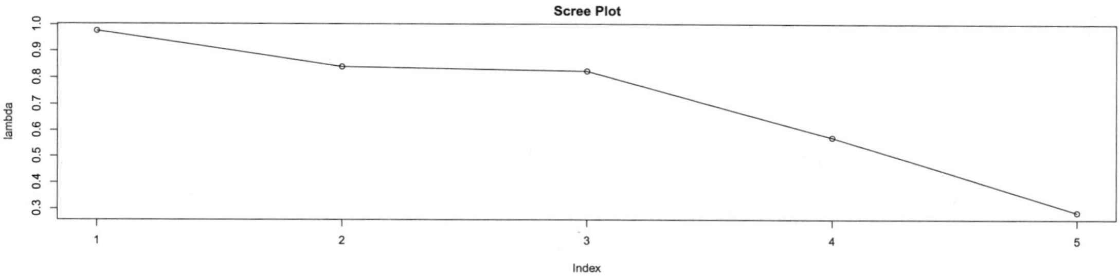

图 6.1.3 例 6.1 橄榄油数据崖底碎石图

直观上, 还可以用典型相关变量对的记分散点图来确定. 图 6.1.4 就是对例 6.1 橄榄油数据前 4 对记分的散点图, 可以看出, 第二对及第三对变量之间的相关性虽不如第一对那么强, 但似乎差别不太大, 一直到第四对才开始下降, 这和崖底碎石图是一致的 (因为基于同样的相关机制). 产生图 6.1.4 的代码为:

```
par(mfrow=c(2,2))
for(i in 1:4){
  plot(X.score[,i],Y.score[,i],pch=17,cex=1.5,col=4,
    ylim=range(Y.score),xlim=range(X.score),
    xlab=paste("X.score #", i),ylab=paste("Y.score #", i))
    car::dataEllipse(X.score[,i],Y.score[,i],add = T,lwd=1,grid=F)}
```

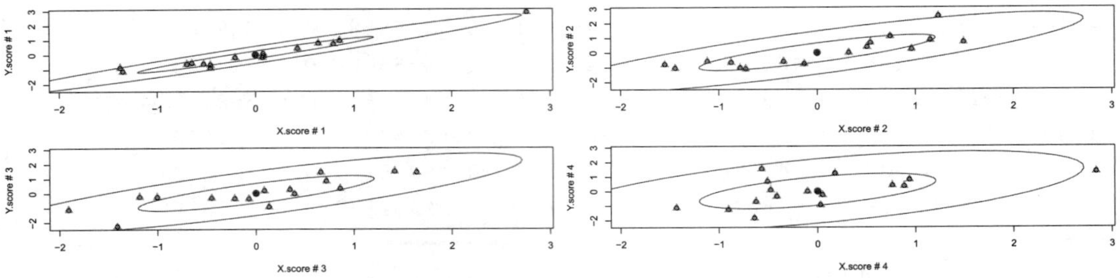

图 6.1.4 例 6.1 橄榄油数据前 4 对典型相关变量记分散点图

假设检验

除了直观的描述之外, 还可以用形式上的检验. 这些检验之一是关于典型相关的 Wilks Λ 检验 (Wilk's Lambda test).

典型相关系数为 $\lambda_1, \lambda_2, \ldots, \lambda_k$, Wilks Λ 检验: $H_0: \lambda_j = \cdots = \lambda_k = 0$. 这是对第 j 个到第 k 个相关系数是否集体显著的检验. Wilks Λ 检验统计量为:

$$\Lambda_j = \prod_{\ell=j}^{k}(1+\lambda_\ell)^{-1}, \ \ j = 1, 2, \ldots, k.$$

关于 Wilks Λ 检验统计量的分布有两种近似, 都需要原始数据变量的正态分布假定或者大样本 (样本量 n 被认为很大时) 假定. 一个统计量为:

$$X^2 = -\ln(\Lambda_j)(n-(p+q+3)/2), \ \ j = 1, 2, \ldots, k,$$

它在正态分布和大样本的假定下有近似的 χ^2 分布, 自由度为 $(p-j+1)(q-j+1)$. 另一个统计量为:

$$F_j = \frac{1-\Lambda_j^{1/s_j}}{\Lambda^{1/s_j}}\frac{df_{2j}}{df_{1j}},$$

它在正态分布和大样本的假定下有近似的 F 分布, 自由度为 df_{1j}, df_{2j}. 上式中,

$$df_{1j} = u_j v_j, \ \ df_{2j} = ks_j - \frac{u_j v_j}{2} + 1, \ \ s_j = \sqrt{\frac{u_j^2 v_j^2 - 4}{u_j^2 + v_j^2 - 5}},$$

式中, $u_j = p - j + 1, v_j = q - j + 1$.

除了 Wilks Λ 检验之外, 还有下面一些类似的检验:

- Pillai-Bartlett 迹检验 (Pillai-Bartlett trace test): $\Lambda_{\text{Pillai}} = \sum_{\ell=1}^{k}(\lambda_\ell/(1+\lambda_\ell))$.
- Lawley-Hotelling 迹检验 (Lawley-Hotelling trace test): $\Lambda_{\text{LH}} = \sum_{\ell=1}^{k}(\lambda_\ell)$.
- Roy 最大根检验 (Roy's greatest root test): $\Lambda_{\text{Roy}} = \max_\ell(\lambda_\ell)$.

对于例 6.1 橄榄油数据, 我们使用程序包 `CCP`[3]做这些检验. 注意, 除了做 Roy 最大根检验, 软件还输出几个 p 值, 第一个包含所有的典型相关系数 $(\lambda_1, \lambda_2, \ldots)$, 而第二个则没有 λ_1, 只有 $\lambda_2, \lambda_3, \ldots$, 第三个则没有 λ_1, λ_2, 如此下去便可知道哪些典型变量是重要的. 这里的检验使用程序包 `CCP` 中的 `p.asym` 函数和 `plt.asym` 函数. 下面是针对例 6.1 橄榄油数据的检验和生成图 6.1.5 的代码 (图标题中的 `rho` 即为我们的 λ). 还可得到各种输出 (请自行打

[3]Menzel, U. (2022). CCP: Significance Tests for Canonical Correlation Analysis (CCA). `doi:10.32614/CRAN.package.CCP`. `https://doi.org/10.32614/CRAN.package.CCP`. R package version 1.2, `https://CRAN.R-project.org/package=CCP`.

印, 这里不显示).

```
library(CCP)
stats=c("Wilks","Hotelling","Pillai","Roy")
ctest=function(lambda=lambda,stat=stat){
  res=p.asym(lambda, 16, 5, 6, tstat = stat)
  print(res)
  if (stat!="Roy")
    for(i in 1:2)
      plt.asym(res,rhostart=i)
}

par(mfrow=c(3,2))
for(i in 1:4)
  ctest(lambda=lambda,stats[i])
```

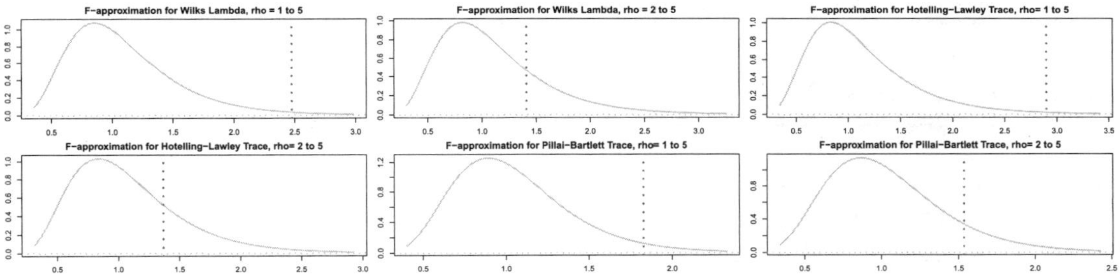

图 6.1.5 例 6.1 橄榄油数据的 Wilks、Hotelling、Pillai 检验分布图

从这些检验的结果可以看出, 第一对典型相关变量是显著的, 剩下的远没有那么显著. **这三个检验结果是一致的, 与我们从崖底碎石图 (见图 6.1.3) 及成对变量图 (见图 6.1.4) 所得到的印象不大一样.**

6.1.4 实例计算: 例 4.1 教师数据

典型相关分析的过程和直接使用 R 程序包的代码

这里, 我们还是用例 4.1 教师数据来计算. 该数据的变量为: FICE (联邦 ID 代码)、College (学校名称)、State (州)、Type (类型: I、IIA 或 IIB)、ASF (正教授平均工资)、ASA1 (副教授平均工资)、ASA2 (助理教授平均工资)、ASALL (所有级别平均工资)、ACF (正教授平均补贴)、ACA1 (副教授平均补贴)、ACA2 (助理教授平均补贴)、ACALL (所有级别平均补贴)、NF (正教授数目)、NA1 (副教授数目)、NA2 (助理教授数目)、NIN (助教人数)、NALL (所有级别教授数目). 其中, 除了前 4 个变量之外, 其余 13 个变量中有 8 个以字母 “A” 开头的变量是关于收入的, 而后面 5 个以字母 “N” 开头的变量是关于人数的.

在我们的分析中, 用关于收入的 8 个变量形成第一组, 命名为 X, 而用关于人数的 5 个变量形成第二组, 命名为 Y. 读入数据, 并绘出各个变量之间显示相关系数的散点图 (见图6.1.6). 具体 R 代码为:

```
w=read.csv("full.aaup.csv")
X=w[,5:12];Y=w[,13:17]
library(GGally)
ggpairs(w[,-c(1:4)])
```

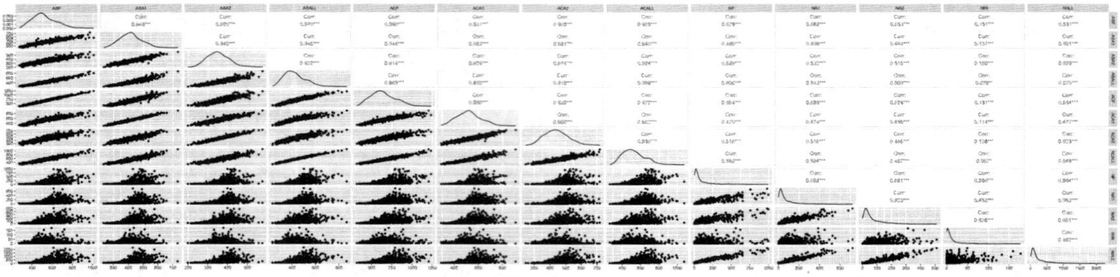

图 6.1.6 例 4.1 教师数据变量间的相关系数散点图

图 6.1.6 所包含的信息也可以用 R 的基本函数代码得到:

```
pairs(w[,-(1:4)])#不显示图
round(cor(w[,-(1:4)]), 2)
```

输出为:

```
        ASF  ASA1 ASA2 ASALL  ACF  ACA1 ACA2 ACALL   NF   NA1  NA2   NIN  NALL
ASF    1.00 0.95 0.92  0.97 0.99 0.93 0.90  0.96 0.58 0.56 0.55 0.15 0.58
ASA1   0.95 1.00 0.94  0.94 0.94 0.98 0.93  0.94 0.49 0.50 0.48 0.14 0.50
ASA2   0.92 0.94 1.00  0.93 0.91 0.93 0.97  0.92 0.53 0.53 0.51 0.15 0.54
ASALL  0.97 0.94 0.93  1.00 0.96 0.93 0.92  0.99 0.61 0.54 0.51 0.08 0.57
ACF    0.99 0.94 0.91  0.96 1.00 0.95 0.92  0.97 0.55 0.54 0.52 0.13 0.55
ACA1   0.93 0.98 0.93  0.93 0.95 1.00 0.95  0.95 0.47 0.47 0.46 0.11 0.48
ACA2   0.90 0.93 0.97  0.92 0.92 0.95 1.00  0.94 0.52 0.52 0.50 0.14 0.52
ACALL  0.96 0.94 0.92  0.99 0.97 0.95 0.94  1.00 0.58 0.52 0.49 0.07 0.55
NF     0.58 0.49 0.53  0.61 0.55 0.47 0.52  0.58 1.00 0.89 0.86 0.36 0.96
NA1    0.56 0.50 0.53  0.54 0.54 0.47 0.52  0.52 0.89 1.00 0.92 0.45 0.96
NA2    0.55 0.48 0.51  0.51 0.52 0.46 0.50  0.49 0.86 0.92 1.00 0.54 0.95
NIN    0.15 0.14 0.15  0.08 0.13 0.11 0.14  0.07 0.36 0.45 0.54 1.00 0.48
NALL   0.58 0.50 0.54  0.57 0.55 0.48 0.52  0.55 0.96 0.96 0.95 0.48 1.00
```

可以看出, `X` 和 `Y` 各自变量的相关系数较高, 但 `X` 和 `Y` 之间的各个变量的相关系数都不高 (特别是助理教授人数 NIN 与各个 `X` 中变量的相关系数最大才为 0.15).

我们下面用程序包 `candisc`[4]中的 `cancor()` 函数做典型相关分析 (基础包 `stats` 也有同名的 `cancor()` 函数):

[4]Friendly, M., Fox, J. (2024). candisc: Visualizing Generalized Canonical Discriminant and Canonical Correlation Analysis. R package version 0.9.0, `https://CRAN.R-project.org/package=heplots`. Friendly, M. (2007). HE plots for multivariate general linear models." *Journal of Computational and Graphical Statistics*, 16(2), 421-444. `doi:10.1198/106186007X208407`. `https://doi.org/10.1198/106186007X208407`.

```
library(candisc)
ccxy <- candisc::cancor(X, Y, set.names=c("X", "Y"))
ccxy
```

首先得到两个表格, 其中一个是 Wilks Λ 检验:

```
Test of H0: The canonical correlations in the
current row and all that follow are zero

     CanR  WilksL       F df1    df2  p.value
1 0.78056 0.23178 49.8793  40 5006.8 0.000000
2 0.61359 0.59321 23.0663  28 4144.2 0.000000
3 0.15896 0.95141  3.2111  18 3253.2 0.000005
4 0.13848 0.97607  2.8044  10 2302.0 0.001857
5 0.06960 0.99516  1.4017   4 1152.0 0.231236
```

输出的第一列 CanR 是典型相关系数, 前两个典型相关系数为 0.78056 和 0.61359, 而原先不同变量组两两变量最大的相关系数才为 0.61. 因此, 典型相关分析还是比较有效的. 这些相关系数是 Wilks Λ 检验统计量的基础.

在 Wilks Λ 检验 (利用 F 分布的近似) 的输出中, 第一行显著意味着 5 个相关系数不都为零, 第二行显著意味着第 2 到第 5 个相关系数不都为零, 第三行显著意味着第 3 到第 5 个相关系数不都为零, 如此下去, 第五行不显著意味着第 5 个相关系数可能为零. 当然, 很难说清楚 p 值等于多少算显著, 因为检验的正态性及大样本的条件都无法验证. 至少前两个相关系数看起来不应该为零.

下面用代码 ccxy$coef 输出典型系数, 它描述了典型变量和原始变量的关系:

```
> ccxy$coef
$X
             Xcan1        Xcan2        Xcan3       Xcan4       Xcan5
ASF    0.016963852 -0.040067168  0.007297465 -0.11470545 -0.02401978
ASA1   0.025901456 -0.006295195 -0.014253894 -0.04787580 -0.04910495
ASA2   0.028768407  0.002510302 -0.107072276 -0.12205171  0.03424754
ASALL -0.072916653  0.030961194  0.117418253  0.29975319  0.03426430
ACF   -0.002550845  0.014985051  0.004173380  0.08806083  0.03635531
ACA1  -0.007620937  0.011870568 -0.001097879  0.06565083  0.03563339
ACA2  -0.015154427 -0.016994619  0.079665939  0.08684778 -0.05039470
ACALL  0.025373305 -0.005705357 -0.097659915 -0.24902536 -0.03259419

$Y
           Ycan1        Ycan2        Ycan3       Ycan4       Ycan5
NF  -0.027192753  0.015395283  0.005369037  0.04220860 -0.01350677
NA1 -0.010254915  0.008026918 -0.031742233  0.03793421 -0.02752996
NA2 -0.005381446 -0.003136049  0.009393578  0.06567833  0.01513126
```

```
NIN    0.003907590  0.009239250  0.029536323  0.02838972 -0.06000367
NALL   0.014290459 -0.011278153  0.003483731 -0.04434300  0.01137371
```

注意, 很多人会对这些系数做如下解释: 对于第二部分 `$Y`, 在 "其他变量不变" 时, 变量 `NALL` 增加一个单位会导致第一个典型变量 (`Ycan`) 增加 0.01429. 这种解释仅仅在这些变量都不相关时才有意义, 在本例中, 尤其是同组变量之间的各个变量大都非常相关, 不可能出现一个变量改变而 "其他变量不变" 的情况, 这种解释毫无意义. 在对回归系数的解释中, 人们也往往犯同样的错误.

上面输出的系数 (`$coef`) 不是原始变量和典型变量的相关系数, 相关系数为**典型载荷** (canonical loading), 可以用 `ccxy$structure` 得到. 这是两个典型变量记分 (score) 和各个变量之间的相关系数, 一共有四组:

```
> ccxy$structure
$X.xscores
           Xcan1      Xcan2      Xcan3     Xcan4       Xcan5
ASF   -0.4544346 -0.7886903 -0.3218030 0.1638125  0.14373111
ASA1  -0.3637877 -0.6993803 -0.4786783 0.3143550 -0.03274614
ASA2  -0.3959974 -0.7454075 -0.4778059 0.1696141 -0.15077754
ASALL -0.6166055 -0.6557395 -0.3755615 0.1763660  0.04163205
ACF   -0.4487152 -0.7431428 -0.4021356 0.1669924  0.16001081
ACA1  -0.3685637 -0.6518970 -0.5496345 0.2891407 -0.02409015
ACA2  -0.4041268 -0.7091942 -0.4951086 0.1657195 -0.20137943
ACALL -0.5990892 -0.6258006 -0.4439802 0.1535103  0.03304767

$Y.xscores
          Xcan1      Xcan2        Xcan3        Xcan4        Xcan5
NF   -0.5294912 -0.4369932  0.013260070 -0.009432029 -0.010091534
NA1  -0.2967652 -0.5303820 -0.033275059  0.002200141 -0.017634057
NA2  -0.2087843 -0.5816665  0.011413201  0.020126856 -0.004125484
NIN   0.1833883 -0.3333179  0.072379740  0.011119991 -0.045950518
NALL -0.3654652 -0.5309606  0.004423195 -0.006130446 -0.011899622

$X.yscores
           Ycan1      Ycan2       Ycan3      Ycan4        Ycan5
ASF   -0.3547135 -0.4839301 -0.05115449 0.02268452  0.010003023
ASA1  -0.2839582 -0.4291306 -0.07609173 0.04353143 -0.002278980
ASA2  -0.3090998 -0.4573723 -0.07595305 0.02348791 -0.010493423
ASALL -0.4812976 -0.4023532 -0.05970005 0.02442291  0.002897399
ACF   -0.3502492 -0.4559827 -0.06392434 0.02312487  0.011136016
ACA1  -0.2876861 -0.3999955 -0.08737107 0.04003978 -0.001676564
ACA2  -0.3154453 -0.4351523 -0.07870353 0.02294860 -0.014015081
ACALL -0.4676252 -0.3839831 -0.07057604 0.02125788  0.002299966
```

```
$Y.yscores
          Ycan1      Ycan2       Ycan3       Ycan4       Ycan5
NF   -0.6783478 -0.7121944  0.08341653 -0.06811185 -0.14500290
NA1  -0.3801952 -0.8643958 -0.20932694  0.01588795 -0.25337965
NA2  -0.2674801 -0.9479773  0.07179823  0.14534278 -0.05927811
NIN   0.2349445 -0.5432285  0.45532690  0.08030119 -0.66025227
NALL -0.4682089 -0.8653388  0.02782546 -0.04427001 -0.17098289
```

前面三组典型变量在其他组中是最相关的. 从数字上看不如从图形上看直观, 图6.1.7显示了观测值在前三组典型变量中的记分的点图. 图6.1.7显示第三组记分基本上不相关.

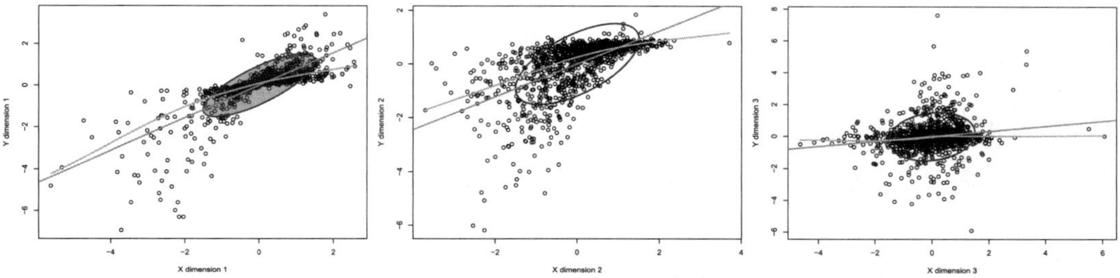

图 6.1.7 例 4.1 教师数据的观测值相应于前三组典型变量的记分图

图 6.1.7 是用下面代码产生的:

```
par(mfrow=c(1,3))
plot(ccxy, smooth=TRUE, id.n=3, ellipse.args=list(fill=TRUE))
plot(ccxy, which=2, smooth=TRUE)
plot(ccxy, which=3, smooth=TRUE)
par(mfrow=c(1,1))
```

图 6.1.7 中的观测值记分事实上可以用代码 `scores(ccxy,type='both')` 得到, 它是由两部分组成的 `list`, 如果令 `SC=scores(ccxy,type='both')`, 那么可以使用下面代码生成图 6.1.7 的左图:

```
plot(SC$X[,1],SC$Y[,1])
```

可以使用以下代码生成图 6.1.7 的中图:

```
plot(SC$X[,2],SC$Y[,2])
```

图 6.1.7 中的直线和曲线分别是两个变量之间的线性及非参数 (loess) 回归拟合线.

通过下面代码还可以在第一、二个典型变量坐标中显示前面输出中四组相关的情况 (见图 6.1.8).

```
par(mfrow=c(2,2))
for(i in 1:4){
  t=ccxy$structure[[i]];rg=range(t)+c(-.1,.1)
```

```
  plot(t[,1:2],type="n",xlim=rg,ylim=rg)
  text(t[,1:2],rownames(t))
  arrows(0,0,t[,1],t[,2],col=4,angle = 5)
  abline(h=0,lty=2);abline(v=0,lty=2)
}
```

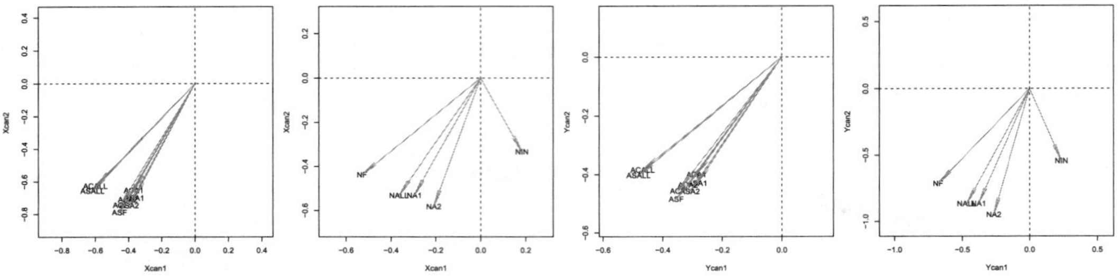

图 6.1.8　例 4.1 教师数据在第一、二个典型变量坐标中显示四组相关的情况

6.1.5 典型相关分析的不同角度推导 *

不同的作者对典型相关分析的出发点和方法的看法不大一样, 当然它们最终都涉及共同的特征值问题. 其实, 这些推导的思路都差不多, 但由于使用的数学语言不一样, 利用的现成结果的比例也不一样, 看上去大相径庭. 下面列举一些不同推导途径, 相信读者可以看出来它们实际上异曲同工.

完全利用特征值问题的性质

6.1.2节求极值的问题式 (6.1.2) 等价于 $\max_{\boldsymbol{a},\boldsymbol{b}}(\boldsymbol{a}^\top\boldsymbol{\Sigma}_{XY}\boldsymbol{b})^2$. 首先, 固定 $\boldsymbol{a}$, 关于 $\boldsymbol{b}$ 求最大值, 即在 $\boldsymbol{b}^\top\boldsymbol{\Sigma}_{YY}\boldsymbol{b}=1$ 的约束下, 解

$$\max_{\boldsymbol{b}}(\boldsymbol{a}^\top\boldsymbol{\Sigma}_{XY}\boldsymbol{b})^2=\max_{\boldsymbol{b}}\boldsymbol{b}^\top\boldsymbol{\Sigma}_{YX}\boldsymbol{a}\boldsymbol{a}^\top\boldsymbol{\Sigma}_{XY}\boldsymbol{b},$$

这是在 $\boldsymbol{b}^\top\boldsymbol{\Sigma}_{YY}\boldsymbol{b}=1$ 约束下的矩阵 $\boldsymbol{\Sigma}_{YX}\boldsymbol{a}\boldsymbol{a}^\top\boldsymbol{\Sigma}_{XY}$ 的广义特征值问题, 该特征值问题等价于矩阵 $\boldsymbol{\Sigma}_{YY}^{-1}\boldsymbol{\Sigma}_{YX}\boldsymbol{a}\boldsymbol{a}^\top\boldsymbol{\Sigma}_{XY}$ 的特征值问题. 根据 2.1.12 节中特征值的性质, 该特征值等于

$$\boldsymbol{a}^\top\boldsymbol{\Sigma}_{XY}\boldsymbol{\Sigma}_{YY}^{-1}\boldsymbol{\Sigma}_{YX}\boldsymbol{a}. \tag{6.1.10}$$

下面, 关于 $\boldsymbol{a}$ 求式 (6.1.10) 的最大值, 约束还是式 (6.1.2) 中的约束, 令 $\boldsymbol{c}=\boldsymbol{\Sigma}_{XX}\boldsymbol{a},\boldsymbol{d}=\boldsymbol{\Sigma}_{YY}\boldsymbol{b}$, 这样, 上述问题就成为在约束条件 $\boldsymbol{c}^\top\boldsymbol{c}=1$ 及 $\boldsymbol{c}_i^\top\boldsymbol{c}=1$ $(2\leqslant r\leqslant k)$ 下, 解

$$\max_{\boldsymbol{a}}\boldsymbol{a}^\top\boldsymbol{\Sigma}_{XY}\boldsymbol{\Sigma}_{YY}^{-1}\boldsymbol{\Sigma}_{YX}\boldsymbol{a}=\max_{\boldsymbol{c}}\boldsymbol{c}^\top\boldsymbol{\Sigma}_{XX}^{-1/2}\boldsymbol{\Sigma}_{XY}\boldsymbol{\Sigma}_{YY}^{-1}\boldsymbol{\Sigma}_{YX}\boldsymbol{\Sigma}_{11}^{-1/2}\boldsymbol{c}=\max_{\boldsymbol{c}}\boldsymbol{c}^\top\boldsymbol{N}_1\boldsymbol{c}, \tag{6.1.11}$$

这里和6.1.2节一样, 定义

$$\boldsymbol{N}_1\equiv\boldsymbol{\Sigma}_{XX}^{-1/2}\boldsymbol{\Sigma}_{XY}\boldsymbol{\Sigma}_{YY}^{-1}\boldsymbol{\Sigma}_{YX}\boldsymbol{\Sigma}_{XX}^{-1/2},$$

对称地, 也定义

$$\boldsymbol{N}_2\equiv\boldsymbol{\Sigma}_{YY}^{-1/2}\boldsymbol{\Sigma}_{YX}\boldsymbol{\Sigma}_{XX}^{-1}\boldsymbol{\Sigma}_{XY}\boldsymbol{\Sigma}_{YY}^{-1/2}.$$

根据 2.3 节, 问题式 (6.1.11) 的最大值为 $\boldsymbol{N}_1$ 的最大特征值, 记为 λ_1^2 (因为这是原来问题的平方), 而解 $\boldsymbol{c}$ 为相应于最大特征值的特征向量 $\boldsymbol{c}=\boldsymbol{c}_1$ (注意, $\boldsymbol{c}_1^\top\boldsymbol{N}_1\boldsymbol{c}_1=\boldsymbol{c}_1^\top\lambda_1\boldsymbol{c}_1=$

$\lambda_1 \boldsymbol{c}_1^\top \boldsymbol{c} = \lambda_1$). 对称地, 问题式 (6.1.11) 的最大值也是 $\boldsymbol{N}_2$ 的最大特征值, 即 λ_1^2, 而解 $\boldsymbol{d}$ 为相应于最大特征值的特征向量 $\boldsymbol{d} = \boldsymbol{d}_1$.

关于上面特征值问题的解和 6.1.2 节完全相同.

利用 Cauchy-Schwarz 不等式

6.1.2节给出的问题的解可以从不同的角度得到. 比如, 做变换[5]

$$\boldsymbol{c} = \boldsymbol{\Sigma}_{XX}^{1/2}\boldsymbol{a}, \ \ \boldsymbol{d} = \boldsymbol{\Sigma}_{YY}^{1/2}\boldsymbol{b},$$

于是, 相关系数为:

$$\rho(\boldsymbol{c}, \boldsymbol{d}) = \frac{\boldsymbol{c}^\top \boldsymbol{\Sigma}_{XX}^{-1/2}\boldsymbol{\Sigma}_{XY}\boldsymbol{\Sigma}_{YY}^{-1/2}\boldsymbol{d}}{\sqrt{\boldsymbol{c}^\top\boldsymbol{c}}\sqrt{\boldsymbol{d}^\top\boldsymbol{d}}}.$$

根据 Cauchy-Schwarz 不等式[6], 有

$$\boldsymbol{c}^\top \boldsymbol{\Sigma}_{XX}^{-1/2}\boldsymbol{\Sigma}_{XY}\boldsymbol{\Sigma}_{YY}^{-1/2}\boldsymbol{d} \leqslant (\boldsymbol{c}^\top \boldsymbol{\Sigma}_{XX}^{-1/2}\boldsymbol{\Sigma}_{XY}\boldsymbol{\Sigma}_{YY}^{-1}\boldsymbol{\Sigma}_{YX}\boldsymbol{\Sigma}_{XX}^{-1/2}\boldsymbol{c})^{1/2}(\boldsymbol{d}^\top\boldsymbol{d})^{1/2},$$

这样, 使其相关系数最大的问题归结到二次型的极大值所关联的对称矩阵

$$\boldsymbol{\Sigma}_{XX}^{-1/2}\boldsymbol{\Sigma}_{XY}\boldsymbol{\Sigma}_{YY}^{-1}\boldsymbol{\Sigma}_{YX}\boldsymbol{\Sigma}_{XX}^{-1/2} \tag{6.1.12}$$

的特征值问题. 记该矩阵的非零特征值为 $\lambda_1^2 \geqslant \lambda_2^2 \geqslant \cdots \geqslant \lambda_k^2$ ($k \leqslant \min(p, q)$ (这些特征值和前面6.1.2节相同), 而相应的单位特征向量为 $\boldsymbol{c}_1, \boldsymbol{c}_2, \ldots, \boldsymbol{c}_k$ (这里 $\boldsymbol{c}_i^\top\boldsymbol{c}_i = 1$). 最大特征值的平方根 λ_1 为所求的最大相关系数. 这些特征值等于矩阵

$$\boldsymbol{\Sigma}_{YY}^{-1/2}\boldsymbol{\Sigma}_{YX}\boldsymbol{\Sigma}_{XX}^{-1}\boldsymbol{\Sigma}_{XY}\boldsymbol{\Sigma}_{YY}^{-1/2} \tag{6.1.13}$$

的非零特征值, 记矩阵 (6.1.13) 的单位特征向量为 $\boldsymbol{d}_1, \boldsymbol{d}_2, \ldots, \boldsymbol{d}_k$ (这里 $\boldsymbol{d}_i^\top\boldsymbol{d}_i = 1$).

利用奇异值分解

下面的推导实际上省略了前面推导的许多叙述, 利用了较多的已有结论.

前面做了变换:

$$\boldsymbol{c} = \boldsymbol{\Sigma}_{XX}^{1/2}\boldsymbol{a}, \ \ \boldsymbol{d} = \boldsymbol{\Sigma}_{YY}^{1/2}\boldsymbol{b},$$

或者

$$\boldsymbol{a}^\top = \boldsymbol{c}^\top\boldsymbol{\Sigma}_{XX}^{-1/2}, \ \ \boldsymbol{b} = \boldsymbol{\Sigma}_{YY}^{-1/2}\boldsymbol{d},$$

在约束 $\boldsymbol{a}^\top\boldsymbol{\Sigma}_{XX}\boldsymbol{a} = 1$, $\boldsymbol{b}^\top\boldsymbol{\Sigma}_{YY}\boldsymbol{b} = 1$ 下求 $\boldsymbol{a}$ 和 $\boldsymbol{b}$, 解最大化问题 $\max_{\boldsymbol{a},\boldsymbol{b}} \boldsymbol{a}^\top\boldsymbol{\Sigma}_{XY}\boldsymbol{b}$ 就成为解下面的最大化问题:

$$\max_{\boldsymbol{c},\boldsymbol{d}} \boldsymbol{c}^\top \boldsymbol{\Sigma}_{XX}^{-1/2}\boldsymbol{\Sigma}_{XY}\boldsymbol{\Sigma}_{YY}^{-1/2}\boldsymbol{d},$$

这里的 $\boldsymbol{c}$ 和 $\boldsymbol{d}$ 均为单位向量 ($\boldsymbol{c}^\top\boldsymbol{c} = 1, \boldsymbol{d}^\top\boldsymbol{d} = 1$). 令

$$\boldsymbol{K} = \boldsymbol{\Sigma}_{XX}^{-1/2}\boldsymbol{\Sigma}_{XY}\boldsymbol{\Sigma}_{YY}^{-1/2},$$

则 $\boldsymbol{K}\boldsymbol{K}^\top$ 和 $\boldsymbol{K}^\top\boldsymbol{K}$ 分别等于式 (6.1.12) 和式 (6.1.13) 的矩阵, 而那里的特征值问题就可以通过奇异值分解来得到结果.

---

[5]对于 $\alpha \in \mathbb{R}$, 求对称矩阵 $\boldsymbol{M}$ 的 α 次幂 $\boldsymbol{M}^\alpha$: 做 Jordan 分解 (奇异值分解)$\boldsymbol{M} = \boldsymbol{U}\boldsymbol{\Lambda}\boldsymbol{U}^\top$, 则 $\boldsymbol{M}^\alpha = \boldsymbol{U}\boldsymbol{\Lambda}^\alpha\boldsymbol{U}^\top$, 这里 $\boldsymbol{\Lambda}^\alpha$ 为 $\boldsymbol{\Lambda}$ 的对角线元素取 α 次幂.

[6]对于向量 $\boldsymbol{u}$ 和 $\boldsymbol{v}$, $|\boldsymbol{u}^\top\boldsymbol{v}| \leqslant \|\boldsymbol{u}\|\|\boldsymbol{v}\| = (\boldsymbol{u}^\top\boldsymbol{u})^{1/2}(\boldsymbol{v}^\top\boldsymbol{v})^{1/2}$, 在这个问题中, $\boldsymbol{u} = \boldsymbol{c}^\top\boldsymbol{\Sigma}_{XX}^{-1/2}\boldsymbol{\Sigma}_{XY}\boldsymbol{\Sigma}_{YY}^{-1/2}$, $\boldsymbol{v} = \boldsymbol{d}$.

令 $\boldsymbol{K}$ 的奇异值分解为 $\boldsymbol{U\Lambda V}^\top$, 则

$$\boldsymbol{\Lambda}=\begin{bmatrix}\lambda_1 & 0 & \cdots & 0\\ 0 & \lambda_2 & \cdots & 0\\ \vdots & \vdots & & \vdots\\ 0 & 0 & \cdots & \lambda_k\end{bmatrix},$$

这里的 k ($\leqslant \min(p,q)$) 为非零特征值的个数, 而 $\boldsymbol{U}$ 的列向量为相应于各个特征值的特征向量 $\boldsymbol{c}_1,\boldsymbol{c}_2,\ldots,\boldsymbol{c}_k$, $\boldsymbol{V}$ 的列向量为相应于各个特征值的特征向量 $\boldsymbol{d}_1,\boldsymbol{d}_2,\ldots,\boldsymbol{d}_k$.

利用广义特征值问题及 Cholesky 分解

问题式 (6.1.2) 等价于广义特征值问题:

$$\arg\max_{\boldsymbol{c},\boldsymbol{d}}\left(\frac{\operatorname{tr}(\boldsymbol{c}^\top\boldsymbol{\Sigma}_{XY}\boldsymbol{d})}{\sqrt{\operatorname{tr}(\boldsymbol{c}^\top\boldsymbol{\Sigma}_{XX}\boldsymbol{c})\operatorname{tr}(\boldsymbol{d}^\top\Sigma_{YY}\boldsymbol{d})}}\right)$$

做 Cholesky 分解:

$$\boldsymbol{\Sigma}_{XX}=\boldsymbol{L}_x\boldsymbol{L}_x^\top,\ \ \boldsymbol{\Sigma}_{YY}=\boldsymbol{L}_y\boldsymbol{L}_y^\top,$$

对三角矩阵 $\boldsymbol{L}_x$ 及 $\boldsymbol{L}_y$ 求逆, 得到 $\boldsymbol{L}_x^{-1}$ 及 $\boldsymbol{L}_y^{-1}$, 它们相当于上面的 $\boldsymbol{\Sigma}_{XX}^{-1/2}$ 和 $\boldsymbol{\Sigma}_{YY}^{-1/2}$. 令

$$\boldsymbol{K}^*\equiv\boldsymbol{L}_x^{-1}\boldsymbol{\Sigma}_{XY}(\boldsymbol{L}_y^{-1})^\top,$$

它实际上相当于上面的 $\boldsymbol{K}$. 然后, 对 $\boldsymbol{K}^*$ 做奇异值分解, 问题就和前面一样了. 参看2.1.13节和2.2.4节.

注意: 在 R 中, 使用函数 `chol()` 的 Cholesky 分解得到的是上三角矩阵.

6.1.6 各种公式的总结

由于典型相关分析有若干等价的特征值问题的结论, 我们把几种计算方法的结论和各种指标之间的关系列举如下. 注意, 为了符号简洁, 下面所示的特征向量和特征向量矩阵都用同样的符号表示 (如 $\boldsymbol{\alpha},\boldsymbol{\beta},\boldsymbol{a},\boldsymbol{b},\boldsymbol{c},\boldsymbol{d}$), 而计算结果得到的是由 k ($\leqslant\min(p,q)$) 个特征值对应的 k 个特征向量所组成的特征向量矩阵, 而且特征向量成比例也是指相应于同一个特征值的特征向量之间的关系. 相信读者不会混淆.

我们在前面定义了下面的一些矩阵:

$$\begin{aligned}
\boldsymbol{A}=&\boldsymbol{\Sigma}_{XX}^{-1}\boldsymbol{\Sigma}_{XY}\boldsymbol{\Sigma}_{YY}^{-1}\boldsymbol{\Sigma}_{YX};\\
\boldsymbol{B}=&\boldsymbol{\Sigma}_{YY}^{-1}\boldsymbol{\Sigma}_{YX}\boldsymbol{\Sigma}_{XX}^{-1}\boldsymbol{\Sigma}_{XY};\\
\boldsymbol{K}=&\boldsymbol{\Sigma}_{XX}^{-1/2}\boldsymbol{\Sigma}_{XY}\boldsymbol{\Sigma}_{YY}^{-1/2};\\
\boldsymbol{N}_1\equiv&\boldsymbol{K}\boldsymbol{K}^\top=\boldsymbol{\Sigma}_{XX}^{-1/2}\boldsymbol{\Sigma}_{XY}\boldsymbol{\Sigma}_{YY}^{-1}\boldsymbol{\Sigma}_{YX}\boldsymbol{\Sigma}_{XX}^{-1/2};\\
\boldsymbol{N}_2\equiv&\boldsymbol{K}^\top\boldsymbol{K}=\boldsymbol{\Sigma}_{YY}^{-1/2}\boldsymbol{\Sigma}_{YX}\boldsymbol{\Sigma}_{XX}^{-1}\boldsymbol{\Sigma}_{XY}\boldsymbol{\Sigma}_{YY}^{-1/2}.
\end{aligned}$$

我们有下面结论:

- $\boldsymbol{A},\boldsymbol{B},\boldsymbol{N}_1,\boldsymbol{N}_2$ 有相同的非零特征值 $\lambda_1^2\geqslant\lambda_2^2\geqslant\cdots\geqslant\lambda_k^2$, 记 $\boldsymbol{A},\boldsymbol{B}$ 的特征向量矩阵分别为 $\boldsymbol{\alpha},\boldsymbol{\beta}$, 它们的列向量都是单位特征向量; $\boldsymbol{N}_1,\boldsymbol{N}_2$ 的特征向量矩阵分别为 $\boldsymbol{c},\boldsymbol{d}$, 而且 $\boldsymbol{c}^\top\boldsymbol{c}=\boldsymbol{I}$, $\boldsymbol{d}^\top\boldsymbol{d}=\boldsymbol{I}$.

- $\boldsymbol{a}=\boldsymbol{\Sigma}_{XX}^{-1/2}\boldsymbol{c}, \boldsymbol{b}=\boldsymbol{\Sigma}_{YY}^{-1/2}\boldsymbol{d}$ 为前面问题式 (6.1.2) 的解, 而且

$$\boldsymbol{a}^\top\boldsymbol{\Sigma}_{XX}\boldsymbol{a}=\boldsymbol{I},\ \ \boldsymbol{b}^\top\boldsymbol{\Sigma}_{YY}\boldsymbol{b}=\boldsymbol{I}.$$

- 按列成比例: $\boldsymbol{\alpha}\propto\boldsymbol{\Sigma}_{XX}^{-1}\boldsymbol{\Sigma}_{XY}\boldsymbol{\beta},\ \boldsymbol{\beta}\propto\boldsymbol{\Sigma}_{YY}^{-1}\boldsymbol{\Sigma}_{YX}\boldsymbol{\alpha}.$
- 按列成比例: $\boldsymbol{c}\propto\boldsymbol{K}\boldsymbol{d},\ \ \boldsymbol{d}\propto\boldsymbol{K}^\top\boldsymbol{c}.$
- 按列成比例: $\boldsymbol{a}\propto\boldsymbol{\alpha},\ \ \boldsymbol{b}\propto\boldsymbol{\beta}.$
- $\boldsymbol{K}=\boldsymbol{\Sigma}_{XX}^{-1/2}\boldsymbol{\Sigma}_{XY}\boldsymbol{\Sigma}_{YY}^{-1/2}$ 的奇异值分解为:

$$\boldsymbol{K}=\boldsymbol{c}\begin{bmatrix}\lambda_1 & 0 & \cdots & 0\\ 0 & \lambda_2 & \cdots & 0\\ \vdots & \vdots & & \vdots\\ 0 & 0 & \cdots & \lambda_k\end{bmatrix}\boldsymbol{d}^\top.$$

6.2 对应分析

6.2.1 基本内容和应用

对应分析 (correspondence analysis, CA) 属于可视化探索性数据分析, 可描述二维和多维列联表数据, 在低维情况下可以得到数据的直观印象. 但由于对应分析不涉及分布及检验等经典统计 " 要素 ", 因此有些多元统计书不予介绍. 最简单的情况是二维列联表 (如表 6.2.1 所示).

表 6.2.1 二维列联表及有关符号

行	列 1	2	$\cdots$	J	行总计	行边际频率 $\boldsymbol{r}$
1	n_{11}	n_{12}	$\cdots$	n_{1J}	n_{1+}	$p_{1+}=\frac{n_{1+}}{n_{++}}$
2	n_{21}	n_{22}	$\cdots$	n_{2J}	n_{2+}	$p_{2+}=\frac{n_{2+}}{n_{++}}$
$\vdots$	$\vdots$	$\vdots$		$\vdots$	$\vdots$	$\vdots$
I	n_{I1}	n_{I2}	$\cdots$	n_{IJ}	n_{I+}	$p_{2+}=\frac{n_{I+}}{n_{++}}$
列总计	n_{+1}	n_{+2}	$\cdots$	n_{+J}	n_{++}	
列边际频率 $\boldsymbol{c}$	$p_{+1}=\frac{n_{+1}}{n_{++}}$	$p_{+2}=\frac{n_{+2}}{n_{++}}$	$\cdots$	$p_{+J}=\frac{n_{+J}}{n_{++}}$		p_{++}

在二维列联表情况下, 两个变量的对应反映在各种组合的计数汇总上, 需要找出一个变量的某些水平和另一变量的某些水平是否相关联.

对应分析在概念上类似于主成分分析, 但在传统上多应用于分类变量数据, 特别是列联表显示的计数. 但由于其是描述性的, 只要意义清楚, 其他表格也可以应用.

二元对应分析涉及的数学并不复杂, 输出也就是一张图; 多元对应分析稍微不同, 但原理类似. 我们通过下面的例子来理解其意义.

6.2.2 二元对应分析

例 6.2 收入数据 (IncomeCA.csv) 这是程序包 `arules`[7]所带的数据, 原数据有 8993 个观测

[7]Hahsler, M., Buchta, C., Gruen, B., Hornik, K. (2025). arules: Mining Association Rules and Frequent Itemsets. doi:10.32614/CRAN.package.arules. https://doi.org/10.32614/CRAN.package.arules. R package version 1.7-11. https://CRAN.R-project.org/package=arules. Hahsler, M., Gruen, B., Hornik, K. (2005). arules - a computational environment for mining association rules and frequent item sets. *Journal of Statistical Software*, 14(15), 1-25. ISSN 1548-7660. doi:10.18637/jss.v014.i15. https://doi.org/10.18637/jss.v014.i15. Hahsler, M., Chelluboina, S., Hornik, K., Buchta, C. (2011).

值及 14 个变量, 这里只取没有缺失值的 6876 个观测值以及 3 个变量, 并且合并了少数变量的水平. 我们取的变量为: income (收入, 水平为: `[0,10)`, `[10,20)`, `[20,30)`, `[30,50)`, `[50,75)`, `75+`, 单位: 千美元); education (教育, 水平为: `C<=3` (大学肄业), `CG` (大学毕业), `grade<=11` (最多 11 年级), `graduate` (研究生), `HSG` (中学毕业)); language.in.home (家中所用语言, 水平为: `english`, `spanish`, `other`).

我们利用例 6.2 收入数据首先给出对应分析的直观结果, 然后再通过对结果的解释来认识对应分析的原理. 由例 6.2 收入数据可以很容易得到二维和三维的列联表, 下面利用 R 程序包`ca`[8]的函数`ca()` 输出一个关于变量 education 和 income 的二维列联表及相应构成的二重载荷图 (biplot) (见图 6.2.1), 该图代表了对应分析的主要结果.

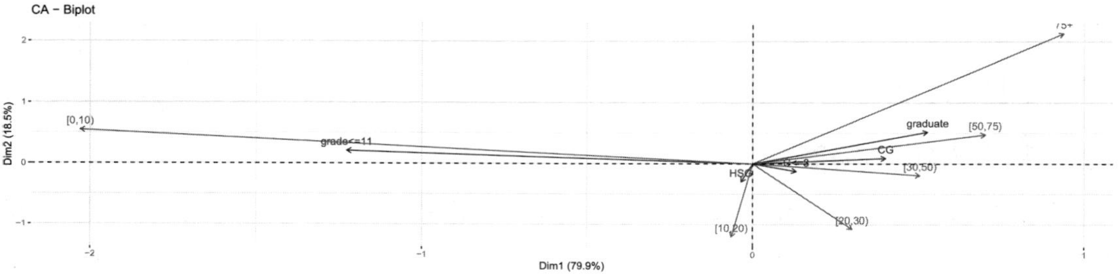

图 6.2.1　例 6.2 收入数据的收入和教育列联表的对应分析结果

```
w=read.csv("IncomeCA.csv")#读入数据
(ie=xtabs(~education+income,w))#生成二维表
library(ca)
(res=ca(ie))
library(factoextra)
fviz_ca_biplot(res,map ="rowprincipal",arrow = c(TRUE, TRUE))
```

下面展示二维列联表:

```
                              income
education    [0,10) [10,20) [20,30) [30,50) [50,75) 75+
  C<=3          294     409     457     625     415 207
  CG             57     123     214     358     269 186
  grade<=11     634     116      66      80      39  28
  graduate       29      61      80     216     189 245
  HSG           241     325     328     351     157  77
```

二维列联表可用下面代码直观显示 (见图 6.2.2), 图中圆圈大小和相应列联表格子中的计数成比例.

the arules R-Package ecosystem: analyzing interesting patterns from large transaction datasets. *Journal of Machine Learning Research*, 12, 1977-1981. `https://jmlr.csail.mit.edu/papers/v12/hahsler11a.html`.

[8]Nenadic, O., Greenacre, M. (2007). Correspondence Analysis in R, with two- and three-dimensional graphics: The ca package. *Journal of Statistical Software*, 20(3):1-13.

```
library("gplots")
balloonplot(t(ie), main ="Education-Income", xlab ="", ylab="",
label = FALSE, show.margins = FALSE)
```

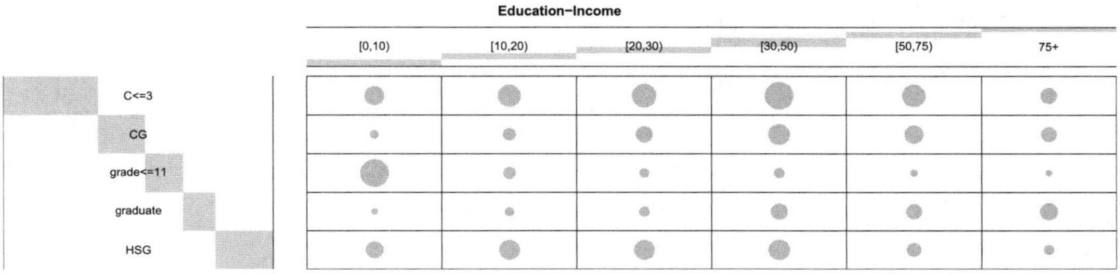

图 6.2.2 例 6.2 收入数据的收入和教育列联表的图显示

作为对应分析的主要输出的图 6.2.1 中, 不同的教育程度和收入水平都用点来代表, 而且显示相应的向量. 一个变量各个水平与另一个变量各个水平的向量之间的夹角大小代表它们的关联程度. 可以看出, education 较高 (低) 的向量和 income 较高 (低) 的向量之间的夹角比较小, 这说明教育程度和收入水平有很大关系. 描述列联表行列变量关系的直观图就是对应分析的主要产品.

图 6.2.1 实际上是两个图叠加而成的, 一个图显示代表列联表行变量 (education) 的一组点, 而另一个图显示代表列变量 (income) 的一组点. 每个图中的点的二维坐标是如何获得的? 是依照什么原理获得的? 这就是本节 " 对应分析 " 所要介绍的.

图 6.2.1 的两组点的坐标在下面分别关于行 (`Rows`) 和列 (`Columns`) 输出的最后两行 (`Dim. 1` 和`Dim. 2`) (R 代码 `ca(ie)`). 这里输出的其余部分会在后面介绍.

```
> (res=ca(ie))
 Principal inertias (eigenvalues):
           1        2        3        4
Value      0.278327 0.064449 0.004965 0.00041
Percentage 79.94%   18.51%   1.43%    0.12%

 Rows:
              C<=3       CG grade<=11 graduate       HSG
Mass      0.350058 0.175538  0.140052 0.119255  0.215096
ChiDist   0.185170 0.424743  1.243758 0.749238  0.311586
Inertia   0.012003 0.031668  0.216652 0.066945  0.020883
Dim. 1    0.248140 0.761222 -2.323910 1.000649 -0.066717
Dim. 2   -0.492235 0.360306  0.821981 2.056243 -1.168200

 Columns:
            [0,10)   [10,20)   [20,30)   [30,50)  [50,75)      75+
Mass      0.182519  0.150378  0.166521  0.237056 0.155468 0.108057
ChiDist   1.080121  0.325442  0.316602  0.273542 0.403919 0.741997
```

```
Inertia  0.212938  0.015927  0.016692  0.017738 0.025365 0.059492
Dim. 1  -2.030031 -0.064339  0.299790  0.505172 0.701745 0.938575
Dim. 2   0.549432 -1.203396 -1.074263 -0.190400 0.478748 2.131057
```

6.2.3 二元对应分析的数学原理

对二元列联表数据, 利用表 6.2.1 中的符号, 令列联表为 $I\times J$ 矩阵 $\boldsymbol{N}=\{n_{ij}\}$, 总计数为 $n_{++}=\sum_{i=1}^{I}\sum_{j=1}^{J}n_{ij}$. 使其从计数变成频率: $\boldsymbol{P}=\{p_{ij}\}=\boldsymbol{N}/n_{++}$. 令 $p_{i+}=\sum_{j=1}^{J}p_{ij}$ $(i=1,2,\dots,I)$ 及 $p_{+j}=\sum_{i=1}^{I}p_{ij}$ $(j=1,2,\dots,J)$ 分别代表行和列的边际频率, 并记行边际频率为 $\boldsymbol{r}=\{p_{i+}\}$, $\boldsymbol{D}_r=\text{diag}(\boldsymbol{r})$, 以及列边际频率 $\boldsymbol{c}=\{p_{+j}\}$, $\boldsymbol{D}_c=\text{diag}(\boldsymbol{c})$, 然后计算 $\boldsymbol{P}$ 的标准化残差: $\boldsymbol{S}=\boldsymbol{D}_r^{-1/2}(\boldsymbol{P}-\boldsymbol{r}\boldsymbol{c}^\top)\boldsymbol{D}_c^{-1/2}$. 显然 $\boldsymbol{S}=\{s_{ij}\}$ 的元素为:

$$s_{ij}=\frac{p_{ij}-p_{i+}p_{+j}}{\sqrt{p_{i+}p_{+j}}}.$$

$n\sum_{i=1}^{I}\sum_{j=1}^{J}s_{ij}^2$ 就是熟知的关于二维列联表的关于独立性 χ^2 检验的统计量. 在行列独立的零假设下, 有渐近的 $\chi^2_{(I-1)(J-1)}$ 分布.

记 $\boldsymbol{x}=\{x_i\}$ 为 I 维 (未知) 向量, 称为**行记分** (row score), $\boldsymbol{y}=\{y_j\}$ 为 J 维 (未知) 向量, 称为**列记分** (column score). 那么满足下面条件的 $(\alpha,\boldsymbol{x},\boldsymbol{y})$ 称为**对应分析问题**$C_0(\boldsymbol{S})$ 的解:

$$\alpha x_i=\sum_{j=1}^{m}s_{ij}y_j,\ \ i=1,2,\dots,I; \tag{6.2.1}$$

$$\alpha y_j=\sum_{i=1}^{n}s_{ij}x_i,\ \ j=1,2,\dots,J. \tag{6.2.2}$$

该式的意义为: **行记分 $\{x_i\}$ 与列记分 $\{y_j\}$ 的加权均值成比例, 列记分 $\{y_j\}$ 则与行记分 $\{x_i\}$ 的加权均值成比例.** 这里的权重就是 $\{s_{ij}\}$. 数值 α 代表行列记分的相关 (在典型相关的意义上). 对该问题解的数学推导也很简单.

式 (6.2.1) 和式 (6.2.2) 的矩阵形式分别为:

$$\alpha\boldsymbol{x}=\boldsymbol{S}\boldsymbol{y}$$

和

$$\alpha\boldsymbol{y}=\boldsymbol{S}^\top\boldsymbol{x}.$$

把上面两式中的 $\boldsymbol{x}$ 和 $\boldsymbol{y}$ 互相替代, 就得到下面等价的一对特征值问题:

$$\alpha^2\boldsymbol{x}=\boldsymbol{S}\boldsymbol{S}^\top\boldsymbol{x},$$
$$\alpha^2\boldsymbol{y}=\boldsymbol{S}^\top\boldsymbol{S}\boldsymbol{y}.$$

根据线性代数 (参看 2.1.12 节) 来看, 这是解两个有相同非零特征值方程的特征值问题. 也就是说, $\boldsymbol{S}\boldsymbol{S}^\top$ 和 $\boldsymbol{S}^\top\boldsymbol{S}$ 有相同的非零特征值. 如果有 k $(\leqslant\min\{(I-1),(J-1)\})$ 个非零特征值 $\alpha_1^2\geqslant\alpha_2^2\geqslant\cdots\geqslant\alpha_k^2$, 而 $\boldsymbol{S}\boldsymbol{S}^\top$ 和 $\boldsymbol{S}^\top\boldsymbol{S}$ 的相应于这些特征值的特征向量分别为 $I\times k$ 维矩阵和 $J\times k$ 维矩阵, 可以用奇异值分解的方法来解这个特征值问题 (参看2.2.2节):

$$\boldsymbol{S}=\boldsymbol{U}\boldsymbol{D}_\alpha\boldsymbol{V}^\top,$$

这里的 $\boldsymbol{U}$ 就是相应于 $\boldsymbol{S}\boldsymbol{S}^\top$ 的特征向量矩阵, 而 $\boldsymbol{V}$ 是相应于 $\boldsymbol{S}^\top\boldsymbol{S}$ 的特征向量矩阵, D_α

则是对角矩阵 $\text{diag}(\alpha_1, \alpha_2, \ldots, \alpha_{\min(I,J)})$, 其对角线元素的平方 $(\alpha_1^2, \alpha_2^2, \ldots, \alpha_k^2)$ 为 $\boldsymbol{S}\boldsymbol{S}^\top$ 和 $\boldsymbol{S}^\top\boldsymbol{S}$ 的非零特征值. 图 6.2.1 的两对坐标分别由 $\boldsymbol{U}$ 和 $\boldsymbol{V}$ 的标准化坐标 (standard coordinates)

$$\boldsymbol{X} = \boldsymbol{D}_r^{-1/2}\boldsymbol{U} \text{ 和 } \boldsymbol{Y} = \boldsymbol{D}_c^{-1/2}\boldsymbol{V}$$

的前两列组成, 分别是 6.2.2 节输出结果中行 (`Rows`) 和列 (`Columns`) 的最后两行 (`Dim. 1` 和 `Dim. 2`). 输出结果中 `Principal inertias (eigenvalues)` 下面两行中的第一行 (`Value`) 就是特征值 $\alpha_1^2, \alpha_2^2, \ldots, \alpha_k^2$, 而第二行 (`Percentage`) 则是这些特征值的比例 $\alpha_i/(\sum_i \alpha_i)$. 行 (`Rows`) 和列 (`Columns`) 输出的 `Inertia` 分别是 $\boldsymbol{S}$ 元素平方后所得矩阵 $\{s_{ij}^2\}$ 的行总和及列总和. 行 (`Rows`) 和列 (`Columns`) 输出的 `Mass` 分别是行和列的边际频率 $\boldsymbol{c}$ 和 $\boldsymbol{r}$. 此外, 一些文献称 $\boldsymbol{S}$ 矩阵元素的平方和 $\sum_i\sum_j s_{ij}^2 = \sum_i \alpha_i^2$ 为惯量 (inertial), 并分别称 $\boldsymbol{F} = \boldsymbol{X}\boldsymbol{D}_\alpha$ 及 $\boldsymbol{G} = \boldsymbol{Y}\boldsymbol{D}_\alpha$ 为行和列的主坐标 (principal coordinates).

容易验证: $\boldsymbol{X}^\top\boldsymbol{D}_r\boldsymbol{X} = \boldsymbol{Y}^\top\boldsymbol{D}_c\boldsymbol{Y} = \boldsymbol{I}$ 及 $\boldsymbol{F}^\top\boldsymbol{D}_r\boldsymbol{F} = \boldsymbol{G}^\top\boldsymbol{D}_c\boldsymbol{G} = \boldsymbol{D}_\alpha^2$.

6.2.4 对应分析行列相关的显著性 *

有两种判别对应分析行列之间相关的显著性的方法, 一种是迹方法, 即计算作为行列相关系数的迹 (特征根之和) 的平方根, Bendixen (1995) 及 Healey (2013) 认为如果它大于 0.2, 则认为相关显著. 例 6.2 收入数据的迹的平方根为 0.59004, 因此可以认为其是相关的. 对例 6.2 收入数据 (根据前面结果) 计算的代码为:

```
library("factoextra")
eig=get_eigenvalue(res)
tr=sum(eig$eig);(ccor=sqrt(tr))
```

另一种检验统计量是迹乘以样本量, 它有自由度 $(I-1)(J-1)$ 的渐近 χ^2 分布. 对例 6.2 收入数据 (根据前面结果) 检验的代码为:

```
ch2=tr*sum(as.matrix(ie))
df=(nrow(ie) - 1)*(ncol(ie) - 1)
pval=pchisq(ch2, df = df, lower.tail = FALSE)
print(pval)
```

所得到的 p 值为 0, 看来相关也是显著的.

6.2.5 两个解释图形

崖底碎石图

和主成分分析及典型相关分析等方法类似, 可以作出崖底碎石图 (见图 6.2.3). 产生图 6.2.3 的代码为 (根据前面结果 `res=ca(ie)`):

```
fviz_screeplot(res) +
    geom_hline(yintercept=25, linetype=2, color="red")
```

因为对于随机的数据来说, 按行或按列排列的特征值的期望应该是 $1/(I-1)$ 或 $1/(J-1)$, 对于例 6.2 收入数据, 随机矩阵的崖底碎石图不应该超过 $\max(1/(I-1), 1/(J-1) = 25\%$(图中虚线), 当然, 这里早已超过.

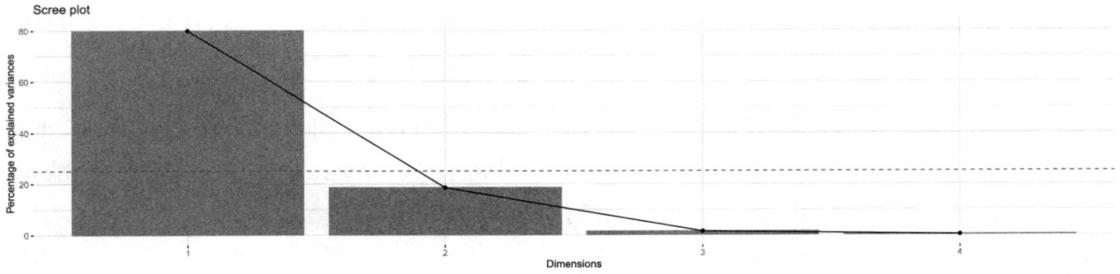

图 6.2.3　例 6.2 收入数据的收入和教育列联表的对应分析特征值的崖底碎石图

行列变量对各维的贡献图

行列变量对各维的贡献 (按照百分比) 可以做成图 (见图 6.2.4) 来展示, 代码为:

```
row=get_ca_row(res);col=get_ca_col(res)
library("corrplot")
layout(t(1:2))
corrplot(row$contrib, is.corr=FALSE)
corrplot(col$contrib, is.corr=FALSE)
```

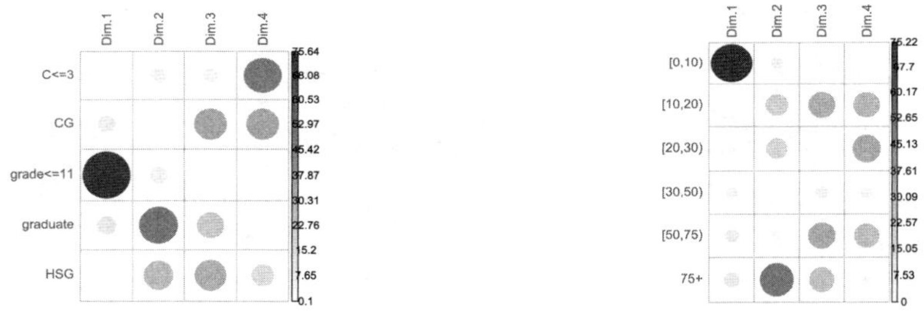

图 6.2.4　例 6.2 收入数据的收入和教育列联表的对应分析行列变量对各维的贡献

从图 6.2.4 中很容易看出哪些变量对行列变量的影响大 (主要是颜色深、尺寸大的变量).

6.2.6　多元及联合对应分析实践: 例 6.2 收入数据

考虑多维 (维数大于 2) 列联表, **多元对应分析** (multiple correspondence analysis, MCA) 和**联合对应分析** (joint correspondence analysis, JCA) 的思想与二元对应分析类似, 虽然在数学上稍微有些烦琐, 但在实践中却很简单. 为此, 在例 6.2 收入数据中增加一个变量 (这里是变量 language.in.home), 这样加上二元对应分析用过的 income 和 education 之后就有三个变量了. 先看该三维列联表的数字形式, 代码为:

```
w=read.csv("IncomeCA.csv")#读入数据
z=xtabs(~education+income+language.in.home,w)
ftable(z, row.vars =c(1,3), col.vars = "income")
```

输出为:

```
                        income [0,10) [10,20) [20,30) [30,50) [50,75) 75+
education language.in.home
C<=3      english                 266     381     431     595     393 201
          other                    14       8      10      12      10   5
          spanish                  14      20      16      18      12   1
CG        english                  49     109     201     331     261 173
          other                     5       9      10      12       3   5
          spanish                   3       5       3      15       5   8
grade<=11 english                 524      86      49      68      33  23
          other                    33       2       3       1       2   4
          spanish                  77      28      14      11       4   1
graduate  english                  28      56      77     208     184 238
          other                     0       2       1       7       3   4
          spanish                   1       3       2       1       2   3
HSG       english                 200     290     293     313     146  70
          other                    10       7       8       4       3   5
          spanish                  31      28      27      34       8   2
```

用下面语句做基于 Burt 矩阵 (参看 6.2.7 节的定义) 的多元对应分析 (MCA) 及联合对应分析 (JCA), 并且分别画出图来 (见图 6.2.5):

```
library(ca)
(MCA=mjca(w,lambda="Burt"))
(JCA=mjca(w,lambda="JCA"))
par(mfrow=c(1,2))
plot(MCA)
plot(JCA)
```

输出的格式和二元对应分析类似, 只不过都在一个表中, 下面的 `Dim. 1` 和 `Dim. 2` 是所有三个变量各个水平在图 (见图 6.2.5) 中的坐标.

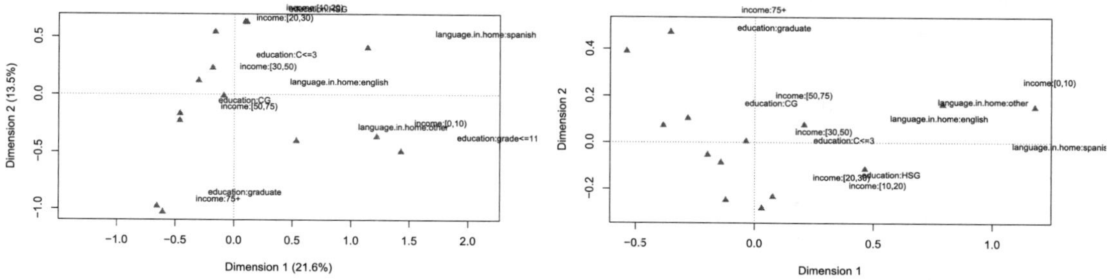

图 6.2.5 例 6.2 收入数据的多元对应分析 (左) 和联合对应分析 (右) 点图

```
> (MCA=mjca(w,lambda="Burt"))

 Eigenvalues:
```

```
            1        2        3        4        5        6        7
Value       0.283503 0.177046 0.130311 0.119677 0.113453 0.109628 0.108481
Percentage 21.62%    13.5%    9.94%    9.13%    8.65%    8.36%    8.27%
            8        9        10       11
Value       0.093848 0.088885 0.061756 0.02441
Percentage 7.16%     6.78%    4.71%    1.86%


 Columns:
        income:[0,10) income:[10,20) income:[20,30) income:[30,50)
Mass         0.060840       0.050126       0.055507       0.079019
ChiDist      1.377803       1.386369       1.304581       1.048305
Inertia      0.115494       0.096343       0.094469       0.086837
Dim. 1       2.288614       0.175033      -0.305077      -0.568797
Dim. 2      -0.873356       1.501287       1.290031       0.286134
        income:[50,75) income:75+ language.in.home:english
Mass          0.051823   0.036019                 0.304295
ChiDist       1.368025   1.715698                 0.182161
Inertia       0.096986   0.106026                 0.010097
Dim. 1       -0.869097  -1.140886                -0.167524
Dim. 2       -0.542333  -2.449526                -0.030102
        language.in.home:other language.in.home:spanish education:C<=3
Mass                  0.009793                 0.019246       0.116686
ChiDist               3.328734                 2.383355       0.796393
Inertia               0.108506                 0.109323       0.074007
Dim. 1                1.002260                 2.138774      -0.344076
Dim. 2               -0.961212                 0.965028       0.549178
        education:CG education:grade<=11 education:graduate education:HSG
Mass        0.058513            0.046684           0.039752      0.071699
ChiDist     1.276773            1.615139           1.631398      1.120016
Inertia     0.095384            0.121784           0.105798      0.089941
Dim. 1     -0.865067            2.681408          -1.232690      0.203474
Dim. 2     -0.399911           -1.178984          -2.324375      1.488960
> (JCA=mjca(w,lambda="JCA"))

 Eigenvalues:
            1        2        3        4        5
Value       0.142992 0.030341 0.000958 0.000262 8.8e-05
Percentage NA%       NA%      NA%      NA%      NA%


 Columns:
        income:[0,10) income:[10,20) income:[20,30) income:[30,50)
Mass         0.060840       0.050126       0.055507       0.079019
```

```
ChiDist        1.377803        1.386369        1.304581        1.048305
Inertia        0.115494        0.096343        0.094469        0.086837
Dim. 1         2.086945        0.079787       -0.319212       -0.520630
Dim. 2         0.935682       -1.625295       -1.427785       -0.306480
        income:[50,75) income:75+ language.in.home:english
Mass             0.051823   0.036019                0.304295
ChiDist          1.368025   1.715698                0.182161
Inertia          0.096986   0.106026                0.010097
Dim. 1          -0.739792  -0.937622               -0.095213
Dim. 2           0.590148   2.704956                0.027259
        language.in.home:other language.in.home:spanish education:C<=3
Mass                  0.009793                 0.019246      0.116686
ChiDist               3.328734                 2.383355      0.796393
Inertia               0.108506                 0.109323      0.074007
Dim. 1                0.549107                 1.226030     -0.373961
Dim. 2                0.433618                -0.651626     -0.494846
        education:CG education:grade<=11 education:graduate education:HSG
Mass        0.058513            0.046684           0.039752      0.071699
ChiDist     1.276773            1.615139           1.631398      1.120016
Inertia     0.095384            0.121784           0.105798      0.089941
Dim. 1     -1.016205            3.113531          -1.425384      0.200924
Dim. 2      0.412662            0.871556           2.238431     -1.339967
```

根据二元对应分析的计算输出格式及对图形的理解, 相信读者能够很容易解释上面计算机的输出及图 6.2.5 所包含的多元对应分析的意义.

6.2.7 多元对应分析方法的数学 *

二元对应分析涉及的数学在前面已经比较详尽地介绍了. 从二元到多元对应分析的推广基本上有两种方式, 一种基于指标矩阵 (indicator matrix), 另一种基于 Burt 矩阵. 联合对应分析方法有所不同. 细节请参看 Greenacre (1984, 1994).

基于指标矩阵和 Burt 矩阵的方法

假定数据有 n 个观测值及 Q 个分类变量, 每个分类变量有 J_q $(q=1,2,\ldots,Q)$ 个水平. 那么, 每个变量可形成一个 $n\times J_q$ 阶的包含 0 和 1 的矩阵 $\boldsymbol{Z}_q$, 其第 ij 个元素如果等于 1, 则表示这个变量第 i 个观测值取水平 j, 否则为 0. 这样的 Z_q 称为 (第 q 个变量的) 指标矩阵.

对于二元情况, 列联表为 $\boldsymbol{Z}_1^\top\boldsymbol{Z}_2$, 令 $\boldsymbol{P}_{ij}=(1/n)\boldsymbol{Z}_i^\top\boldsymbol{Z}_j$ $(i,j=1,2)$, 称为**对应矩阵**, 而且记对角矩阵 (边际频率) 为 $\boldsymbol{D}_i=\boldsymbol{P}_{ii}$ $(i=1,2)$. 如果考虑尺度变量 $\boldsymbol{s}_1,\boldsymbol{s}_2$, 则尺度化的指标矩阵为 $\boldsymbol{Z}_i\boldsymbol{s}_i$ $(i=1,2)$. 如果中心化, 则有: $\boldsymbol{1}^\top\boldsymbol{Z}_i\boldsymbol{s}_i=\boldsymbol{0}$ $(i=1,2)$. 如此, 这两个变量的协方差 s_{12} 和方差 $s_i^2=s_{ii}$ $(i=1,2)$ 分别为:

$$s_{ij}=(1/n)\boldsymbol{s}_i^\top\boldsymbol{Z}_i^\top\boldsymbol{Z}_j\boldsymbol{s}_j=\boldsymbol{s}_i^\top\boldsymbol{P}_{ij}\boldsymbol{s}_j,\ i=1,2;$$

$$s_i^2=(1/n)\boldsymbol{s}_i^\top\boldsymbol{Z}_i^\top\boldsymbol{Z}_i\boldsymbol{s}_i=\boldsymbol{s}_i^\top\boldsymbol{D}_i\boldsymbol{s}_i,\ i=1,2.$$

相关系数为:

$$r = \frac{s_{12}}{s_1 s_2} = \frac{\boldsymbol{s}_1^\top \boldsymbol{P}_{12}\boldsymbol{s}_2}{\sqrt{\boldsymbol{s}_1^\top \boldsymbol{D}_1\boldsymbol{s}_1\boldsymbol{s}_2^\top \boldsymbol{D}_2\boldsymbol{s}_2}}.$$

实际上, 尺度 $\boldsymbol{s}_i\ (i=1,2)$ 未知, 我们希望找到适当的尺度, 使得 $\boldsymbol{Z}_1$ 和 $\boldsymbol{Z}_2$ 的典型相关最大. 做奇异值分解:

$$\boldsymbol{D}_1^{-1/2}\boldsymbol{P}_{12}\boldsymbol{D}_2^{-1/2} = \boldsymbol{U\Sigma V}^\top, \tag{6.2.3}$$

式中左右的正交矩阵 $\boldsymbol{U}$ 和 $\boldsymbol{V}$ 分别用它们的一对列向量 $\boldsymbol{u},\boldsymbol{v}$ 代替, 并左右分别乘 $\boldsymbol{u}^\top$ 和 $\boldsymbol{v}$, 得到

$$\boldsymbol{u}\boldsymbol{D}_1^{-1/2}\boldsymbol{P}_{12}\boldsymbol{D}_2^{-1/2}\boldsymbol{v} = \sigma.$$

因此, 如果令 $\boldsymbol{s}_1 = \boldsymbol{D}_1^{-1/2}\boldsymbol{u}$ 及 $\boldsymbol{s}_2 = \boldsymbol{D}_2^{-1/2}\boldsymbol{v}$, 则有 $\boldsymbol{s}_1^\top\boldsymbol{P}_{12}\boldsymbol{s}_2 = \sigma$, 即协方差. 由于 $\boldsymbol{U}$ 和 $\boldsymbol{V}$ 的正交性, $\boldsymbol{s}_1^\top\boldsymbol{D}_1\boldsymbol{s}_1 = \boldsymbol{s}_2^\top\boldsymbol{D}_2\boldsymbol{s}_2 = 1$. 我们将 $\boldsymbol{P}_{12}$ 中心化, 并做奇异值分解:

$$\boldsymbol{D}_1^{-1/2}(\boldsymbol{P}_{12} - \boldsymbol{P}_{12}\boldsymbol{1}\boldsymbol{1}^\top\boldsymbol{P}_{12}^\top)\boldsymbol{D}_2^{-1/2} = \boldsymbol{U\Sigma V}^\top, \tag{6.2.4}$$

这个公式和上一节 $\boldsymbol{S}$ 的分解完全一样, 结果和上一节的二元对应分析相同.

注意, 没有中心化的分解 (6.2.3) 和中心化的分解 (6.2.4) 所得到的非平凡奇异值相同, 但前者的 $\boldsymbol{\Sigma}$ 多一个等于 1 的平凡奇异值, 相应于等于 $\boldsymbol{1}$ 的 $\boldsymbol{s}_1$ 和 $\boldsymbol{s}_2$, 并相应于 $\boldsymbol{U}$ 和 $\boldsymbol{V}$ 的第一列. 在中心化之后, 这个问题就不存在了. 最大 (非奇异) 奇异值在式 (6.2.3) 中是第二个, 而在式 (6.2.4) 中是第一个. 在式 (6.2.4) 中的最大奇异值 $\sigma_1(\sigma_1 \geqslant \sigma_2 \geqslant \cdots \geqslant \sigma_k)$ 称为典型相关系数.

显然, 使得两个变量的相关最大等价于其中任意一个变量和它们的平均值的相关最大. 如此, 我们考虑 $\boldsymbol{Z} = [\boldsymbol{Z}_1\ \boldsymbol{Z}_2]$, 而某种尺度标准化的平均为:

$$\frac{1}{2}(\boldsymbol{Z}_1\boldsymbol{s}_1 + \boldsymbol{Z}_2\boldsymbol{s}_2) = \frac{1}{2}[\boldsymbol{Z}_1\ \boldsymbol{Z}_2]\begin{bmatrix}\boldsymbol{s}_1\\ \boldsymbol{s}_2\end{bmatrix}.$$

下面定义后面常用的一些符号:

$$\boldsymbol{D} = \begin{bmatrix}\boldsymbol{D}_1 & \boldsymbol{0}\\ \boldsymbol{0} & \boldsymbol{D}_2\end{bmatrix},\ \boldsymbol{s} = \begin{bmatrix}\boldsymbol{s}_1\\ \boldsymbol{s}_2\end{bmatrix},\ \boldsymbol{C} = \boldsymbol{Z}^\top\boldsymbol{Z} = \begin{bmatrix}\boldsymbol{Z}_1^\top\boldsymbol{Z}_1 & \boldsymbol{Z}_1^\top\boldsymbol{Z}_2\\ \boldsymbol{Z}_2^\top\boldsymbol{Z}_1 & \boldsymbol{Z}_2^\top\boldsymbol{Z}_2\end{bmatrix} = n\begin{bmatrix}\boldsymbol{D}_1 & \boldsymbol{P}_{12}\\ \boldsymbol{P}_{21} & \boldsymbol{D}_2\end{bmatrix},$$

这里的 $\boldsymbol{C} = \boldsymbol{Z}^\top\boldsymbol{Z}$ 称为 Burt 矩阵.

现在考虑的对应矩阵为 $\frac{1}{2n}\boldsymbol{Z}$, 其行边际频率为 $\frac{1}{n}\boldsymbol{1}$, 列边际频率组成对角矩阵 $\boldsymbol{D}$ 的元素. 做奇异值分解:

$$\frac{\sqrt{n}}{2n}\boldsymbol{Z}\boldsymbol{D}^{-1/2} = \boldsymbol{U\Gamma V}^\top,$$

其对称特征值公式为:

$$\left(\frac{\sqrt{n}}{2n}\boldsymbol{Z}\boldsymbol{D}^{-1/2}\right)^\top\left(\frac{\sqrt{n}}{2n}\boldsymbol{Z}\boldsymbol{D}^{-1/2}\right) = \frac{1}{4n}\boldsymbol{D}^{-1/2}\boldsymbol{Z}^\top\boldsymbol{Z}\boldsymbol{D}^{-1/2} = \boldsymbol{V\Gamma}^2\boldsymbol{V}^\top.$$

令 $\boldsymbol{\Lambda} = \boldsymbol{\Gamma}^2$, 有

$$\frac{1}{4n}\boldsymbol{D}^{-1/2}\boldsymbol{C}\boldsymbol{D}^{-1/2} = \boldsymbol{V\Gamma}^2\boldsymbol{V}^\top = \boldsymbol{V\Lambda V}^\top. \tag{6.2.5}$$

显然, 对于某个 $\boldsymbol{V}$ 的列向量 $\boldsymbol{v}$ (可分解成分别代表行和列的两部分 $\boldsymbol{v}_1$ 和 $\boldsymbol{v}_2$), 如果令

$$\boldsymbol{s} = \boldsymbol{D}^{-1/2}\boldsymbol{v},$$

即

$$\begin{bmatrix}\boldsymbol{s}_1\\ \boldsymbol{s}_2\end{bmatrix} = \begin{bmatrix}\boldsymbol{D}_1^{-1/2} & \boldsymbol{0}\\ \boldsymbol{0} & \boldsymbol{D}_2^{-1/2}\end{bmatrix}\begin{bmatrix}\boldsymbol{v}_1\\ \boldsymbol{v}_2\end{bmatrix},$$

有

$$\begin{aligned}\frac{1}{4n}\boldsymbol{s}^\top\boldsymbol{C}\boldsymbol{s} &= \frac{1}{4n}\begin{bmatrix}\boldsymbol{s}_1\\ \boldsymbol{s}_2\end{bmatrix}^\top\begin{bmatrix}\boldsymbol{Z}_1^\top\boldsymbol{Z}_1 & \boldsymbol{Z}_1^\top\boldsymbol{Z}_2\\ \boldsymbol{Z}_2^\top\boldsymbol{Z}_1 & \boldsymbol{Z}_2^\top\boldsymbol{Z}_2\end{bmatrix}\begin{bmatrix}\boldsymbol{s}_1\\ \boldsymbol{s}_2\end{bmatrix}\\ &= \frac{1}{4}\begin{bmatrix}\boldsymbol{s}_1\\ \boldsymbol{s}_2\end{bmatrix}^\top\begin{bmatrix}\boldsymbol{D}_1 & \boldsymbol{P}_{12}\\ \boldsymbol{P}_{21} & \boldsymbol{D}_2\end{bmatrix}\begin{bmatrix}\boldsymbol{s}_1\\ \boldsymbol{s}_2\end{bmatrix} = \gamma^2 = \lambda,\end{aligned}$$

这在 λ 取最大特征值 $\lambda_1 = \gamma_1^2$ 时 $(\lambda_1 \geqslant \lambda_2 \geqslant \cdots \geqslant \lambda_k)$ 达到最大. 因此, 这里的解 $\boldsymbol{s}_1, \boldsymbol{s}_2$ 和做简单二元对应分析时相同. 与二元对应分析不同的是, 那里的最大相关是 σ_1, 而现在等于 $(1+\sigma_1)/2$, 也就是 $\lambda_1 = (1+\sigma_1)/2$ 为前面所说的一个变量和两个变量平均值之间相关的平方. λ_1 也是 $\boldsymbol{C}$ 的奇异值, 等于 $\boldsymbol{C}$ 的主惯量的平方根. 由分解 (6.2.5) 得到的标准正交矩阵 $\boldsymbol{V}$ 的向量 $\boldsymbol{v}$ 所确定的向量 $\boldsymbol{s}$ 满足 $\boldsymbol{s}^\top\boldsymbol{D}\boldsymbol{s} = 1$.

现在可以推广到 $Q(>2)$ 个分类变量的情况, 这时令 $\boldsymbol{Z} = [\boldsymbol{Z}_1, \boldsymbol{Z}_1, \ldots, \boldsymbol{Z}_Q]$, Burt 矩阵和边际频率矩阵为:

$$\boldsymbol{C} = \begin{bmatrix}\boldsymbol{Z}_1^\top\boldsymbol{Z}_1 & \boldsymbol{Z}_1^\top\boldsymbol{Z}_2 & \cdots & \boldsymbol{Z}_1^\top\boldsymbol{Z}_Q\\ \boldsymbol{Z}_2^\top\boldsymbol{Z}_1 & \boldsymbol{Z}_2^\top\boldsymbol{Z}_2 & \cdots & \boldsymbol{Z}_2^\top\boldsymbol{Z}_Q\\ \vdots & \vdots & & \vdots\\ \boldsymbol{Z}_Q^\top\boldsymbol{Z}_1 & \boldsymbol{Z}_Q^\top\boldsymbol{Z}_2 & \cdots & \boldsymbol{Z}_Q^\top\boldsymbol{Z}_Q\end{bmatrix},\quad \boldsymbol{D} = \begin{bmatrix}\boldsymbol{D}_1 & \boldsymbol{0} & \cdots & \boldsymbol{0}\\ \boldsymbol{0} & \boldsymbol{D}_2 & \cdots & \boldsymbol{0}\\ \vdots & \vdots & & \vdots\\ \boldsymbol{0} & \boldsymbol{0} & \cdots & \boldsymbol{D}_Q\end{bmatrix}.$$

如果第 q 个变量有 J_q 个水平, 记 $J = \sum_{q=1}^{Q} J_q$, 则 $\boldsymbol{Z}$ 为 $n \times J$ 矩阵, $\boldsymbol{C}$ 为 $J \times J$ 矩阵. 现在考虑的对应矩阵为 $\frac{1}{Qn}\boldsymbol{Z}$, 其行边际频率为 $\frac{1}{n}\boldsymbol{1}$, 列边际频率组成对角矩阵 $\boldsymbol{D}$ 的元素. 做奇异值分解:

$$\frac{\sqrt{n}}{Qn}\boldsymbol{Z}\boldsymbol{D}^{-1/2} = \boldsymbol{U}\boldsymbol{\varGamma}\boldsymbol{V}^\top.$$

为了去掉平凡解, 可把上面被分解的矩阵换成相应的中心化矩阵:

$$\sqrt{n}\left(\frac{1}{Qn}\boldsymbol{Z} - \frac{1}{n}\boldsymbol{1}\boldsymbol{1}^\top\boldsymbol{D}\right)\boldsymbol{D}^{-1/2}.$$

非中心化的 $\boldsymbol{C}$ 的分解为

$$\boldsymbol{D}^{-1/2}\frac{1}{Q^2n}\boldsymbol{C}\boldsymbol{D}^{-1/2} = \boldsymbol{U}\boldsymbol{\varGamma}^2\boldsymbol{V}^\top = \boldsymbol{V}\boldsymbol{\varLambda}\boldsymbol{V}^\top.$$

为了去掉平凡解, 可把上面被分解的矩阵换成相应的中心化矩阵:

$$\boldsymbol{D}^{-1/2}\left(\frac{1}{Q^2n}\boldsymbol{C} - \boldsymbol{D}\boldsymbol{1}\boldsymbol{1}^\top\boldsymbol{D}\right)\boldsymbol{D}^{-1/2}.$$

如果尺度参数 $\boldsymbol{s} = (\boldsymbol{s}_1^\top, \boldsymbol{s}_2^\top, \ldots, \boldsymbol{s}_Q^\top)^\top$, 则它为奇异向量所定义: $\boldsymbol{s} = \boldsymbol{D}^{-1/2}\boldsymbol{v}$, 这里的 $\boldsymbol{v}$ 是 $\boldsymbol{V}$ 的第一列.

从 Burt 矩阵到联合对应分析

联合对应分析是基于 Burt 矩阵的. 回顾前面小节中基于 Burt 矩阵 $\boldsymbol{C}=\{c_{ij}\}$ 做多元对应分析的步骤, 我们有:

1. 得到 $\boldsymbol{P}=\{p_{ij}\}=\frac{1}{Qn}\boldsymbol{C}$, 并且计算行总数, 即边际频率 $\boldsymbol{r}=\{r_i\}=\boldsymbol{P1}$(根据对称性, 等于列边际频率), 即 $\boldsymbol{D}=\text{diag}(\boldsymbol{r})$.
2. 做特征值分解 (等价于奇异值分解)
$$\boldsymbol{D}^{-1/2}\left(\frac{1}{Q^2n}\boldsymbol{C}-\boldsymbol{D11}^\top\boldsymbol{D}\right)\boldsymbol{D}^{-1/2}=\boldsymbol{V\Lambda V}^\top.$$
可以选择用调整的惯量 $\lambda^{\text{adj}}=\left(\frac{Q}{Q-1}\right)^2\left(\lambda_s-\frac{1}{Q}\right)$ 来代替原来的惯量 λ_s.
3. 第 s 维的第 i 行 (列) 标准坐标为 $\{a_{is}\}$, 这里 $\boldsymbol{A}=\{a_{ij}\}=\boldsymbol{D}^{-1/2}\boldsymbol{V}$.
4. 第 s 维的第 i 行 (列) 的主坐标为 $f_{is}=a_{is}\lambda_s$, 这里 $F=\boldsymbol{A\Lambda}$.

在多元对应分析中, 由于 Burt 矩阵的对角子矩阵块 ($\boldsymbol{Z}_i^\top\boldsymbol{Z}_i$) 扮演了主要的角色, 使得对角线之外的信息缺失. 联合对应分析利用迭代加权最小二乘法来不断更新其对角子矩阵. 它事先确定解的维度 S^*, 然后对维度 $1,2,\ldots,S^*$ 做多元对应分析, 以实现 $\boldsymbol{C}$ 对角矩阵的更新. 其过程如下:

1. 令 $\boldsymbol{C}^*=\{c_{ij}^*\}=\{c_{ij}\}$.
2. 对 $\hat{\boldsymbol{C}}^*$ 实施多元对应分析, 得到解:
$$\hat{\boldsymbol{C}}=\{\hat{c}_{ij}\}\equiv nr_ir_j\left(1+\sum_{s=1}^{S^*}\lambda_s a_{is}a_{js}\right).$$
3. 用 $\hat{\boldsymbol{C}}$ 代替 $\boldsymbol{C}^*$, 回到步骤 2, 直到收敛.

6.3 习 题

1. 请回答下面问题:
   (1) 典型相关分析所选择的少数典型变量是被假定代表各自变量组的所有信息, 还是部分信息? 从这一点来看, 它更像主成分分析还是因子分析?
   (2) 典型相关分析提供的信息和两组变量的两两相关得到的信息有什么不同? 由此说明典型相关分析的目的.
   (3) 典型相关分析的结论完全是由数学推导得到的吗? 其中有没有人为主观的决策? 如果有, 在哪里?
   (4) 对于典型相关分析典型变量的个数, 事先可以确定吗?
2. 有很多典型相关分析解的公式推导途径, 它们的数学本质完全是一样的.
   (1) 请用一个数据 (比如例 6.1 橄榄油数据) 根据公式编制程序来验证这些结果的等价性.
   (2) 请逐项比较用公式和方便的直接计算程序得到的结果 (这会是一个很好的编程训练).
3. 请说明典型相关分析和因子分析在模型上的异同.
4. 对应分析虽然用了不少数学工具, 但仍被认为是具有描述性的, 为什么? 在本书中, 哪些章的内容是属于描述性的?
5. 描述性统计是相对于推断统计 (参数估计、假设检验等经典统计) 而言的, 但实际上所有推断统计都是大量的人为假定和主观决策的结合. 你对这句话的看法如何? 举例说明.

6. 本书中的哪些内容和对应分析很相似?
7. R 中提供了一个名为`HairEyeColor` 的数据, 是三维数组形式, 变量有 Hair(头发颜色, 水平: Black、Brown、Red、Blond)、Eye(眼睛颜色, 水平: Brown、Blue、Hazel、Green)、Sex(性别, 水平: Male、Female). 请用头发颜色和眼睛颜色形成的列联表做二元对应分析.

第 7 章　正文中没有的代码

7.1　第 2 章的代码

7.1.1 2.1 节和 2.2 节的代码

以下代码做如下几种运算:

- 生成由正态分布 (分别为 $N(-1,1)$ 和 $N(1,1)$) 随机数组成的两矩阵 $\boldsymbol{A}_{(3\times4)}$ 和 $\boldsymbol{B}_{(4\times3)}$, 代码中确定随机种子是为了在重复运行同样代码时产生一致的结果, 注意: 不同的软件或程序, 即便设定相同数目的随机种子, 产生的 (伪) 随机数也可能不一样.
- 计算 $2\boldsymbol{A}+3\boldsymbol{B}^\top$.
- 计算乘积 $\boldsymbol{C}=\boldsymbol{AB}$.

R

```
set.seed(1010)
(A=matrix(rnorm(12,-1,1),3,4)) #赋值表达式加括号意味着打印结果
(B=matrix(rnorm(12,1,1),4,3))
(2*A+3*t(B))
(C=A%*%B) #%*%是矩阵乘号
```

Python

```
import numpy as np
np.random.seed(1010)
A=np.random.normal(-1,1,size=12).reshape(3,4)
B=np.random.normal(1,1,size=12).reshape(4,3)
2*A+3*B.T
C=A@B #或者 np.dot(A,B) #或者C=A.dot(B)
print(A,"\n",B,"\n",C)
```

以下代码做如下几种运算:

- 计算行列式 $|\boldsymbol{C}|$ 的值.
- 输出 $\boldsymbol{C}^{-1}\boldsymbol{C}$ 的结果, 它应该等于单位矩阵, 但由于浮点运算, 结果不大可能刚好是 0 和 1 组成的单位矩阵, 我们将它四舍五入到小数点后 14 位.
- 通过 Kronecker 乘积 $\boldsymbol{K}=\boldsymbol{A}\otimes\boldsymbol{B}$ 的计算, 得到 $\boldsymbol{K}$ 的维数为 12×12.
- 产生幂等矩阵 $\boldsymbol{M}=\boldsymbol{B}(\boldsymbol{B}^\top\boldsymbol{B})^{-1}\boldsymbol{B}^\top$, 并验证 $\boldsymbol{MM}-\boldsymbol{M}$ 等于全部是 0 的矩阵 (也将其四舍五入到小数点后 14 位).

注意: 当 Python 代码一行太长时, 可以加上反斜杠 “\” (其后面不能有空格) 来表示这

一行命令没有完; 在 R 代码中, 如果一行太长, 可以在头一行明显没有独立意义时换行, 比如语句 rnorm(5)[3], 不可以在 rnorm(5) 之后换行, 但可以在 rnorm(5)[3 之后或者 rnorm(之后换行.

R

```
det(C) #行列式
CI=solve(C) #逆矩阵
CI%*%C
round(CI%*%C,14)
K=A%x%B #%x%为Kronecker乘号
dim(K) #维数
(M=B%*%solve(t(B)%*%B)%*%t(B)) #幂等阵
round(M%*%M-M,14)
```

Python

```
print (np.linalg.det(C)) #行列式
CI=np.linalg.inv(C) #逆矩阵
print (CI.dot(C))
print (np.round(CI.dot(C),14))
K=np.kron(A,B) #Kronecker乘积
K.shape #维数
M=B@np.linalg.inv(B.T@B)@B.T
print(M,"\n",np.round(M@M-M,14))
```

下面代码随机产生 25×4 矩阵 $\boldsymbol{X}$; 计算 $\boldsymbol{X}$ 的相关阵; 解 $\boldsymbol{X}$ 的相关阵的特征值问题; 验证特征向量组成正交矩阵; 验证 $\boldsymbol{X}$ 相关阵的对角线元素的和 (迹) 等于其特征根的和.

R

```
set.seed(1010)
X=matrix(rnorm(100),25,4)
XC=cor(X)
a=eigen(XC)
a$values #特征值, 可简写为a$va
a$vectors #特征向量, 可简写为a$ve
round(t(a$vectors)%*%a$vectors,14)
(tr=sum(a$va));sum(diag(XC))
```

Python

```
np.random.seed(1010)
X=np.random.normal(25,4,size=100)
X.shape=25,4
XC=np.corrcoef(X.T)
```

```
w,v=np.linalg.eig(XC) #特征值及向量
np.round(v.T.dot(v),14)
print(w,"\n",v)
print (np.sum(w))
print (np.sum(np.diag(XC)))
```

以下代码做上面产生的矩阵 $\boldsymbol{X}$ 的奇异值分解 $\boldsymbol{X}=\boldsymbol{U}\boldsymbol{D}\boldsymbol{V}^{\top}$, 这里的 $\boldsymbol{U}$ 为 25×4 维, $\boldsymbol{U}$ 为 4×4 维; 查看 $\boldsymbol{U}$ 和 $\boldsymbol{V}$ 的正交性; 验证分解的正确性.

R

```
s=svd(X)
s$u
s$d #D的对角线元素
s$v
round(t(s$u)%*%s$u,14)
round(t(s$v)%*%s$v,14)
round(s$u%*%diag(s$d)%*%t(s$v)-X,10)
sqrt(eigen(t(X)%*%X)$va) #等于s$d
```

Python

```
u,d,v=np.linalg.svd(X,full_matrices=False)
print (u,"\n",d,"\n",v)
np.round(u.T@u,14)
np.round(v.T@v,14)
np.round(u@np.diag(d)@v-X)
eva,eve=np.linalg.eig(X.T@X)
print(np.sqrt(eva),d)
```

以下代码为 QR 分解和 Cholesky 分解:

- 对 4×3 矩阵 $\boldsymbol{B}$ 的 QR 分解 (在 R 中可以通过代码 `b=qr(B)` 实行, 但这样得到的是紧密形式, 还要用以下所述函数展开, 在 Python 中没有这个问题).
- 计算矩阵 $\boldsymbol{B}$ 的秩 (等于 3).
- 计算 Cholesky 分解, 我们用 $\boldsymbol{X}$ 的相关阵作为分解目标的对称矩阵, 即 $\text{Cor}(\boldsymbol{X})=\boldsymbol{L}\boldsymbol{L}^{\top}$. R 软件得到的是 $\boldsymbol{L}^{\top}$, 而 Python 得到的是 $\boldsymbol{L}$, 可以验证 $\boldsymbol{L}\boldsymbol{L}^{\top}=\text{Cov}(\boldsymbol{X})$.

R

```
b=qr(B)
qr.Q(b)#Q矩阵
qr.R(b)#R矩阵
b$rank #B的秩
CXC=chol(XC)
round(t(CXC)%*%CXC-XC,14)
```

Python

```
Q,R=np.linalg.qr(B)
print(Q)
print(R)
np.linalg.matrix_rank(B)#B的 秩
CXC=np.linalg.cholesky(XC)
print(np.round(CXC@CXC.T-XC,15))
```

7.1.2 2.5.4 节 R 和 Python 代码

计算不纯度的 R 函数:

```
puri=function(df,Y_ID,IMP='gini'){
  if (is.factor(df[,Y_ID])){
    p=table(df[,Y_ID])/sum(table(df[,Y_ID]))
    if (IMP=='gini')
      imp=1-sum(p^2) else
        if (prod(p)==0) imp=0 else
          imp=-sum(p*np.log2(p))
  } else
    imp=sum((df[,Y_ID]-mean(df[,Y_ID]))^2)
  return(imp)
}
```

对于分成两个子集 (只考虑二分叉情况) 不纯度减少的 R 计算函数:

```
Incr_purity=function(u,Y_ID,split){
  n=nrow(u)
  ss0=puri(u,Y_ID)
  ss=vector()
  ss[1]=puri(u[split, ],Y_ID)
  ss[2]=puri(u[!split, ],Y_ID)
  n1=sum(split)
  n2=n-n1
  if (is.factor(u[,Y_ID])){
    Delta=ss0-weighted.mean(ss,w=c(n1,n2))} else{
      Delta=ss0-sum(ss)
      }
  return(Delta)
}
```

计算不纯度的 Python 函数及实践:

```
def IMPU(df, Var,measure='Gini'):
    if df[Var].dtypes!=object:
        return sum(df[Var]-np.mean(df[Var])**2)
    from collections import Counter
    Z=Counter(df[Var])
    Z=np.array([Z[x] for x in Z ])
    p0=Z/sum(Z)
    if measure=='Gini':
        IM0=1-sum(p0**2)
    else:
        if p0.prod()==0:
            IM0=0
        else:
            IM0=-(p0*np.log2(p0)).sum()
    return IM0

# 利用上面函数
w=pd.read_csv('mushroom.csv')
IMPU(w,'type')
```

输出为 0.49935405449893955.

```
def Incr_purity(u,Var,split):
    n=u.shape[0]
    ss0=IMPU(u,Var)
    ss=np.empty(2)
    ss[0]=IMPU(u.loc[split],Var)
    ss[1]=IMPU(u.loc[np.logical_not(split)],Var)
    n1=sum(split)
    n2=n-n1
    if u[Var].dtypes!=object:
        Delta=ss0-np.sum(ss)
    else:
        Delta=ss0-np.average(ss,weights=[n1,n2])
    return Delta

# 利用上面函数
L1=[w['odor']==x for x in ['a','l','n']]
split1=reduce(lambda a,b: a|b, L1)
L2=[w['population']==x for x in ['y']]
split2=reduce(lambda a,b: a|b, L2)
Incr_purity(w,'type',split1),Incr_purity(w,'type',split2)
```

输出为 0.4706310539829085 和 0.005722968574057352.

7.2 第 3 章的代码

7.2.1 3.4.3 节 Python 代码

```
w=pd.read_csv("concrete.csv")
X=w.iloc[:,:-1]
y=w.iloc[:,-1]
from sklearn.linear_model import LinearRegression
Lm=LinearRegression()
Lm.fit(X,y)
np.set_printoptions(precision=2,suppress=True)
print(np.round(Lm.intercept_,2),'\n',Lm.coef_)
```

输出为:

```
-23.33
 [ 0.12  0.10   0.09 -0.15  0.29  0.02  0.02  0.11]
```

7.2.2 3.4.4 节 R 和 Python 代码

R 函数 Mcvreg (需要函数 Xgboost):

```
Mcvreg=function(w,Vid,fun=list(lm=lm),Z=10,seed=1010){
  library(tidyr)
  m=length(fun)
  y=w[,Vid]
  n=nrow(w);set.seed(seed)
  Zid=rep(1:Z,ceiling(n/Z))[1:n]
  Zid=sample(Zid,length(Zid),replace = TRUE)
  f=formula(paste(names(w)[Vid],'~.'))
  yhat=matrix(999,n,m)->yhat0
  colnames(yhat)=names(fun)
  for (j in 1:m) {
    if (names(fun)[j]=='xgboost'){
      yhat0[,j]=fun[[j]](w,w,Vid)
    } else{
      yhat0[,j]=fun[[j]](f,w) %>% predict(w)}
    for (i in 1:Z) {
      if (names(fun)[j]=='xgboost'){
        yhat[Zid==i,j]=fun[[j]](w[Zid!=i,],w[Zid==i,],Vid)
      } else{
        yhat[Zid==i,j]=fun[[j]](f,w[Zid!=i,]) %>% predict(w[Zid==i,])}
    }
  }
  yhat=data.frame(yhat)
```

```
  yhat0=data.frame(yhat0)
  NMSE_CV=sapply(yhat,function(x) sum((y-x)^2)/sum((y-mean(y))^2))
  NMSE_NOCV=sapply(yhat0,function(x) sum((y-x)^2)/sum((y-mean(y))^2))
  return(rbind(NMSE_CV,NMSE_NOCV))
}
# 测试该函数并画图
library(ipred);library(rpart);library(randomforest)
library(xgboost);library(gboost)
model=list(lm=lm,randomForest=randomForest,bagging=bagging,
           tree=rpart,xgboost=xgboost)
(Res=Mcvreg(w,9,model))
CV=c('with','without')
Lim=max(Res)
layout(1:2)
for (i in 1:2) {
Main=paste('NMSE for', ncol(Res),'regression methods', CV[i] ,'VC')
barplot(Res[i,],xlim = c(0,Lim),horiz = TRUE,col=2:6,las=1,main=Main)
}
```

R 函数 Mcvreg (及后面 Python 函数 Mcvcla) 为实行 xgboost 所需要的函数 (因为其 R 代码习惯和其他方法有所区别) Xgboost:

```
Xgboost=function(w1,w2,vid){
  xgb1=xgb.DMatrix(data =  data.matrix(model.matrix(~.,w1[,-vid])),
             label = w1[,vid])
  xgb2=xgb.DMatrix(data =  data.matrix(model.matrix(~.,w2[,-vid])),
             label = w2[,vid])
  pp=xgboost(data = xgb1, max.depth = 5,
         nrounds = 60, verbose = 0) %>% predict(xgb2)
  if (is.numeric(w1[,vid])){
    return(pp)
  } else{
      pp[(pp<1)] = 1
      pp[(pp>length(levels(w2[,vid])))] = length(levels(w2[,vid]))
      yhat = levels(w2[,vid])[round(pp)]
   return(yhat)}
}
```

Python 函数 Mcvreg:

```
def Mcvreg(X,y,model,Z=10,seed=1010):
    m=len(model)
    X=np.array(X)
    y=np.array(y)
```

```
    n=X.shape[0];np.random.seed(seed)
    Zid=np.repeat(np.arange(Z),np.ceil(n/Z))
    np.random.shuffle(Zid)
    Zid=Zid[:n]
    yhat=np.empty((n,m))
    yhat0=np.empty((n,m))
    M=np.sum((y-np.mean(y))**2)
    A=dict()
    B=dict()
    for j, k in enumerate(model):
        model[k].fit(X,y)
        yhat0[:,j]=model[k].predict(X)
        for i in range(Z):
            model[k].fit(X[Zid!=i],y[Zid!=i])
            yhat[Zid==i,j]=model[k].predict(X[Zid==i])
        A[k]=[np.sum((yhat[:,j]-y)**2)/M,np.sum((yhat0[:,j]-y)**2)/M]
    return A
```

执行上面代码并画图 (见图 7.2.1):

```
w=pd.read_csv("concrete.csv")
X=w.iloc[:,:-1]
y=w.iloc[:,-1]
from sklearn.linear_model import LinearRegression
from sklearn.ensemble import RandomForestRegressor, BaggingRegressor
from xgboost import XGBRegressor
from sklearn.tree import DecisionTreeRegressor

names = ["Bagging","Random Forest","LM",'Tree','XGboost']
regressors = [BaggingRegressor(n_estimators=100),
    RandomForestRegressor(n_estimators=500,random_state=1010),
    LinearRegression(),DecisionTreeRegressor(),XGBRegressor()]
REG=dict(zip(names,regressors))

Res=Mcvreg(X,y,REG,Z=10,seed=1010)

NMSE=pd.DataFrame.from_dict(Res).transpose()
NMSE.columns=['CV','No CV']
print(NMSE) # 打印输出
plt.subplot(2,1,1)
NMSE['CV'].plot(kind='barh',figsize=(24,3.5),
        title='NMSE for 5 regression models with CV')
plt.subplot(2,1,2)
NMSE['No CV'].plot(kind='barh',figsize=(24,3.5),
```

```
        title='NMSE for 5 regression models without CV')
```

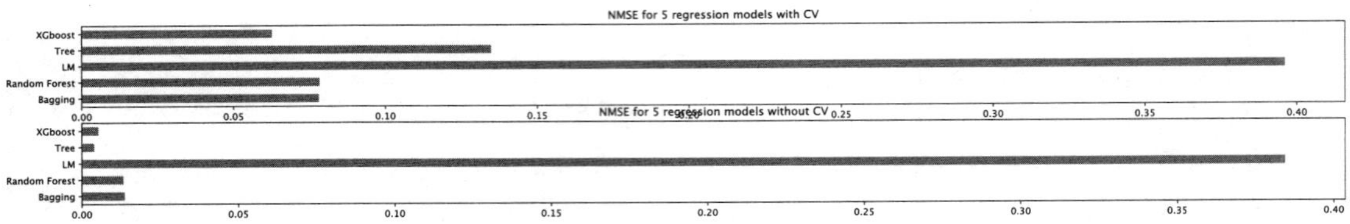

图 7.2.1　例 3.1 混凝土数据的 5 种回归模型交叉验证误差比较 (上) 和非交叉验证误差比较 (下)

7.2.3　3.4.5 节 R 和 Python 代码

生成图 3.4.3 的 R 代码:

```
w=read.csv("BostonHousing2.csv")[,-c(1:5,10)]
c1=lm(cmedv~.-1,w)$coef
c2=sapply(w[,2:13],function(x) lm(w$cmedv~x-1)$coef )
barplot(rbind(c1,c2),beside=T,horiz = TRUE,
        col=c(2,4),cex.names=1,las=1,
        legend.text = c('Multiple Regression','Univariate Regression'),
        main='Coefficient Comparison of Multiple Regression
and Univariate Regression Without Constant Term')
```

生成图 7.2.2 (类似于图 3.4.3) 的 Python 代码:

```
w=pd.read_csv("BostonHousing2.csv")
X=w.drop(w.columns[[0,1,2,3,4,5,9]],axis=1)
y=w['cmedv']
b=[sum(X[i]*y)/sum(X[i]**2) for i in X.columns]
B=np.linalg.inv(X.T@X)@X.T@y
bb=pd.DataFrame(np.stack((B,b),axis=1),columns=['Mult-b','Single-b'],
                index=X.columns)
bb.plot(kind='barh',figsize=(21,6))
```

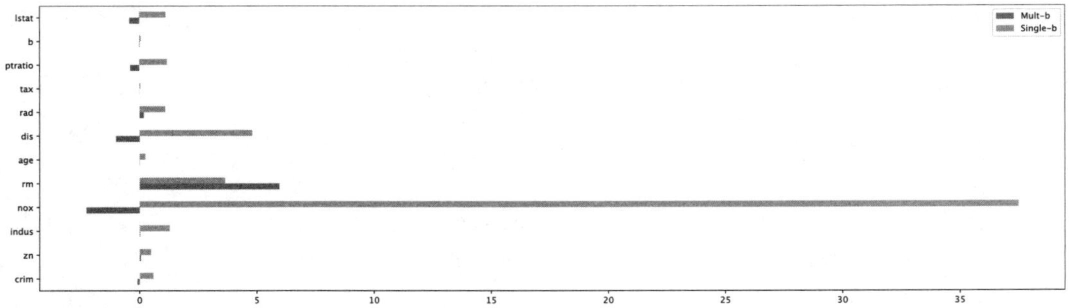

图 7.2.2　对例 3.2 波士顿住房数据做每个自变量的简单回归和多重回归系数估计的变化

7.2.4 3.5.2 节 Python 代码

拟合例 3.3 欺诈竞标数据的 Python 代码:

```
w=pd.read_csv('bidding.csv').iloc[:,3:]
X=w.iloc[:,:-1]
y=w['Class'].astype('category')

from sklearn.linear_model import LogisticRegression
Logr=LogisticRegression()
a=Logr.fit(X,y)
print(a.coef_)
yhat=a.predict(X)

from sklearn.metrics import confusion_matrix
confusion_matrix(y,yhat),np.mean(y!=yhat)
```

输出系数和对训练集预测的混淆矩阵、误判率:

```
[[ 0.75  1.4   8.52  0.62  0.57  0.24 -0.38  3.86  0.09]]
(array([[5572,   74],
        [  72,  603]]),
 0.023097611137478248)
```

7.2.5 3.5.3节 R 和 Python 代码

产生图 3.5.2 的 R 代码:

```
library(caTools)
set.seed(1010)
split <- sample.split(w[,10], SplitRatio = 0.75)#训练集占75%
#得到一个训练集和一个测试集
w_train <- subset(w, split == TRUE)
w_test <- subset(w, split == FALSE)
#logistic 回归
a <- glm (Class ~ ., data = w_train, family = binomial)
pred <- predict(a,w_test, type = 'response')
#四个点图:
library(ROCR)
par(mfrow=c(1,4),mar=c(4,4,4,2))
ROCRpred <- prediction(pred, w_test$Class)
ROCRperf <- performance(ROCRpred, 'tpr','fpr')
plot(ROCRperf, colorize = TRUE, text.adj = c(-0.2,1.7))
title("ROC curve")
Precperf <- performance(ROCRpred, 'prec','rec')
plot(Precperf, colorize = TRUE, text.adj = c(-0.2,1.7))
```

```
title("Precision/recall graph")
Sensperf <- performance(ROCRpred, 'sens','spec')
plot(Sensperf, colorize = TRUE, text.adj = c(-0.2,1.7))
title("Sensitivity/specificity plot")
Liftperf <- performance(ROCRpred, 'lift','rpp')
plot(Liftperf, colorize = TRUE, text.adj = c(-0.2,1.7))
title("Lift chart")
```

得到 AUC 的 R 代码:

```
pr <- prediction(pred, w_test$Class)
auc <- performance(ROCRpred, measure = "auc")
(auc <- auc@y.values[[1]])
```

产生 ROC 图和 AUC 值 (见图 7.2.3) 的 Python 代码:

```
from sklearn.model_selection import train_test_split
from sklearn import metrics
X_train,X_test,y_train,y_test = train_test_split(X,y,test_size=0.3,
                random_state=0)
log_reg = LogisticRegression()
log_reg.fit(X_train,y_train)
y_pred_proba = log_reg.predict_proba(X_test)[::,1]
fpr, tpr, _ = metrics.roc_curve(y_test,  y_pred_proba)

auc = metrics.roc_auc_score(y_test, y_pred_proba)
plt.figure(figsize=(20,5))
plt.plot(fpr,tpr,label="AUC="+str(auc))
plt.ylabel('True Positive Rate')
plt.xlabel('False Positive Rate')
plt.legend(loc=4)
plt.savefig('rocpy.pdf',bbox_inches='tight',pad_inches=0)
plt.show()
```

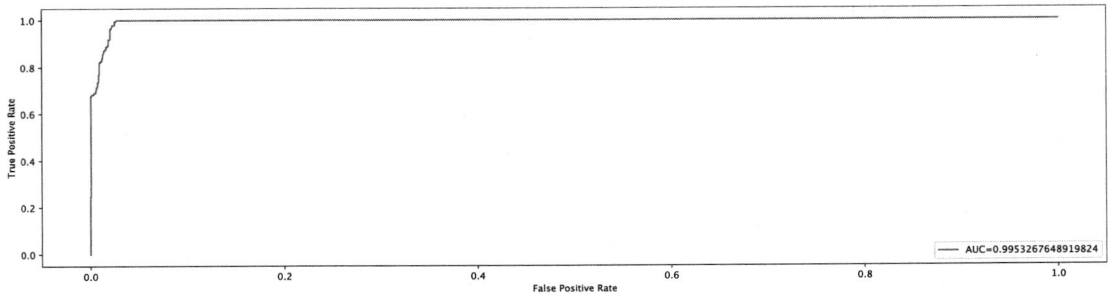

图 7.2.3　例 3.3 欺诈竞标数据 logistic 回归分类的 ROC 曲线和 AUC 值图

7.2.6 3.5.4 节 R 和 Python 代码

生成多模型交叉验证二分类比较图 3.5.3 的 R 代码如下:

(1) 平衡因变量各水平的分折函数:

```
Fold=function(Z,w,D,seed=7777){
  n=nrow(w);d=1:n;dd=list()
  w[,D]=factor(w[,D])
  e=levels(w[,D]);T=length(e)#因变量T类
  set.seed(seed)
  for(i in 1:T){ #i=1
    d0=d[w[,D]==e[i]];j=length(d0)
    ZT=rep(1:Z,ceiling(j/Z))[1:j]
    id=cbind(sample(ZT,length(ZT)),d0);dd[[i]]=id
  } #上面每个dd[[i]]是随机1:Z及i类的下标集组成的矩阵
  mm=list()
  for(i in 1:Z){
    u=NULL;
    for(j in 1:T) u=c(u,dd[[j]][dd[[j]][,1]==i,2])
    mm[[i]]=u
  } #mm[[i]]为第i个下标集i=1,...,Z
  return(mm)
}
```

(2) 实行 xgboost 的辅助函数在 7.2.2 节.

(3) 实行 Adaboost 的辅助函数 (因为其和其他函数不同的习惯及和 adabag 包与 ipred 包的 begging 函数的同名问题):

```
Adaboost=function(w1,w2,Vid){
  f=formula(paste(names(w1)[Vid],'~.'))
  pred=adabag::boosting(f,w1) %>%
    adabag::predict.boosting(.,w2) %>% .$class
  return(pred)
}
```

(4) 多模型多折交叉验证比较函数:

```
Mcvcla=function(w,Vid,fun,Z=10,seed=1010){
  library(tidyr)
  set.seed(seed)
  m=length(fun)
  y=w[,Vid]
  n=nrow(w);set.seed(seed)
  Zid=Fold(Z,w,D=Vid,seed = seed)
  f=formula(paste(names(w)[Vid],'~.'))
```

```
  yhat=data.frame(matrix(sample(levels(y),n*m,replace = T),n,m))
  names(yhat)=names(fun)
  for (k in 1:ncol(yhat)) {
    yhat[,k]=factor(yhat[,k])
  }
  yhat0=yhat
  for (j in 1:m) {
    if (names(fun)[j]=='logit'){
      yhat0[,j]=fun[[j]](f,w,family='binomial') %>%
        predict(w,type="response") %>%
      ">"(.,.5) %>% ifelse(.,levels(y)[2],levels(y)[1])
    } else if (names(fun)[j]=='tree'){
        yhat0[,j]=fun[[j]](f,w) %>%
          predict(w,type='class')
    }else if (names(fun)[j]=='xgboost'|names(fun)[j]=='Adaboost') {
      yhat0[,j]=fun[[j]](w,w,Vid)
      } else{
        yhat0[,j]=fun[[j]](f,w) %>% predict(w)}
    for (i in 1:Z) {
      zid=Zid[[i]]
      if (names(fun)[j]=='logit'){
        yhat[zid,j]=fun[[j]](f,w[-zid,],family='binomial') %>%
          predict(w[zid,],type="response") %>%
        ">"(.,.5) %>% ifelse(.,levels(y)[2],levels(y)[1])
      } else if (names(fun)[j]=='tree'){
        yhat[zid,j]=fun[[j]](f,w[-zid,]) %>%
          predict(.,w[zid,],type='class')
      } else if (names(fun)[j]=='xgboost'|names(fun)[j]=='Adaboost'){
        yhat[zid,j]=fun[[j]](w[-zid,],w[zid,],Vid)
      } else {
        yhat[zid,j]=fun[[j]](f,w[-zid,]) %>% predict(w[zid,])}
    }
  }
  yhat=data.frame(yhat)
  yhat0=data.frame(yhat0)
  Error_CV=sapply(yhat,function(x) mean(x!=y))
  Error_NOCV=sapply(yhat0,function(x) mean(x!=y))
  return(rbind(Error_CV,Error_NOCV))
}
```

(5) 对例 3.3 斯诈竞标数据运行上面函数及画图 3.5.3:

```
w=read.csv('bidding.csv')[,-(1:3)]
w$Class=factor(w$Class)
library(tidyr);library(ipred)
library(xgboost);
library(rpart.plot)
library(randomForest)
L=list(logit=glm,tree=rpart,bagging=bagging,xgboost=Xgboost,
      randomForest=randomForest,Adaboost=Adaboost)
(Res=Mcvcla(w,10,L))
barplot(Res[1,],horiz = TRUE,col=2:7,las=1,
       main=paste('Error for', ncol(Res),
                  'classification methods with CV'))
```

生成多模型交叉验证二分类比较图 7.2.4 的 Python 代码如下:

```
from sklearn.tree import DecisionTreeClassifier
from sklearn.ensemble import AdaBoostClassifier,\
    RandomForestClassifier,BaggingClassifier
from xgboost import XGBClassifier
```

(1) 分折函数:

```
def Fold(u,Z=5,seed=1010):
    u = np.array(u).reshape(-1)
    id = np.arange(len(u))
    zid = []; ID = []; np.random.seed(seed)
    for i in np.unique(u):
        n = sum(u==i)
        ID.extend(id[u==i])
        k = (list(range(Z))*int(n/Z+1))[:n]
        np.random.shuffle(k)
        zid.extend(k)
    zid = np.array(zid);ID = np.array(ID)
    zid = zid[np.argsort(ID)]
    return zid
```

(2) 多模型分类交叉验证函数:

```
def ClaCV2(X,y,CLS, Z=10,seed=8888, trace=True):
    from datetime import datetime
    n=len(y)
    Zid=Fold(y,Z,seed=seed)
    YCPred=dict();Err=dict()
    A=dict()
    for i in CLS:
```

```
        if trace: print(i,'\n',datetime.now())
        Y_pred=np.copy(y)
        err=np.repeat(99.9,Z)
        np.random.shuffle(np.array(Y_pred));
        for j in range(Z):
            clf=CLS[i]
            clf.fit(X[Zid!=j],y[Zid!=j])
            Y_pred[Zid==j]=clf.predict(X[Zid==j])
            err[j]=np.mean(y[Zid==j]!=Y_pred[Zid==j])
        YCPred[i]=Y_pred
        Err[i]=err
        A[i]=np.mean(y!=YCPred[i])
    if trace: print(datetime.now())
    R=pd.DataFrame(YCPred)
    E10=pd.DataFrame(Err)
    return R, A, E10
```

(3) 对例 3.3 欺诈竞标数据的实践生成类似于图 3.5.3 的图 7.2.4:

```
w=pd.read_csv("Bidding.csv").iloc[:,3:];
X=w.iloc[:,:-1];y=w["Class"].astype('category')
DecisionTreeClassifier(max_depth=5)
CLS=dict(zip(("TreeCL","Logit", "Randomforest","Adaboost","Bagging",
              "Xgboost"),
             (DecisionTreeClassifier(max_depth=5),
              LogisticRegression(random_state=0),
              RandomForestClassifier(),
              AdaBoostClassifier(DecisionTreeClassifier(max_depth=5)),
              BaggingClassifier(), XGBClassifier()
             )))
R, A, E=ClaCV2(X,y,CLS, Z=10,seed=1010, trace=False)
pd.Series(A).plot(kind='barh',figsize=(20,5),
       title="Error for 6 models in 10-fold cross validation")
plt.savefig('cla2py.pdf',bbox_inches='tight',pad_inches=0)
```

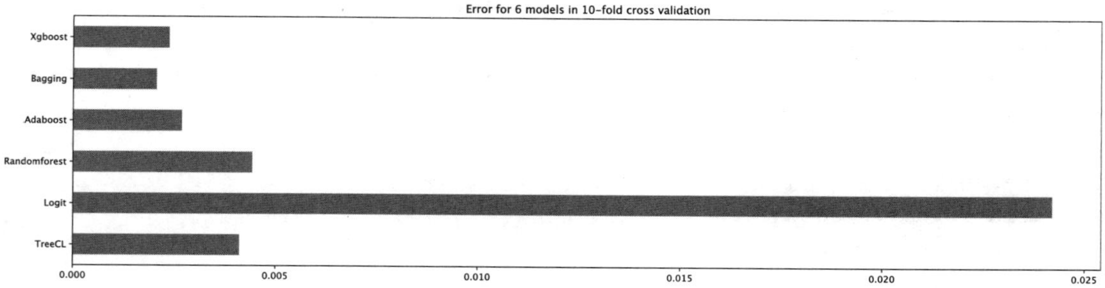

图 7.2.4　例 3.3 欺诈竞标数据二分类问题的 6 种方法的交叉验证误判率比较

7.2.7 3.6.1 节 Python 代码

生成图 3.6.1 的 Python 代码:

```
w=pd.read_csv("concrete.csv")
X=w.iloc[:,:-1]
y=w.iloc[:,-1]
from sklearn.tree import DecisionTreeRegressor, export_graphviz
import graphviz
reg=DecisionTreeRegressor(max_depth=4)
reg.fit(X,y)
dot_data=export_graphviz(reg,out_file=None, feature_names=X.columns,
                         rounded=True, filled=True)
graph = graphviz.Source(dot_data)
graph.render("concrete_tree") #存图到文件
```

生成图 3.6.3 的 Python 代码:

```
w=pd.read_csv("MHR.csv")
X=w.iloc[:,:-1]
y=pd.get_dummies(w.iloc[:,-1])@range(len(np.unique(w['RiskLevel'])))

from sklearn.tree import DecisionTreeClassifier
from sklearn import tree
import graphviz
clf=DecisionTreeClassifier(max_depth=3)
clf = clf.fit(X, y)
dot_data=tree.export_graphviz(clf,out_file=None, feature_names=X.columns,
                         rounded=True, filled=True)
graph = graphviz.Source(dot_data)
graph.render("MHRtree0") #存图到文件
graph
```

7.2.8 3.6.3 节 R 和 Python 代码

生成图 3.6.5 的 R 代码:

```
w=read.csv("MHR.csv",stringsAsFactors = T)
library(tidyr);library(ipred);library(xgboost)
library(rpart.plot);library(randomForest)
L=list(tree=rpart,bagging=bagging,xgboost=Xgboost,
       randomForest=randomForest,Adaboost=Adaboost)
(Res=Mcvcla(w,7,L))
barplot(Res[1,],beside=TRUE,horiz = TRUE,col=2:6,las=1,
        main=paste('Error for',ncol(Res),'classification methods with CV'))
```

生成类似于图 3.6.5 的图 7.2.5 的 Python 代码:

```
w=pd.read_csv("MHR.csv")
X=w.iloc[:,:-1]
y=pd.get_dummies(w.iloc[:,-1])@range(len(np.unique(w['RiskLevel'])))


CLS=dict(zip(("Tree","Randomforest","Adaboost","Bagging","Xgboost"),
             (DecisionTreeClassifier(max_depth=5),
              RandomForestClassifier(),
              AdaBoostClassifier(DecisionTreeClassifier(max_depth=5)),
              BaggingClassifier(),
              XGBClassifier()
             )))

R, A, E=ClaCV2(X,y,CLS, Z=10,seed=1010, trace=False)

pd.Series(A).plot(kind='barh', figsize=(24,6),
        title="Error for 4 models in 10-fold cross validation")
plt.savefig('cla44py.pdf',bbox_inches='tight',pad_inches=0)
```

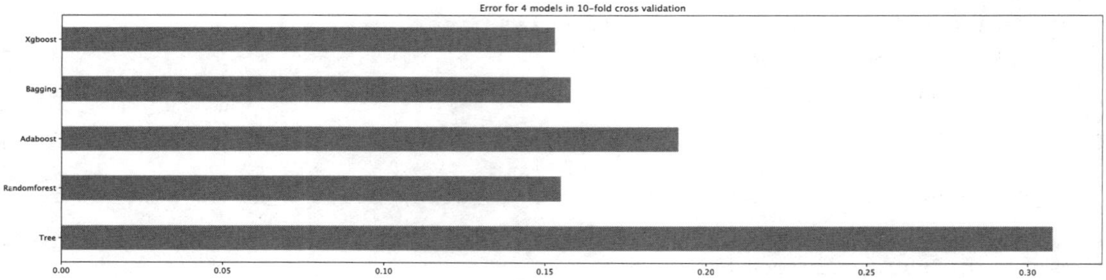

图 7.2.5　例 3.4 数据的多分类决策树和若干集成模型交叉验证误差比较

7.2.9 3.7.2 节 Python 代码

下面是对例 3.5 皮肤病数据做 bagging 分类的 Python 代码. 除了年龄变量 (V34) 之外, 所有变量都是分类变量, 在 Python(和 R 不同) 中需要在程序中把所有分类自变量哑元化 (用 `pd.get_dummies()`), 而把整数代表的分类因变量标明为分类变量形式 (而非整数). 在拟合代码中选项 `oob_score` 意味着可输出 OOB 交叉验证准确率.

```
w=pd.read_csv("derm.csv")
X=w.iloc[:,:-1].astype('category');y=w["V35"].astype('category')
X=pd.get_dummies(X,drop_first=False)

from sklearn.ensemble import BaggingClassifier
```

```
Bag=BaggingClassifier(n_estimators=100, oob_score=True).fit(X,y) # 100棵树
print(f'OOBerr={1-Bag.oob_score_},NoCVerr={np.mean(Bag.predict(X)!=y)}')
```

输出的 OOB 交叉验证误判率和对训练集的误判率:

```
OOBerr=0.03551912568306015,NoCVerr=0.0
```

7.2.10 3.7.3 节 Python 代码

下面是对例 3.6 服装业数据做 bagging 回归的代码:

```
def nmse(y,yhat):
    return np.sum((y-yhat)**2)/np.sum((y-np.mean(y))**2)
v=pd.read_csv("garmentsF.csv").iloc[:,1:]
v.team=v.team.astype("category")
X=pd.get_dummies(v.iloc[:,:-1],drop_first=False)
y=v['act_prod']

from sklearn.ensemble import BaggingRegressor
Bagr=BaggingRegressor(n_estimators=100, oob_score=True).fit(X,y)
print(f'OOBNMSE={1-Bagr.oob_score_}, NoCVerr={nmse(y,Bagr.predict(X))}')
```

输出的 OOB 交叉验证误判率和训练集误判率 (由于随机性结果会每次不同):

```
OOBNMSE=0.3931827845722634, NoCVerr=0.05288998745462812
```

7.2.11 3.8.1 节 Python 代码

下面是对例 3.5 皮肤病数据做随机森林分类的 Python 代码. 其选项的含义和 bagging 分类的代码相似.

```
w=pd.read_csv("derm.csv")
X=w.iloc[:,:-1].astype('category');y=w["V35"].astype('category')
X=pd.get_dummies(X,drop_first=False)

from sklearn.ensemble import RandomForestClassifier
RFc=RandomForestClassifier(n_estimators=500, oob_score=True).fit(X,y)
print(f'OOBerr={1-RFc.oob_score_}, NoCVerr={np.mean(RFc.predict(X)!=y)}')
```

输出的 OOB 交叉验证误判率和对训练集的误判率:

```
OOBerr=0.01912568306010931, NoCVerr=0.0
```

由于哑元化, Python 的自变量个数从 35 个增加到 197 个, 因此变量重要性图不如 R 生成的 (参见图 3.8.1) 有意义. 该重要性度量是基于变量对不纯度减少的贡献. 产生前 25 个重要变量的重要性图 (见图 7.2.6) 的代码:

```
forest_imp = pd.Series(RFc.feature_importances_, index=X.columns)
forest_imp.sort_values(ascending=False)[:25].plot(kind='barh',
 figsize=(20,5),
 title="Variable importance in random forest classification")
plt.savefig('RFCImppy.pdf',bbox_inches='tight',pad_inches=0)
```

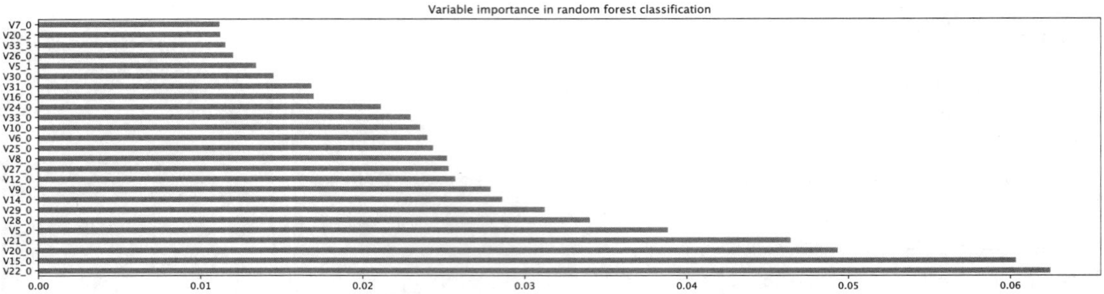

图 7.2.6　例 3.5 皮肤病数据随机森林分类的变量重要性图

7.2.12 3.8.2 节 Python 代码

下面是对例 3.6 服装业数据做随机森林回归的代码:

```
v=pd.read_csv("garmentsF.csv").iloc[:,1:]
v.team=v.team.astype("category")
X=pd.get_dummies(v.iloc[:,:-1],drop_first=False)
y=v['act_prod']

from sklearn.ensemble import RandomForestRegressor
RFr=RandomForestRegressor(n_estimators=500, oob_score=True).fit(X,y)
print(f'OOBNMSE={1-RFr.oob_score_}, NoCVerr={nmse(y,RFr.predict(X))}')
```

输出的 OOB 交叉验证误判率和训练集误判率:

```
OOBNMSE=0.39007219526165393, NoCVerr=0.05249593127408799
```

对例 3.6 服装业数据做随机森林回归的变量重要性图 (见图 7.2.7).

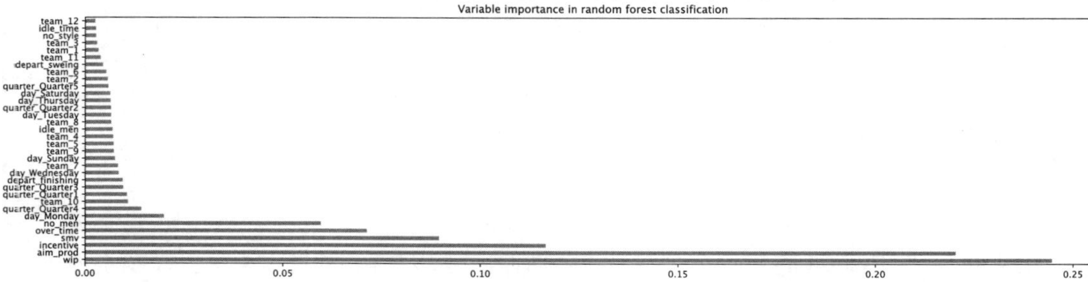

图 7.2.7　例 3.6 服装业数据随机森林回归的变量重要性图

```
RFr_imp = pd.Series(RFr.feature_importances_, index=X.columns)
RFr_imp.sort_values(ascending=False).plot(kind='barh',
 figsize=(20,5),
 title="Variable importance in random forest classification")
plt.savefig('RFRImppy.pdf',bbox_inches='tight',pad_inches=0)
```

7.2.13 3.9.2 节 Python 代码

下面是 AdaBoost 对例 3.5 皮肤病数据分类的代码, 这里没有 OOB 误差的输出, 对训练集的误判率为 0. 我们将在后面对各个集成模型集中进行交叉验证. 这里还产生了前 25 个重要变量的度量图 (见图 7.2.8).

```
w=pd.read_csv("derm.csv")
X=w.iloc[:,:-1].astype('category');y=w["V35"].astype('category')
X=pd.get_dummies(X,drop_first=False)
from sklearn.ensemble import AdaBoostClassifier
Adac=AdaBoostClassifier(DecisionTreeClassifier(max_depth=5)).fit(X,y)
Ada_imp = pd.Series(Adac.feature_importances_, index=X.columns)
Ada_imp.sort_values(ascending=False)[:25].plot(kind='barh',
 figsize=(20,5),title="Variable importance in adaboost classification")
plt.savefig('AdaImppy.pdf',bbox_inches='tight',pad_inches=0)
```

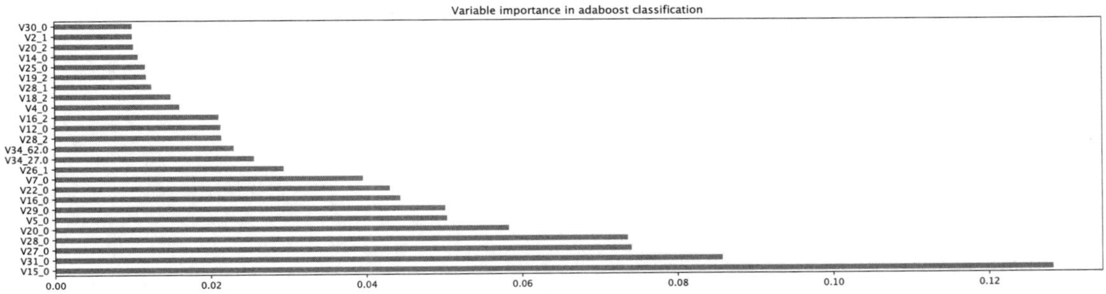

图 7.2.8 AdaBoost 对例 3.5 皮肤病数据的分类的变量重要性图 (只显示前 25 个)

7.2.14 3.10.2 节 Python 代码

对例 3.5 皮肤病数据做 Xgboost 拟合并得到 10 折交叉验证误差:

```
from xgboost import XGBClassifier
w=pd.read_csv("derm.csv")
X=w.iloc[:,:-1].astype('category')
X=pd.get_dummies(X,drop_first=False)
y=pd.get_dummies(w.iloc[:,-1])@range(len(np.unique(w['V35'])))

Z=10; n=len(y)
Zid=Fold(y,Z,1010)
```

```
Y_pred=np.copy(y)
for j in range(Z):
    xgbc=XGBClassifier()
    xgbc.fit(X[Zid!=j],y[Zid!=j])
    Y_pred[Zid==j]=xgbc.predict(X[Zid==j])
np.mean(Y_pred!=y)
```

得到交叉验证误判率为 0.03005.

7.2.15 3.10.3 节 Python 代码

对例 3.6 服装业数据做 Xgboost 拟合并得到 10 折交叉验证误差:

```
from xgboost import XGBRegressor
def nmse(y,yhat):
    return np.sum((y-yhat)**2)/np.sum((y-np.mean(y))**2)

v=pd.read_csv("garmentsF.csv").iloc[:,1:]
v.team=v.team.astype("category")
X=pd.get_dummies(v.iloc[:,:-1],drop_first=False)
y=v['act_prod']

n=X.shape[0];np.random.seed(1010)
Zid=np.repeat(np.arange(Z),np.ceil(n/Z))
np.random.shuffle(Zid)
Zid=Zid[:n]
yhat=np.empty(n)
M=np.sum((y-np.mean(y))**2)
for i in range(Z):
    xgbr=XGBRegressor()
    xgbr.fit(X[Zid!=i],y[Zid!=i])
    yhat[Zid==i]=xgbr.predict(X[Zid==i])
nmse(y,yhat)
```

得到交叉验证 NMSE 为 0.436401.

7.2.16 3.11.3 节 R 代码

将 R 程序包 neuralnet 中的同名函数分类包装成新函数:

```
NnetCla=function(u1,u2,vid,hid=5){
  library(neuralnet)
  yname=names(u1)[vid]
  w1=data.frame(model.matrix(~.,u1[,-vid]))
  w1[yname]=u1[yname]
  w2=data.frame(model.matrix(~.,u2[,-vid]))
```

```
  w2[yname]=u2[yname]
  f=formula(paste(yname,'~.'))
  tnn=neuralnet(f,data=w1, hidden=hid,linear.output = FALSE)
  y0=predict(tnn,w2)
  yhat=levels(u1[,vid])[apply(y0, 1, which.max)]
  return(yhat)
}
```

7.2.17 3.11.3 节 Python 代码

对例 3.5 皮肤病数据做神经网络分类的 10 折交叉验证的 Python 代码为:

```
w=pd.read_csv("derm.csv")
X=w.iloc[:,:-1].astype('category')
X=pd.get_dummies(X,drop_first=False)
y=pd.get_dummies(w.iloc[:,-1])@range(len(np.unique(w['V35'])))
from sklearn.neural_network import MLPClassifier
Z=10; n=len(y)
Zid=Fold(y,Z,1010)
Y_pred=np.copy(y)
for j in range(Z):
    clf = MLPClassifier(solver='lbfgs', alpha=1e-5,max_iter=600,
                        hidden_layer_sizes=(10, 6), random_state=1)
    clf.fit(X[Zid!=j],y[Zid!=j])
    Y_pred[Zid==j]=clf.predict(X[Zid==j])

from sklearn.metrics import confusion_matrix
print(f'CV Error = {np.mean(Y_pred!=y)}')
print(f'CV confusion_matrix:\n{confusion_matrix(y,Y_pred)}')
```

输出为:

```
CV Error = 0.07103825136612021
CV confusion_matrix:
[[109   1   0   0   2   0]
 [  1  51   0   6   2   1]
 [  0   0  71   0   1   0]
 [  0   6   0  43   0   0]
 [  0   3   0   0  49   0]
 [  0   1   0   2   0  17]]
```

7.2.18 3.11.4 节 Python 代码

对例 3.2 波士顿住房数据做神经网络回归的 10 折交叉验证的 Python 代码为:

```
w=pd.read_csv("BostonHousing2.csv")
X=w.drop(w.columns[[0,1,2,3,4,5,9]],axis=1)
y=w['cmedv']

from sklearn.neural_network import MLPRegressor
from sklearn.model_selection import train_test_split
from sklearn.preprocessing import StandardScaler
X_train, X_test, y_train, y_test = train_test_split(X, y,random_state=1)
scaler = StandardScaler()
scaler.fit(X_train)
X_train = scaler.transform(X_train)
X_test = scaler.transform(X_test)
regr = MLPRegressor(random_state=1, max_iter=2000,
                    hidden_layer_sizes=(40,20)).fit(X_train, y_train)
print(f'CV NMSE = {1-regr.score(X_test, y_test)}')
```

输出为:

```
V NMSE = 0.08866676718190669
```

7.3 第 4 章的代码

7.3.1 4.1.1 节和 4.1.2 节 Python 代码

读入例 4.1 数据, 并求数据相关阵的特征值和特征向量 (只输出 4 列特征向量):

```
w=pd.read_csv("full.aaup.csv")
u=w[w.columns[4:]]
ava,ave=np.linalg.eig(np.corrcoef(u.T))
print("eigenvalues=\n",ava,"4 eigen vectors=\n",ave[:,:4])
```

输出为:

```
eigenvalues=
 [  9.30528828e+00   2.43991068e+00   7.06092317e-01   1.80195778e-01
   1.36677759e-01   7.62450750e-02   6.67250540e-02   5.21300766e-02
   2.70207415e-02   4.98024612e-03   2.73310426e-04   1.90026170e-03
   2.56042138e-03] 4 eigen vectors=
 [[ 0.31273824  0.13520345 -0.02804996 -0.30274173]
 [ 0.30502296  0.18915188 -0.11642372  0.11576999]
 [ 0.30568127  0.15595337 -0.08826369  0.41070451]
 [ 0.31187011  0.15730953  0.07045888 -0.30599752]
 [ 0.31098143  0.15795763 -0.03176836 -0.27621024]
 [ 0.30214696  0.20768459 -0.11074421  0.137697  ]
 [ 0.30382362  0.16839536 -0.0879139   0.42882607]
```

```
[ 0.31028804  0.17519777  0.05822265 -0.25605919]
[ 0.24334906 -0.35693583  0.33116826 -0.33087167]
[ 0.24106277 -0.39369935  0.17830881  0.26108295]
[ 0.23529148 -0.41237627  0.04912807  0.26515144]
[ 0.08890082 -0.3897086  -0.87898802 -0.19914972]
[ 0.24752096 -0.40670597  0.17891781 -0.01775209]]
```

求各个成分的贡献率和累积贡献率:

```
cca=ava/np.sum(ava)#贡献率
ca=np.cumsum(ava)/np.sum(ava)#累积贡献率
```

产生崖底碎石图 (见图 7.3.1):

```
fig=plt.figure(figsize=(16,4))
fig.add_subplot(121)
plt.scatter(range(1,14),ava)
plt.plot(range(1,14),ava)
plt.title('Scree Plot')
plt.xlabel('Component Number')
plt.ylabel('Eigen Value')
fig.add_subplot(122)
plt.scatter(range(1,14),ca)
plt.plot(range(1,14),ca)
plt.title('Cumulative Contribution')
plt.xlabel('Component Number')
plt.ylabel('Cumulative Contribution')
plt.savefig('pyscree7.pdf',bbox_inches='tight',pad_inches=0)
```

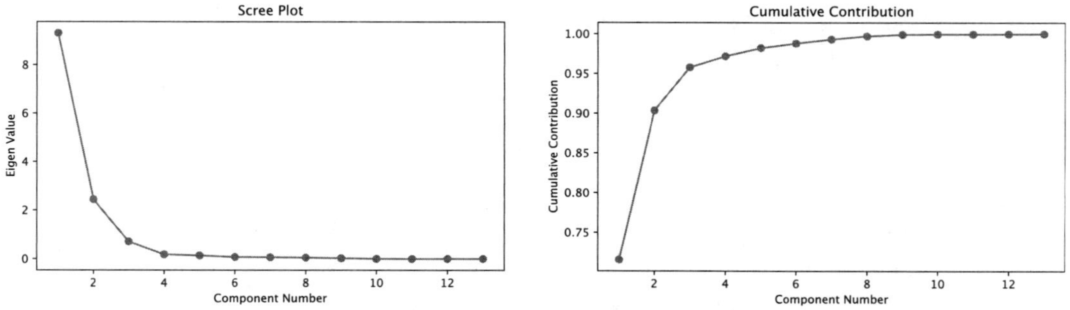

图 7.3.1 例 4.1 教师数据主成分分析的崖底碎石图

主成分和原始变量的相关系数与载荷图

下面第一行代码得到各个变量 (比如第 j 个) 和诸成分 (比如第 i 个) 的相关系数 ($\sqrt{\ell_i}a_{ij}$), 后面的代码产生载荷图 (见图7.3.2).

```
loadings=np.sqrt(ava)*ave

plt.scatter(loadings[:,0],loadings[:,1])
for i in range(13):
    plt.text(loadings[i,0],loadings[i,1],w.columns[4:][i])
plt.title('Loadings')
plt.xlabel('Component 1')
plt.ylabel('Component 2')
plt.grid(True)
plt.show()
```

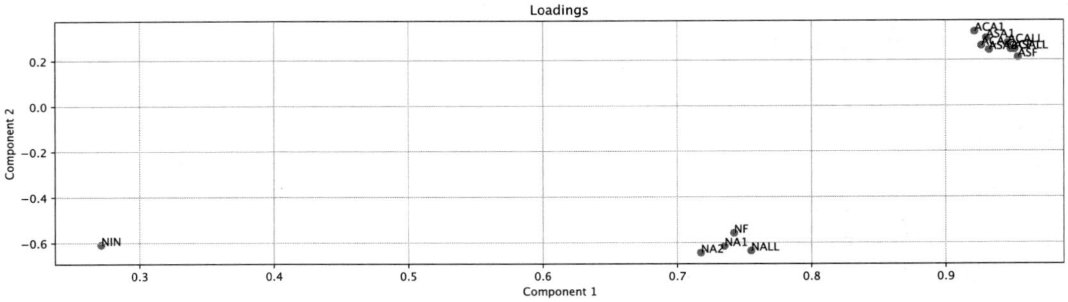

图 7.3.2 例 4.1 教师数据主成分分析的载荷图

主成分得分

下面代码前 3 行将数据标准化和计算观测值得分, 中间 3 行把加利福尼亚州的数据抽出来. 最后, 分别画出所有学校和加利福尼亚州学校的主成分得分图 (见图 7.3.3).

```
from sklearn.preprocessing import StandardScaler
scaler = StandardScaler()
sc=scaler.fit_transform(u).dot(ave)

CA=np.array(w[w.columns[2]]=='CA')
name_CA=np.array(w[w.columns[1]][CA])
sc1=sc[CA,:]

fig=plt.figure(figsize=(40,10))
fig.add_subplot(121)
plt.scatter(sc[:,0],sc[:,1])
for i in range(u.shape[0]):
    plt.text(sc[i,0],sc[i,1],w[w.columns[1]][i])
plt.title('Sample Principal Components')
plt.xlabel('Component 1')
plt.ylabel('Component 2')
plt.grid(True)
fig.add_subplot(122)
```

```
plt.scatter(sc1[:,0],sc1[:,1])
for i in range(sc1.shape[0]):
    plt.text(sc1[i,0],sc1[i,1],name_CA[i])
plt.title('Sample Principal Components for California Schools')
plt.xlabel('Component 1')
plt.ylabel('Component 2')
plt.grid(True)
plt.show()
```

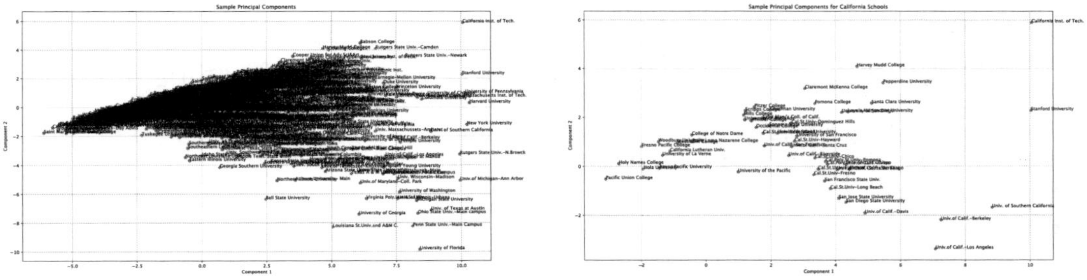

图 7.3.3 例 4.1 教师数据主成分分析的得分图

直接利用函数 sklearn.decomposition.PCA 做主成分分析

前面是用代数公式得到主成分分析的结果,这里直接利用模块 sklearn 中的函数做主成分分析. 我们只输出载荷图 (见图 7.3.4). 首先读入数据并拟合:

```
w=pd.read_csv("full.aaup.csv")
u=w[w.columns[4:]];X=np.array(u)
from sklearn.decomposition import PCA
pca = PCA(n_components=2)
Y=pca.fit_transform(X)#主成分得分
print(pca.explained_variance_ratio_) #方差百分比
```

打印出两个主成分被解释的方差百分比 `[0.77370134  0.19963845]`. 画载荷图 (见图 7.3.4) 的代码如下:

```
plt.figure(figsize=(10,7))
plt.scatter(pca.components_[0],pca.components_[1])
for i in range(13):
    plt.text(pca.components_[0,i],pca.components_[1,i],w.columns[4:][i],
    fontsize=20)
plt.title('Loadings')
plt.xlabel('Component 1')
plt.ylabel('Component 2')
plt.grid(True)
plt.show()
```

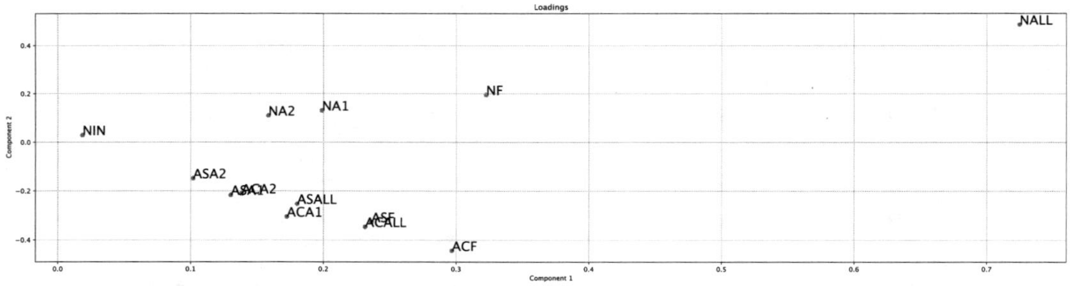

图 7.3.4　例 4.1 教师数据主成分分析的载荷图

图像压缩例子

例 7.1 牌坊图片 (PF.jpg)　这是一个牌坊的照片 (见图 7.3.5 的右图), 我们用它做图像压缩.

首先输入一些必要的模块:

```
import scipy
import scipy.ndimage
import matplotlib.pyplot as plt
import numpy as np
from PIL import Image
from pylab import imread,subplot,imshow,title,gray,figure,show,NullLocator
```

定义图像压缩主成分分析函数:

```
def comp_2d(image_2d,numpc=100):
    cov_mat = (image_2d.T - np.mean(image_2d , axis = 1)).T
    eig_val, eig_vec = np.linalg.eigh(np.cov(cov_mat))
    p = np.size(eig_vec, axis =1)
    idx = np.argsort(eig_val)
    idx = idx[::-1]
    eig_vec = eig_vec[:,idx]
    eig_val = eig_val[idx]
    if numpc <p or numpc >0:
        eig_vec = eig_vec[:, range(numpc)]
    score = np.dot(eig_vec.T, cov_mat)
    recon = (np.dot(eig_vec, score).T + np.mean(image_2d, axis = 1)).T
    recon_img_mat = np.uint8(np.absolute(recon))
    return recon_img_mat
```

定义使用上述函数的画图函数:

```
def pltPCA(a,numpc):
    a_np = np.array(a)
    a_r = a_np[:,:,0]
    a_g = a_np[:,:,1]
```

```
    a_b = a_np[:,:,2]
    a_r_recon, a_g_recon, a_b_recon = comp_2d(a_r,numpc),\
    comp_2d(a_g,numpc), comp_2d(a_b,numpc)
    recon_color_img = np.dstack((a_r_recon, a_g_recon, a_b_recon))
    recon_color_img = Image.fromarray(recon_color_img)
    fig = plt.figure(figsize=(4, 3), dpi=72)
    ax = fig.add_axes([0.0, 0.0, 1.0, 1.0], frameon=False, aspect=1)
    ax.set_xticks([])
    ax.set_yticks([])
    imshow(recon_color_img)
```

具体画图 (见图 7.3.5) 代码 (分别取 10 和 100 个主成分) 为:

```
a = plt.imread("PF.jpg")
pltPCA(a,10);pltPCA(a,100)
```

图 7.3.5 左图和中图为对图片 PF.jpg 的两种压缩 (分别取 10 和 100 个主成分), 右图为原图

7.3.2 4.2.2 节 R 和 Python 代码

在 Python 中做因子分析, 使用机器学习模块 `sklearn.decomposition` 包含的因子分析方法 `FactorAnalysis()`. 这个方法的选项和通常统计中的方法很不同, 因此结果也不一样, 但还是可以看出其特点和共性 (比如, 通过图 7.3.6 和图 4.2.5 的比较).

由于本章的各个例子的代码类似, 我们只就例 4.1 教师数据用 Python 做因子分析, 其他例子请读者自己练习.

首先输入需要的模块:

```
import pandas as pd
import numpy as np
import matplotlib.pyplot as plt
from sklearn.decomposition import FactorAnalysis
from sklearn import preprocessing
```

利用下面的代码输入数据, 实现标准化 (利用 `preprocessing.scale()` 函数), 并做因子分析 (事先确定因子数目 $m = 2$), 计算并打印出因子载荷.

```
from sklearn.preprocessing import StandardScaler
scaler = StandardScaler()
w=pd.read_csv("full.aaup.csv")
u=w[w.columns[4:]]
u_scale=scaler.fit_transform(u)

fa=FactorAnalysis(tol=1e-8,max_iter=10000)
fa.n_components=2
fa.fit(np.array(u_scale))
fa.components_
print pd.DataFrame(fa.components_,columns=u.columns)
```

输出的因子载荷为:

```
        ASF       ASA1      ASA2      ASALL      ACF       ACA1      ACA2   \
0  0.580978  0.500926  0.539414  0.570559  0.554143  0.477202  0.523710
1  0.790862  0.828997  0.779008  0.803704  0.813813  0.844064  0.789364

      ACALL        NF       NA1       NA2       NIN      NALL
0  0.548206  0.964038  0.962803  0.951251  0.482013  0.999998
1  0.821205  0.038151  0.003608 -0.016972 -0.188513 -0.000343
```

下面的代码计算因子得分 (利用函数 `fit_transform()`):

```
CA=np.array(w[w.columns[2]]=='CA')
name_CA=np.array(w[w.columns[1]][CA])
sc1=fa.fit_transform(u_scale)[CA,:]
```

然后画出载荷图和加利福尼亚州学校的得分, 这两个图显示在图 7.3.6 中.

```
fig=plt.figure(figsize=(32,8))
fig.add_subplot(121)
plt.scatter(fa.components_[0],fa.components_[1])
for i in range(len(u.columns)):
    plt.text(fa.components_[0,i],fa.components_[1,i],u.columns[i])
plt.grid(True)
plt.title('Loadings')
plt.xlabel('Factor 1')
plt.ylabel('Factor 2')
fig.add_subplot(122)
plt.scatter(sc1[:,0],sc1[:,1])
for i in range(sc1.shape[0]):
    plt.text(sc1[i,0],sc1[i,1],name_CA[i])
plt.title('Sample Scores for California Schools')
plt.xlabel('Factor 1')
```

```
plt.ylabel('Factor 2')
plt.grid(True)
plt.show()
```

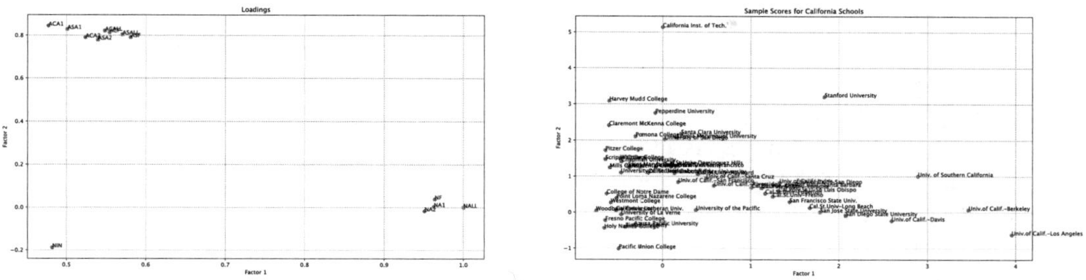

图 7.3.6 例 4.1 教师数据根据 Python 模块 sklearn 计算的因子分析的载荷图 (左) 及加利福尼亚州学校的得分 (右)

下面是生成图 4.2.2 的 R 代码:

```
w=read.csv("who1.csv")
a=factanal(scale(w[,-1]),factors=5,rotation ="none")
a5=factanal(scale(w[,-1]),factors=5,rotation ="varimax",
            scores="regression")
b=princomp(scale(w[,-1]))
layout(matrix(1:8,nrow=2,byrow = TRUE))
L=matrix(c(rep(c(1,2,3,4,4,5),2),1:4),nrow = 8,byrow = TRUE)
for (i in 1:nrow(L)) {
  if(i %in% 1:3) {
    AL=a$loadings
    TT='FA rotation:'
    FF='factor'}
  if (i %in% 4:6){
    AL=a5$loadings
    TT='FA no-rotation:'
    FF='factor'
  }
    if(i %in% 7:8){
    AL=b$loadings
    TT='PCA:'
    FF='comp'
  }
plot(AL[,L[i,1]],AL[,L[i,2]], type="n",
     main = paste0(TT, FF,L[i,2],' ~ ',FF,L[i,1]),
     xlim=c(-1,1),ylim=c(-1,1))
text(AL[,L[i,1]],AL[,L[i,2]],names(w[,-1]),cex=.6)
abline(h=0,lty=2,col=4)
```

```
abline(v=0,lty=2,col=4)
}
```

生成图 4.2.3 的 R 代码为:

```
layout(t(1:2))
for (i in 1:2){
  plot(a5$scores[,B[i,]],type="n",ylim=range(a5$scores[,B[i,2]]),
  xlim=range(a5$scores[,B[i,1]]+c(-.3,.3)), main="Factor Scores")
  abline(h=0);abline(v=0)
  text(a5$scores[,B[i,]],labels=w[,1],cex=.5)
}
```

图 4.2.5 是用下面 R 代码产生的:

```
layout(t(1:2))
plot(a2$loadings[,1:2],type="n",ylim=c(-1.1,1.1),
xlim=c(-1.1,1.2),main = "FA loadings")
abline(h=0,lty=2);abline(v=0,lty=2)
text(a2$loadings[,1:2], labels=names(u[,-1]),cex=.7)
plot(a2$scores[w[,3]=="CA",1:2],type="n",
ylim=c(-1.9,4),xlim=c(-2,5.5), main="Factor Scores")
abline(h=0,lty=2);abline(v=0,lty=2)
text(a2$scores[w[,3]=="CA",1:2],labels=u[w[,3]=="CA",1],cex=.7)
```

7.4 第 5 章的代码

7.4.1 5.1.2 节 R 代码

对例 5.1 读取数据、分类及计算距离、生成图 5.1.1 的 R 代码为:

```
w=read.csv("classclust.csv")
library(rpart.plot)
(a=rpart(factor(V3)~.,w))
table(factor(w[,3]),predict(a,w,type="class"))
rpart.plot(a)
b=kmeans(w[,-3],2)
par(mar=c(4,4,3,2))
layout(t(1:2))
plot(w[,-3],pch=(w[,3]+1),col=w[,3]+1)
title("2 Classes")
plot(w[,-3],type="n");text(w[,-3],label=b$cluster)
title("2 Clusters")
```

7.4.2 5.1.3 节 Python 代码

```
df=pd.DataFrame.from_dict({'n1': (7,6,-4,9),'n2':(2.7,10.1,5.7,6.4),
                           'ca':('A','B','B','A')})
from sklearn.metrics import DistanceMetric
d1=DistanceMetric.get_metric('manhattan').pairwise(df[['n1']])/\
max(np.ptp(df['n1']),1)
d2=DistanceMetric.get_metric('manhattan').pairwise(df[['n2']])/\
max(np.ptp(df['n2']),1)
d3=DistanceMetric.get_metric('dice').\
pairwise(pd.get_dummies(df.iloc[:,-1]))
(d1+d2+d3)/3
```

输出为:

```
array([[0.        , 0.69230769, 0.75051975, 0.21794872],
       [0.69230769, 0.        , 0.45460845, 0.57692308],
       [0.75051975, 0.45460845, 0.        , 0.6981982 ],
       [0.21794872, 0.57692308, 0.6981982 , 0.        ]])
```

也可以用下面代码直接得到同样结果:

```
import gower
gower.gower_matrix(df)
```

7.4.3 5.1.5 节 R 和 Python 代码

生成例 5.2 美国各州数据的描述和热量图 (见图 5.1.2) 可用下面的 R 代码, 这里用到的程序包为 factoextra.[1] 函数 get_dist() 中的选项 method 可以有 euclidean (默认)、maximum、manhattan、canberra、binary、minkowski、pearson、spearman 及 kendall. 用 R 自带的函数 dist 也可以产生距离矩阵, 但没有 pearson、spearman 及 kendall 的选项.

```
library(factoextra)
d=get_dist(state.x77, method = "euclidean", stand = T)
fviz_dist(d,gradient = list(low = "#00AFBB", mid = "white",
    high = "#FC4E07"))
```

注意, 上面代码中的 d 不是 R 中的矩阵 (matrix 类), 而属于 dist 类, 必须用转换矩阵代码 as.matrix(d) 来查看或输出具体数值, 这是函数 get_dist 和函数 dist 不同的地方.

可以使用下面 Python 代码描述数据, 并用模块 seaborn 的函数 snsclustermap 得到例 5.2 美国各州数据的热量图 (见图 7.4.1).

[1] Alboukadel Kassambara and Fabian Mundt (2017). factoextra: Extract and Visualize the Results of Multivariate Data Analyses. R package version 1.0.5. https://CRAN.R-project.org/package=factoextra.

```
w=pd.read_csv("statex77.csv")
u=w[w.columns[1:]]
u.index=w[w.columns[0]] #把w的第一列变成index
u.head()
g=sns.clustermap(u, metric="correlation", method="complete", cmap="Blues",
    standard_scale=1)
g.fig.set_figwidth(58)
g.fig.set_figheight(12)
```

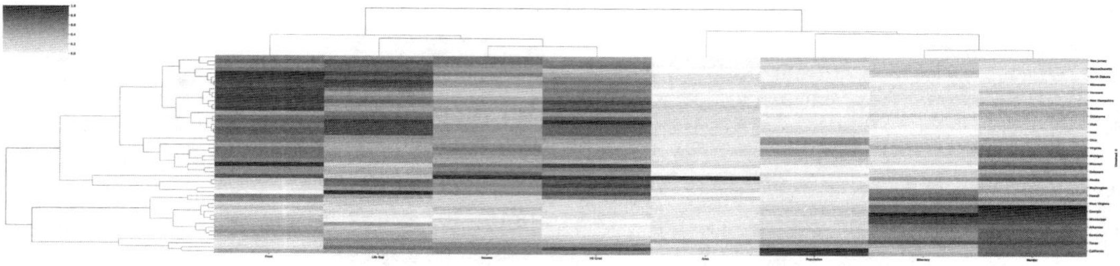

图 7.4.1　例 5.2 美国各州数据的热量图

7.4.4 5.2.1 节 Python 代码

为了实现 5.2.1 节例 5.2 美国各州数据的各种聚类, 首先导入必要的模块:

```
import matplotlib.pyplot as plt
from __future__ import division #为了整数除法得到浮点值
from sklearn.cluster import AgglomerativeClustering, KMeans
import scipy.cluster.hierarchy
from scipy.cluster.hierarchy import dendrogram, linkage,
    set_link_color_palette
import seaborn as sns
```

前面产生的图 7.4.1 已经包括对观测值和变量的分层聚类, 但那里的数据没有标准化, 我们再在这里演示使用模块 `scipy.cluster.hierarchy` 的函数 `dendrogram` 和函数 `linkage` 对标准化的数据做分层聚类, 并画树状图 (见图 7.4.2).

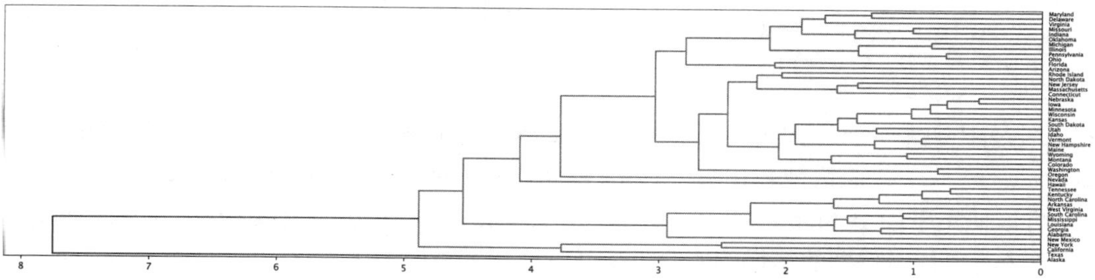

图 7.4.2　例 5.2 美国各州数据分层聚类的树状图

```
from sklearn.preprocessing import StandardScaler
std_scaler = StandardScaler()
u_scaled=std_scaler.fit_transform(u) # 把数据标准化

Z= linkage(u_scaled, method='average', metric='euclidean')
set_link_color_palette(['m', 'c', 'y', 'k'])
fig = plt.figure(figsize=(20, 5), dpi=72)
dendrogram(Z, labels=list(u.index), leaf_rotation=0, orientation="left",
leaf_font_size=6,color_threshold=None,above_threshold_color='blue')
set_link_color_palette(None)
```

7.4.5 5.2.2 节 Python 代码

在这里使用下面的 Python 代码进行例 5.3 花卉数据的分层聚类. 事先需要设定聚类的数目 (我们选择 3). 注意这里的 `linkage` 不能选择默认 (`Ward`), 因为它仅用于欧氏距离, 不能使用这里输入的 Gower 距离. 事先我们把数据中用整数表示的分类变量标识成分类变量.

```
w=pd.read_csv('flower.csv')
w.iloc[:,:6]=w.iloc[:,:6].astype('O')
import gower
d_w = gower.gower_matrix(w)
model = AgglomerativeClustering(n_clusters=3, linkage='single',
clusters = model.fit_predict(d_w)
```

得到的 `clusters` 是和样本量相同多的 0,1,2 三个整数, 对应于样本中每个观测值聚到 3 类中的哪一类. 下面是打印出来的 `clusters`:

```
array([2, 0, 2, 1, 0, 2, 2, 1, 0, 0, 2, 0, 0, 0, 0, 0, 0, 1])
```

7.4.6 5.3.1 节 Python 代码

下面做 5.3.1 节例 5.2 美国各州数据的 k 均值聚类. k 均值聚类很简单, 但需要确定 k 等于多少. 当然, 由于选择初始中心有随机性, 不同次数运行同一个程序的结果可能会不同. 如果确定随机种子, 按理说应该可以产生同样的结果, 但实践表明, 使用模块 `random` 中的 `random.seed` 函数不成功, 而使用 `numpy` 的随机种子 `np.random.seed` 函数, 则可以产生同样的结果. 下面是把标准化的例 5.2 数据聚成 $k=3$ 类的代码, 并打印 3 个中心坐标及 3 类的州名 (这里不显示打印输出):

```
w=pd.read_csv("statex77.csv")
u=w[w.columns[1:]]
u.index=w[w.columns[0]] #把w的第一列变成index
from sklearn.preprocessing import StandardScaler
std_scaler = StandardScaler()
```

```
u_scaled=std_scaler.fit_transform(u)

np.random.seed(8888)
cent,label=scipy.cluster.vq.kmeans2(u_scaled, 3, iter=20, thresh=1e-05,
    minit='random', missing='warn', check_finite=True)
print("centroid:\n",cent)
for i in range(3):
    print(u.index[label==i])
```

7.4.7 5.3.3 节 Python 代码

```
from kmodes.kmodes import KModes
w=pd.read_csv('mushroom.csv')
km = KModes(n_clusters=2, init='Huang', n_init=5, verbose=1)
clusters = km.fit_predict(w.iloc[:,1:])
C=pd.DataFrame(data={'Clust':clusters,'Type': np.array(w.type)})
print(pd.crosstab(index=C["Clust"], columns=C["Type"]))
```

输出的 “ 伪混淆矩阵 ” 为:

```
Type       e     p
Clust
0       4184   846
1         24  3070
```

7.4.8 5.3.4 节 Python 代码

输入模块和数据并做聚类:

```
from sklearn.preprocessing import StandardScaler, normalize,MinMaxScaler
from kmodes.kprototypes import KPrototypes

df=pd.read_csv('flower.csv')

kproto_clusters=KPrototypes(n_clusters=3,random_state=888,init="Cao")
result_cluster=kproto_clusters.fit_predict(df,categorical=[0,1,2,3,4,5])

df['Clusters']=result_cluster
print(df['Clusters'].value_counts())

print(kproto_clusters.cluster_centroids_)
```

输出各类的观测值数目及质心:

```
1     9
0     5
2     4
Name: Clusters, dtype: int64
[[ 99.          36.          1.          1.          1.
    4.          2.         14.        ]
 [ 32.22222222  17.22222222  0.          1.          0.
    4.          3.          2.        ]
 [162.5         55.          1.          0.          0.
    2.          2.          1.        ]]
```

使用下面代码对两个数量变量画出 3 类的散点图 (见图 7.4.3):

```
plt.figure(figsize=(12,3))
sns.scatterplot(x=df['V7'],y=df['V8'],hue=df.Clusters,palette="Set2",
                style=df.Clusters)
plt.title('3 Clusters')
plt.show()
```

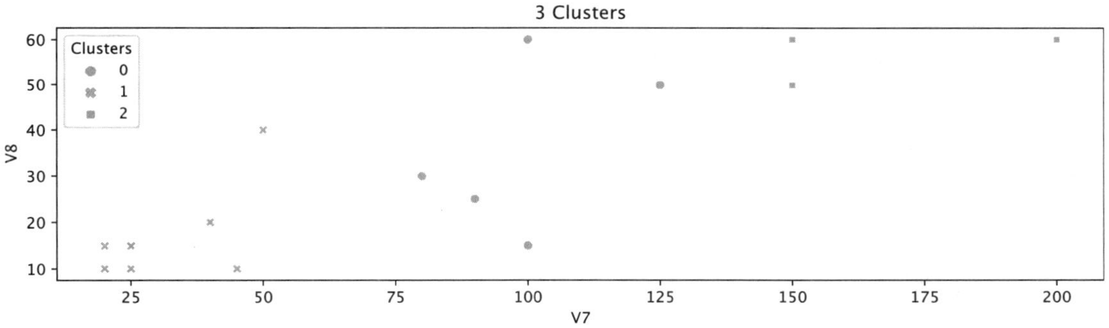

图 7.4.3　例 5.3 花卉数据 k 原型聚类对数量变量的散点图

生成例 5.3 花卉数据 k 原型聚类对数量变量的热量图 (见图 7.4.4) 及代码如下.

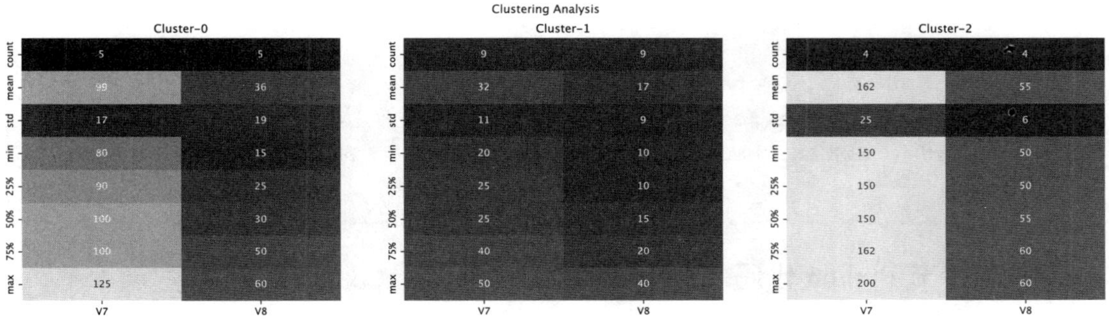

图 7.4.4　例 5.3 花卉数据 k 原型聚类对数量变量的热量图

```
fig,ax=plt.subplots(1,3,figsize=(20,5))
for c in sorted(df.Clusters.unique()):
    sns.heatmap(df.loc[df.Clusters==c,['V7', 'V8']].describe().round(),
                annot=True,fmt='g',ax=ax[c],\
               cbar=i == 0,vmin=0, vmax=130)
    ax[c].set_title('Cluster-'+str(c))

plt.suptitle('Clustering Analysis')
plt.show()
```

7.4.9 5.4 节 R 代码

生成图 5.4.1 的代码为:

```
w=read.csv("3g1.csv")
names(w)
plot(y~x,w)
wss=vector()
for (i in 1:10) wss[i] = kmeans(w,centers=i)$tot.withinss
plot(1:10, wss, type="b", xlab="K",
ylab=expression(WSS[K]),main="Within groups sum of squares")
```

生成图 5.4.2 的代码为:

```
w=read.csv("3g1.csv")
library("fpc")
set.seed(1010)
par(mfrow=c(1,6))
for(i in c(2,3,4)){
  km <- kmeans(w, i)
  plot(w,pch=km$cluster,col=km$cluster)
  title(paste("k-means: k=", i))
}
for(i in c(1,5,7)){
  db <- fpc::dbscan(w, eps = 0.2, MinPts =i)
  plot(w,pch=db$cluster,col=db$cluster)
  title(paste("DBSCAN: Minpts=", i))
}
```

7.4.10 5.7.1 节 Python 代码

例 5.6 种子数据热量图

读入数据并做描述 (不显示输出) 的代码为:

```
w=pd.read_csv("seeds.csv")
wnm=w.columns[:7] #除去ID
u=w[wnm]
u.describe()
```

下面使用模块 seaborn 的函数 snsclustermap 产生例 5.6 种子数据的热量图 (见图 7.4.5). 在画图过程中, 实际上已经分别对观测值和变量做分层聚类.

```
from sklearn.preprocessing import StandardScaler
scaler = StandardScaler()
u_scaled=scaler.fit_transform(u)
u_scaled=pd.DataFrame(u_scaled,index=u.index,columns=u.columns)

my_palette = dict(zip(w.ID.unique(), ["orange","yellow","brown"]))
row_colors = w.ID.map(my_palette)
g=sns.clustermap(u_scaled, metric="correlation", method="complete",
                 cmap="Blues",
  standard_scale=1, row_colors=row_colors)
g.fig.set_figwidth(20)
g.fig.set_figheight(5)
plt.savefig('pyheatseed7.pdf',bbox_inches='tight',pad_inches=0)
```

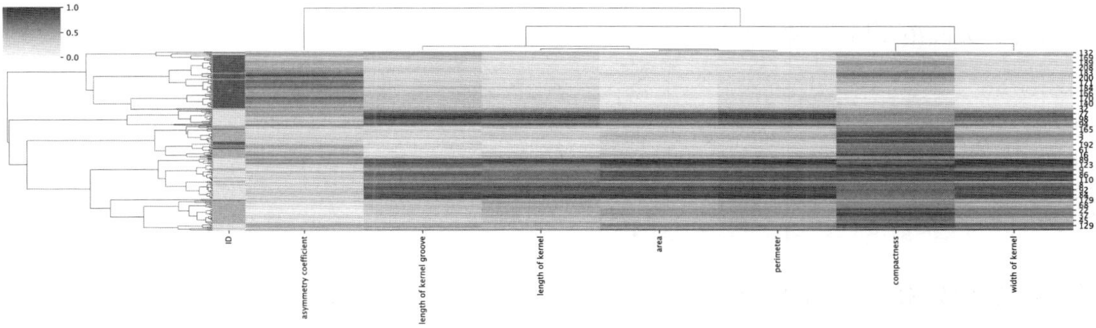

图 7.4.5 例 5.6 种子数据的热量图

例 5.6 种子数据分层聚类

首先, 使用模块 scipy.cluster.hierarchy 的函数 dendrogram 和 linkage 做分层聚类并画树状图 (见图 7.4.6).

```
from sklearn.preprocessing import StandardScaler
std_scaler = StandardScaler()
u_scaled=std_scaler.fit_transform(u)

Z= linkage(u_scaled, method='average', metric='euclidean')
```

```
set_link_color_palette(['b', 'r', 'm', 'k', 'k'])

fig = plt.figure(figsize=(40, 10), dpi=72)
dendrogram(Z, labels=list(u.index), leaf_rotation=0, orientation="top",
leaf_font_size=6,color_threshold=None,above_threshold_color='blue')
```

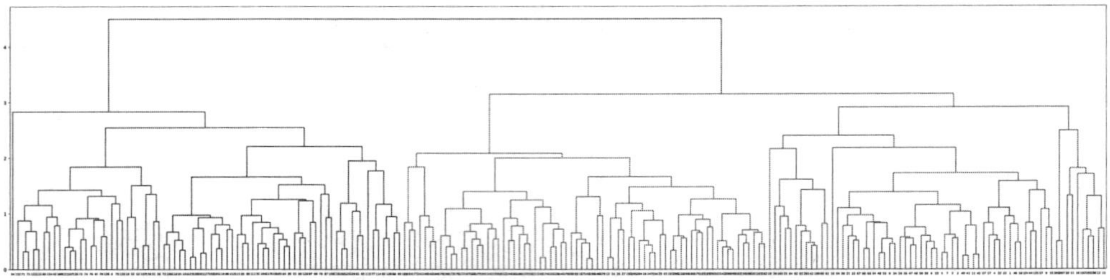

图 7.4.6　例 5.6 种子数据分层聚类树状图

然后,用 sklearn.cluster 的函数 AgglomerativeClustering 做分层聚类.

```
hc=AgglomerativeClustering(n_clusters=3, linkage='complete')
hc.fit(u_scaled)
hcl=hc.labels_.astype(int)
# 偷看原先的分类, 做出"伪混淆矩阵"
print(pd.crosstab(w.ID,hcl,rownames=['ID'],colnames=['Cluster'])[[2,1,0]])
```

输出的“伪混淆矩阵”为:

```
Cluster   2   1   0
ID
1        48   2  20
2         4  66   0
3         0   0  70
```

例 5.6 种子数据的 k 均值聚类

用模块 sklearn.cluster 的函数 KMeans 做 k 均值聚类的代码为:

```
kc=KMeans(n_clusters=3,n_init='auto',random_state=1010)
kc.fit(u_scaled)
kcl=kc.predict(u_scaled)
print(pd.crosstab(w.ID,kcl,rownames=['ID'],colnames=['Cluster'])[[1,0,2]])
```

输出的“伪混淆矩阵”为:

```
Cluster   1   0   2
ID
1        65   2   3
2         4  66   0
```

```
3          7    0   63
```

输出表明, 如果用聚类代替分类的话, k 均值聚类的 " 准确率 " 居然达到 92.4%, 比前面的分层聚类要好 (" 准确率 " 为 87.6%). 当然, 这里聚类和分类的结果有些类似并不是必然的, 不排除原先种子的分类就是用类似于聚类的思想得到的可能.

7.4.11 5.7.2 节 Python 代码

使用下面代码生成例 4.1 教师数据的热量图 (见图 7.4.7):

```
w=pd.read_csv("full.aaup.csv")
u=w[w.columns[5:]]

u.index=w[w.columns[1]] #把w的第一列变成index
from sklearn.preprocessing import StandardScaler
std_scaler = StandardScaler()
u_scaled=std_scaler.fit_transform(u)
u_scaled=pd.DataFrame(u_scaled,index=u.index,columns=u.columns)
g=sns.clustermap(u_scaled, metric="correlation", method="complete",
                 cmap="Blues", standard_scale=1)
g.fig.set_figwidth(58)
g.fig.set_figheight(12)
plt.savefig('teachheat7.pdf',bbox_inches='tight',pad_inches=0)
```

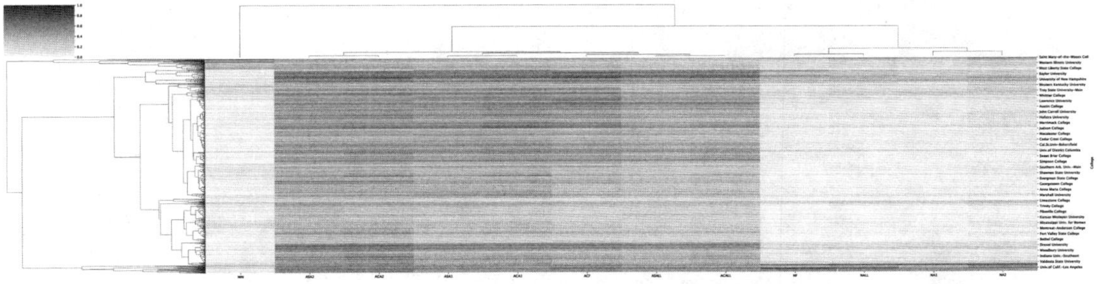

图 7.4.7 例 4.1 教师数据的热量图

使用下面代码生成例 4.1 教师数据的分层聚类结果 (生成的图 7.4.8 太拥挤):

```
Z= linkage(u_scaled, method='average', metric='euclidean')
set_link_color_palette(['m', 'c', 'y', 'k'])
fig = plt.figure(figsize=(80, 20), dpi=72)
dendrogram(Z, labels=list(u.index), leaf_rotation=0, orientation="left",
leaf_font_size=6,color_threshold=None,above_threshold_color='blue')
set_link_color_palette(None)
plt.savefig('pyteach7.pdf',bbox_inches='tight',pad_inches=0)
```

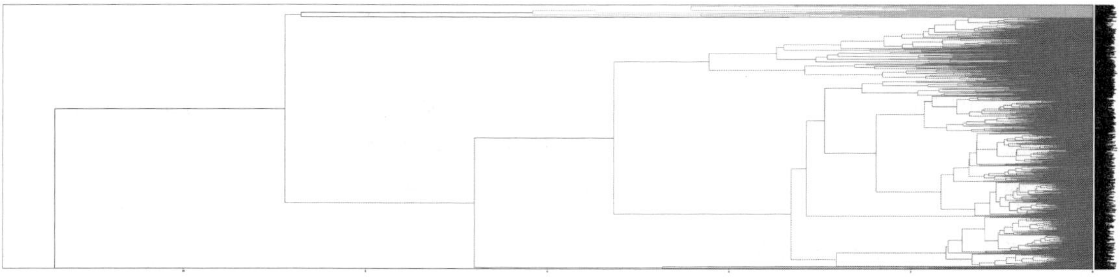

图 7.4.8 例 4.1 教师数据的分层聚类

7.4.12 5.7.3 节 Python 代码

为描述5.7.3 节图像色彩聚类, 考虑下面例子.

例 7.2 雷诺阿画 (dance.jpg) 这是雷诺阿画的《红磨坊街的露天舞会》(见图 7.4.9).

这里用法国印象画派的著名画家、雕塑家皮埃尔-奥古斯特 · 雷诺阿 (Pierre-Auguste Renoir, 1841 – 1919) 1876 年画的油画《红磨坊街的露天舞会》(Bal du moulin de la Galette) (见图 7.4.9) 来做色彩聚类的练习.

图 7.4.9 雷诺阿画作《红磨坊街的露天舞会》

我们试图把原图的色彩种类通过 k 均值聚类聚成 2、8、16、32 种, 产生的四个图像显示在图 7.4.10 中 (注意: 本书为黑白印刷, 彩色无法显示). 产生图 7.4.10 的代码如下:

```
from sklearn.cluster import MiniBatchKMeans
from PIL import Image
dance = Image.open("Dance.jpg")
d=np.array(dance)
d = d / 255.0
d = d.reshape(np.prod(d.shape[:2]), 3)
plt.figure(figsize=(26,22))
fig.subplots_adjust(wspace=0)
pp=np.array([2,8,16,32])
for i in range(4):
    K=220+i+1
    plt.subplot(K)
    k = MiniBatchKMeans(pp[i]);k.fit(d)
    new = k.cluster_centers_[k.predict(d)]
    dd = new.reshape(np.array(dance).shape)
    imshow(dd)
```

图 7.4.10 雷诺阿《红磨坊街的露天舞会》的色彩种类通过 k 均值聚类聚成 2、8、16、32 种 (按从左到右的顺序) 的效果

7.5 第 6 章的 Python 代码

7.5.1 6.1.2 节 Python 代码

对于例 6.1 橄榄油数据, 求 6.1.2 节的公式中的 $\boldsymbol{\Sigma}$, $\boldsymbol{\Sigma}_{XX}$, $\boldsymbol{\Sigma}_{YY}$, $\boldsymbol{\Sigma}_{XY}$, $\boldsymbol{\Sigma}_{YX}$, $\boldsymbol{\Sigma}_{XX}^{-1/2}$, $\boldsymbol{\Sigma}_{YY}^{-1/2}$ 以及 $\boldsymbol{K}$, 并且对 $\boldsymbol{K}$ 做奇异值分解得到典型相关向量 (即典型相关变量的系数) 矩阵 $\boldsymbol{a}, \boldsymbol{b}$ 及典型相关系数 λ_i 的 Python 计算代码为 (输出和 R 代码输出相同):

```
w=pd.read_csv("oliveoil.csv")
S=np.array(w.corr())
Sxx=S[:5,:5];Syy=S[5:,5:];Sxy=S[:5,5:];Syx=Sxy.T
values, vectors = np.linalg.eig(Sxx)
Sxx12=vectors@np.diag(values**(-.5))@vectors.T
values, vectors = np.linalg.eig(Syy)
Syy12=vectors@np.diag(values**(-.5))@vectors.T
K=Sxx12@Sxy@Syy12
svd_k=np.linalg.svd(K)
c=svd_k[0];d=svd_k[2].T;Lambda=svd_k[1]
a=Sxx12@c;b=Syy12@d
print(f'xcoef:\n{a}, \nycoef:\n{b}, \ncor={Lambda}')
```

对于例 6.1 橄榄油数据, 计算两个记分矩阵的代码为:

```
from sklearn.preprocessing import StandardScaler
std_scaler = StandardScaler()
u=std_scaler.fit_transform(w)

X=u[:,:5];Y=u[:,5:]
X_score=X@a; Y_score=Y@b
```

对例 6.1 橄榄油数据, 计算载荷的代码如下 (不显示打印输出):

```
corr_X_x=np.corrcoef(X.T,X_score.T) corr_Y_x=np.corrcoef(Y.T,X_score.T)
corr_X_y=np.corrcoef(X.T,Y_score.T) corr_Y_y=np.corrcoef(Y.T,Y_score.T)
```

7.5.2 6.1.4节 Python 代码

首先输入需要的模块及数据 (例 4.1 教师数据), 和前面一样把和收入有关的一组变量 (以字母 “A” 开头) 称为 X, 而把与人数有关的一组变量 (以字母 “N” 开头) 称为 Y:

```
import pandas as pd
import numpy as np
import matplotlib.pyplot as plt
from sklearn.cross_decomposition import CCA
```

```
w=pd.read_csv("full.aaup.csv")
u=w[w.columns[4:]]
X=np.array(u[u.columns[:8]])
Y=np.array(u[u.columns[8:]])
```

然后, 引用典型相关分析的函数, 并进行拟合. 函数 `CCA()` 的变元均取默认值, 仅仅第一个变元 (`n_components`) 取 3, 这意味着只输出 3 对典型变量.

```
cc=CCA(3)
cc.fit(X,Y)
```

拟合之后, 得到的结果 (比如权重、载荷、观测值得分等) 可以用下面代码打印输出 (我们不展示输出):

```
print (cc.x_weights_)
print (cc.y_weights_)
print (cc.x_loadings_)
print (cc.y_loadings_)
x_scores,y_scores=cc.fit_transform(X, Y)
print(x_scores,y_scores)
```

产生类似于图 6.1.7 的图 7.5.1 的代码为:

```
fig=plt.figure(figsize=(20,5))
for i in range(3):
    fig.add_subplot(1,3,i+1)
    plt.scatter(x_scores[:,i],y_scores[:,i])
plt.show()
```

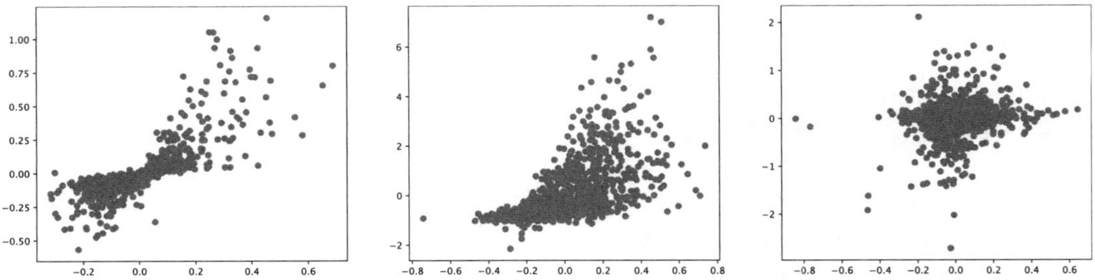

图 7.5.1 用 Python 产生的例 4.1 教师数据的观测值相应于前三组典型变量的记分图

图 7.5.1 和图 6.1.7 类似, 但得到的记分可能相差一个 (或正或负) 因子.

7.5.3 6.2.2节 Python 代码

这里未用专门模块, 完全按照公式计算. 输入数据得到二维列联表 (`ie`) 的代码如下:

```
import matplotlib.pyplot as plt
v= pd.read_csv('incomeCA.csv',index_col=False)
w=v[v.columns[np.array([0,2])]]
from collections import Counter
Counter(w)
ie=pd.crosstab(index=w["education"], columns=w["income"])
```

用下面语句按照前面公式做二元对应分析:

```
T0=np.array(ie)
n=v.shape[0]
c=T0.sum(axis=0)/n;r=T0.sum(axis=1)/n
Dr=np.diag(r**(-.5));Dc=np.diag(c**(-.5))
P=T0/n
S=Dr@(P-r.reshape(-1,1)@c.reshape(1,-1))@Dc

U,s,V=np.linalg.svd(S)
X=Dr@U
Y=Dc@V.T
```

下面给出例 6.2 收入数据的二元对应分析图 (见图 7.5.2).

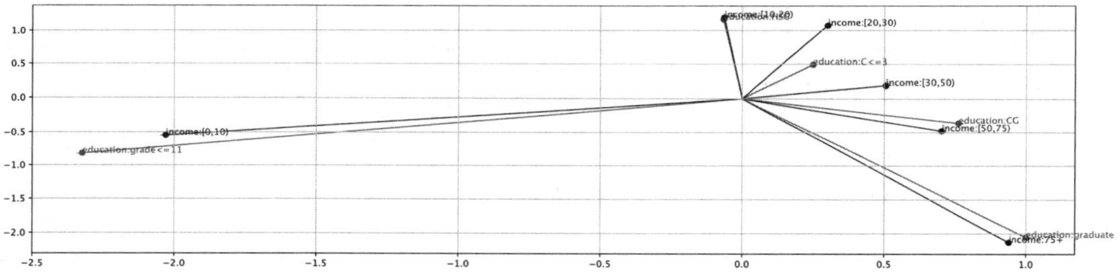

图 7.5.2　例 6.2 收入数据的二元对应分析图

生成图 7.5.2的代码为:

```
T1=w.columns[0]+":"+ie.columns
T2=w.columns[1]+":"+ie.index

plt.figure(figsize=(20,5))
plt.scatter(X[:,0],X[:,1],color='r')
for i in range(X.shape[0]):
    plt.text(X[i,0],X[i,1],T2[i],color='r')
    plt.arrow(0,0, X[i,0],X[i,1],color='r',head_width=0.01,
              head_length=0.01)
plt.scatter(Y[:,0],Y[:,1],color='b')
for i in range(Y.shape[0]):
    plt.text(Y[i,0],Y[i,1],T1[i],color='b')
```

```
    plt.arrow(0,0, Y[i,0],Y[i,1],color='b',head_width=0.01,
          head_length=0.01)
plt.grid()
```

7.5.4 6.2.6节 Python 代码

对于多元对应分析的 Python 计算, 和前面 R 软件分析类似, 选择三个变量, 但这里没有使用专门的模块, 完全按照公式计算, 直到奇异值分解为止. 具体代码如下:

```
v= pd.read_csv('income0.csv',index_col=False)
id=v.columns[np.array([0,4,13])]
w=v[id]
Z=w
for i in range(3):
    Z=pd.concat([Z,pd.get_dummies(w[id[i]])],axis=1)

z=np.array(Z[Z.columns[3:]])
Z1=z[:,:6];Z2=z[:,6:11];Z3=z[:,11:]
Z01=np.concatenate((Z1.T.dot(Z1),Z1.T.dot(Z2),Z1.T.dot(Z3)),axis=1)
Z02=np.concatenate((Z2.T.dot(Z1),Z2.T.dot(Z2),Z2.T.dot(Z3)),axis=1)
Z03=np.concatenate((Z3.T.dot(Z1),Z3.T.dot(Z2),Z3.T.dot(Z3)),axis=1)
C=np.concatenate((Z01,Z02,Z03),axis=0)
Q=3;q=np.array([6,5,3])
n=sum(q);d=np.sum(C/Q/n,axis=0);D=np.diag(np.sqrt(d))
d=d.reshape(len(d),1)
U,s,V=np.linalg.svd((D.dot(C/Q/n-d.dot(d.T))).dot(D))
```

结果中的矩阵 $\boldsymbol{U}, \boldsymbol{s}, \boldsymbol{V}$ 可以用下面代码打印出来 (因为篇幅长, 这里不显示):

```
print("U:\n",U,"\n","s:\n",s,"\n","V:\n",V)
```

参考文献

[1] Arenas, C., and Cuadras, C. M. (2002). Recent Statistical Methods Based on Distances. *Contributions to Science*, 2(2), 183–191.

[2] Bendixen, M. T. (1995). Compositional Perceptual Mapping Using Chi-squared Trees Analysis and Correspondence Analysis. *Journal of Marketing Management*, 11(6), 571 – 581.

[3] Breiman, L. (2001). Statistical Modeling: The Two Cultures. *Statistical Science*. 16(3), 199 – 231.

[4] Breiman, L. (2001). Random forests. *Machine Learning*. 45(1), 5 – 32.

[5] De Leeuw, J. (1977). Applications of Convex Analysis to Multidimensional Scaling. In J. Barra, F. Brodeau, G. Romier, B. van Cutsem (eds.). *Recent Developments in Statistics*, pp. 133–145. North Holland Publishing Company, Amsterdam, The Netherlands.

[6] De Leeuw, J., Heiser, W. J. (1977). Convergence of Correction Matrix Algorithms for Multidi- mensional Scaling. In J. Lingoes (ed.), *Geometric Representations of Relational Data*, pp. 735 – 752. Mathesis Press, Ann Arbor, Michigan.

[7] Ester, M., Kriegel, H-P., Sander, J., and Xu, X. (1996). A Density-Based Algorithm for Discovering Clusters in Large Spatial Databases with Noise. Institute for Computer Science, University of Munich. *Proceedings of 2nd International Conference on Knowledge Discovery and Data Mining (KDD-96).*

[8] Goodman, L. A. (1979). Simple Models for the Analysis of Association in Cross-classifications Having Ordered Categories. *Journal of the American Statistical Association*, 74(367): 537 – 552.

[9] Gower, J. C. (1971). A General Coefficient of Similarity and Some of Its Properties. *Biometrics*, 27, 857 – 874.

[10] Graham, R. L., Lnuth, D. E., and Patashnik, O. (1988). *Concrete Mathematics.* Addison-Wesley, Reading MA.

[11] Greenacre, M. J. (1984). *Theory and Applications of Correspondence Analysis*. Academic Press, London.

[12] Greenacre, M. J. (1994). Multiple and Joint Correspondence Analysis. In M. Greenacre and J. Blasius (eds), *Correspondence Analysis in the Social Sciences*, pp. 141 – 161. Academic Press, London.

[13] Healey, J. F. (2013). *The Essentials of Statistics: A Tool for Social Research*, 3rd ed., Belmont, Wadsworth.

[14] Hennig, C., and Liao, T. (2013). How to Find an Appropriate Clustering for Mixed-type Variables with Application to Socio-economic Stratification. *Journal of the Royal Statistical Society*, Series C Applied Statistics, 62, 309 – 369.

[15] Hotelling, H. (1936). Relations Between Two Sets of Variants. *Biometrika*, 28, 321 – 377.

[16] Huang, Z. (1997). Clustering Large Data Sets With Mixed Numeric and Categorical Values. *Proceedings of the First Pacific Asia Knowledge Discovery and Data Mining Conference*. Singapore, World Scientific, 21 – 34. `https://api.semanticscholar.org/CorpusID:3007488`.

[17] Irigoien, I., and Arenas, C. (2008). INCA: New Statistic for Estimating the Number of Clusters and Identifying Atypical Units. *Statistics in Medicine*, 27(15): 2948 – 2973.

[18] Lawson, R. G., and Jurs, P. C. (1990). New Index for Clustering Tendency and Its Application to Chemical Problems. *Journal of Chemical Information and Computer Sciences*, 30(1): 36 – 41.

[19] Liu, P., Zhou, D., and Wu, N. (2007). VDBSCAN: Varied Density Based Spatial Clustering of Applications with Noise. *International Conference on Service Systems and Service Management (ICSSSM)*, pp.1 – 4.

[20] Massart, D. L., Vandeginste, B. G. M., Buydens, L. M. C., de Jong, S., Lewi, P. J., Smeyers-Verbeke, J. (1998). *Handbook of Chemometrics and Qualimetrics*: Part B. Elsevier. Tables 35.1 and 35.4.

[21] Rousseeuw, P. J. (1987). Silhouettes: A Graphical Aid to the Interpretation and Validation of Cluster Analysis. *Journal of Computational and Applied Mathematics*, 20, 53 – 65.

[22] Sebastiani, P., and Perls, T. T. (2016). Detection of Significant Groups in Hierarchical Clustering by Resampling, Front Genet. 7: 144. Published online 2016 Aug 8. doi: 10.3389/fgene.2016.00144, PMCID: PMC4976109.

[23] Struyf, A., Hubert, M., and Rousseeuw, P. J., (1996): Clustering in an Object-Oriented Environment. *Journal of Statistical Software*, 1. `http://www.stat.ucla.edu/journals/jss/`.

[24] Székely, G. J., Rizzo, M. L., and Bakirov, N. K. (2007). Measuring and Testing Independence by Correlation of Distances. *The Annals of Statistics*, 35(6): 2769 – 2794. View Article PubMed/NCBI Google Scholar.

[25] Székely, G. J., and Rizzo, M, L. (2009). Brownian Distance Covariance. *The Annals of Applied Statistics*, 3(4): 1236 – 1265.

[26] Tibshirani, R., Walther, G., and Hastie, T. (2001). Estimating the Number of Data Clusters via the Gap Statistic. *Journal of the Royal Statistical Society*, B, 63, 411 – 423.

[27] Tibshirani, R., and Walther, G. (2005). Cluster Validation by Prediction Strength. *Journal of Computational and Graphical Statistics*, 14, 511 – 528.

[28] Tsai, C-F., and Liu, C-W. (2006). KIDBSCAN: A New Efficient Data Clustering Algorithm. *ICAISC*, pp. 702 – 711.

[29] Venables, W. N., and Ripley, B. D. (2002). *Modern Applied Statistics with S*. Fourth Edition. Springer, New York.

图书在版编目 (CIP) 数据

多元统计分析：R 与 Python 的实现 / 吴喜之，张敏编著. -- 2 版. -- 北京：中国人民大学出版社，2025. 9. -- (基于 R 应用的统计学丛书). -- ISBN 978-7-300-34268-9

I. O212.4

中国国家版本馆 CIP 数据核字第 2025HD0213 号

基于 R 应用的统计学丛书

多元统计分析——R 与 Python 的实现 (第 2 版)

吴喜之　张 敏　编著

Duoyuan Tongji Fenxi ——R yu Python de Shixian

出版发行	中国人民大学出版社		
社　　址	北京中关村大街 31 号	**邮政编码**	100080
电　　话	010-62511242 (总编室)		010-62511770 (质管部)
	010-82501766 (邮购部)		010-62514148 (门市部)
	010-62511173 (发行公司)		010-62515275 (盗版举报)
网　　址	http://www.crup.com.cn		
经　　销	新华书店		
印　　刷	天津鑫丰华印务有限公司	**版　　次**	2019 年 1 月第 1 版
开　　本	787mm× 1092mm　1/16		2025 年 9 月第 2 版
印　　张	14.75 插页 1	**印　　次**	2025 年 9 月第 1 次印刷
字　　数	362 000	**定　　价**	49.00 元

中国人民大学出版社　理工出版分社

教师教学服务说明

中国人民大学出版社理工出版分社以出版经典、高品质的统计学、数学、心理学、物理学、化学、计算机、电子信息、人工智能、环境科学与工程、生物工程、智能制造等领域的各层次教材为宗旨。

为了更好地为一线教师服务，理工出版分社着力建设了一批数字化、立体化的网络教学资源。教师可以通过以下方式获得免费下载教学资源的权限：

- 在中国人民大学出版社网站 www.crup.com.cn 进行注册，注册后进入“会员中心”，在左侧点击“我的教师认证”，填写相关信息，提交后等待审核。我们将在一个工作日内为您开通相关资源的下载权限。

- 如您急需教学资源或需要其他帮助，请加入教师 QQ 群或在工作时间与我们联络。

中国人民大学出版社　理工出版分社

教师 QQ 群： 229223561(统计2组) 982483700(数据科学) 361267775(统计1组)
教师群仅限教师加入，入群请备注（学校+姓名）

联系电话： 010-62511967，62511076

电子邮箱： lgcbfs@crup.com.cn

通讯地址： 北京市海淀区中关村大街 31 号中国人民大学出版社 802 室（100080）